国家社科基金
后期资助项目
GUOJIA SHEKE JIJIN HOUQI ZIZHU XIANGMU

# 西周伦理思想研究

## ——多维视野下的中国古代伦理思想溯源

A Study of the Ethical Criticism of the Western Zhou Dynasty:
Tracing the Origin of Ancient Chinese Ethical Criticism
from a Multi-dimensional Perspective

徐难于 著

中华书局
ZHONGHUA BOOK COMPANY

**图书在版编目(CIP)数据**

西周伦理思想研究:多维视野下的中国古代伦理思想溯源/
徐难于著. —北京:中华书局,2020.1
(国家社科基金后期资助项目)
ISBN 978-7-101-14327-0

Ⅰ.西…　Ⅱ.徐…　Ⅲ.伦理思想-思想史-中国-西周时代
Ⅳ.B82-092

中国版本图书馆 CIP 数据核字(2019)第 287778 号

| | |
|---|---|
| 书　　名 | 西周伦理思想研究——多维视野下的中国古代伦理思想溯源 |
| 著　　者 | 徐难于 |
| 丛 书 名 | 国家社科基金后期资助项目 |
| 责任编辑 | 高　天 |
| 出版发行 | 中华书局 |
| | (北京市丰台区太平桥西里 38 号　100073) |
| | http://www.zhbc.com.cn |
| | E-mail:zhbc@zhbc.com.cn |
| 印　　刷 | 北京瑞古冠中印刷厂 |
| 版　　次 | 2020 年 1 月北京第 1 版 |
| | 2020 年 1 月北京第 1 次印刷 |
| 规　　格 | 开本/710×1000 毫米　1/16 |
| | 印张 16½　插页 2　字数 270 千字 |
| 国际书号 | ISBN 978-7-101-14327-0 |
| 定　　价 | 68.00 元 |

# 国家社科基金后期资助项目出版说明

后期资助项目是国家社科基金设立的一类重要项目，旨在鼓励广大社科研究者潜心治学，支持基础研究多出优秀成果。它是经过严格评审，从接近完成的科研成果中遴选立项的。为扩大后期资助项目的影响，更好地推动学术发展，促进成果转化，全国哲学社会科学工作办公室按照"统一设计、统一标识、统一版式、形成系列"的总体要求，组织出版国家社科基金后期资助项目成果。

全国哲学社会科学工作办公室

# 目　录

# 绪　论

## 一、相关研究成果述略与本书主旨

西周金文的研究与本书有密切的关系，因此，我们的"述略"当兼涉这一领域。

### (一)西周金文的相关研究状况

郭沫若的《两周金文辞大系图录考释》(上海书店出版社,1999年)，在考释铭文、对器物所作的分期分域研究、利用金文资料阐述历史等方面皆有重要建树。

杨树达的《积微居金文说》(增订本)(中华书局,1997年)，主要解释两周铜器铭文，参考前人的解说，将铜器铭文与经史相印证，解释文字深入细致，考释文字比较准确、精到，不少地方超过了前人。

日本学者白川静的《金文通释》〔(神户)白鹤美术馆,1962—1984年〕，汇集20世纪80年代以前的主要青铜器，包括铭文、索引、图像、考释，而以考释为主。该书最大的特点在于，凡涉疑难解释，广征博引诸家之说，或择善从之，或另陈己见。

李学勤的《新出青铜器研究》(文物出版社,1990年)，或涉及两周器铭释读，或从金文的角度研究社会文化、政治、思想，颇多新意，极富启发。

以上金文考释、综合性研究类著作，为我们的考释提供了重要参考，并对我们的研究予以了方法上的启迪。

### (二)西周伦理思想的研究历史与现状

对西周伦理思想的研究，可追溯到汉代以来的经学研究。汉代经学大师郑玄为《诗经》《礼记》《周礼》《仪礼》所作的笺注，唐代孔颖达、贾公彦为之所作的疏；西晋时人博采当时所传的各家《尚书》训注，加以本人创见而作《书传》①,唐孔颖达为之作疏;西晋时杜预、三国时韦昭分别为《左传》《国语》所作的注,为我们今日理解古代典籍中所见的西周伦理思想提供了重要参考。清代学者孙星衍的《尚书今古文注疏》,注取"五家三科"之说,其疏引证宏富,遍采古人传所记涉《书》义者,亦吸收同时代学者的研究成果,是代表乾嘉《尚书》学研究水平的总结性著作。皮锡瑞的《今文尚书考证》,考证精详、明审,实集汉代以来《今文尚书》经说之大成。《尚书》的疏、证成为我们的重要参考。但上述研究具有两点共同缺陷:从考证的角度讲,由于出土材料的缺乏,其考证因此受到极大限制;从阐释的角度看,古代学者的治学方法是"以经解经",尤其重视"章句"训解,而缺乏总体连贯的阐释,也就是说,因缺乏正确的理论指导与研究方法,古代学者不可能对西周伦理思想进行系统而科学的阐释。

中华人民共和国成立前,关于中国古代伦理思想的著作很少,涉及西周伦理思想的专著则更没有。

20 世纪初,蔡元培的《中国伦理学史》出版,全书分先秦创始时代、汉唐继承时代、宋明理学时代三部分。先秦部分,并未涉及西周的伦理思想。

中华人民共和国成立以后,由于种种原因,伦理思想的研究长期处于沉寂状态,20 世纪 80 年代以来,伦理思想的研究渐为学界重视,先后有几部中国伦理学或伦理思想的专著问世。

在中国伦理思想研究的专著中,涉及西周伦理思想的有朱贻庭主编的《中国传统伦理思想史》(华东师范大学出版社,1989 年)、陈少峰的《中国伦理学史》上册(北京大学出版社,1996 年),另外,陈来的《古代宗教与伦理——儒家思想的根源》(三联书店,1996 年)、刘翔的《中国传统价值观诠释学》(上海三联书店,1996 年)、游唤民的《尚书思想研究》(湖南教育出版社,2001 年)、晁福林的《先秦社会思想研究》(商务印书馆,2007 年)等书也涉及了西周的伦理思想。以上著述皆不同程度阐述了西周的某些伦理观,如敬、德、慎罚、保民、孝等,并一定程度上重视了这些观念对后世伦理思想的影响。巴新生的《西周伦理形态研究》(天津古籍出版社,1997 年)一书,侧重从政治形态、土地制度、社会结构等方面考察西周伦理思想的环境条件,对伦理思想仅涉及了"孝""德"观。近期,一些相关论著也从不同角度

---

① 详见蒋善国:《尚书综述》,上海古籍出版社 1988 年版,第 364—366 页。

涉及西周伦理思想研究,其中较为重要的有任剑涛的《伦理政治研究——从早期儒学视角的理论透视》(吉林出版集团有限责任公司,2007年)、晁天义的《先秦道德与道德环境研究》(博士学位论文,陕西师范大学,2006年)、郑开的《德礼之间——前诸子时期的思想史》(三联书店,2009年)。郑氏之论著作为西周、春秋思想史专书,侧重于德、礼及其相互关系研究,围绕"德、礼及其相互关系",揭示上古时期中国思想的特质。晁氏的著作作为研究先秦道德的专著,在多维视野下,探研先秦道德及道德与社会环境条件的互动。任氏之书作为研究中国早期伦理政治的专书,在概括诠释、阐述三代伦理政治及其历史背景的基础上,着重研究了以孔子、孟子、荀子、董仲舒的伦理政治思想为代表的中国早期伦理政治。以上三者,不同程度地涉及西周的孝、德等伦理思想及其研究,而且,由于其在理论与方法上不同程度的创新,因此,对相关问题的研究具有较为重要的促进作用。

赵伯雄的《先秦"敬德"研究》〔《内蒙古大学学报》(哲学社会科学版)1985年第2期〕,刘翔的《由"德"字的本义论周代道德观念的形成》〔《深圳大学学报》(人文社会科学版)1986年第1期〕,巴新生的《试论先秦"德"的起源与流变》(《中国史研究》1997年第3期),晁福林的《先秦时期"德"观念的起源及其发展》(《中国社会科学》2005年第4期),王慎行《试论西周孝道观的形成及其特点》(《社会科学战线》1989年第1期),查昌国的《西周"孝"义试探》(《中国史研究》1993年第2期),姜志信、杨贺敏的《孝观念的产生及其内涵》〔《河北大学学报》(哲学社会科学版)1997年第2期〕,徐新平的《简论周公伦理思想及其对孔子的影响》(《孔子研究》1993年第2期),许健君的《〈尚书〉政治伦理思想及其发展》(《甘肃社会科学》1992年第6期),张怀通的《西周祖先崇拜与君臣政治伦理的起源》〔《河北师范大学学报》(哲学社会科学版)1997年第4期〕,罗江文的《古文字与儒家伦理观》(《思想战线》1999年第2期),以上论文分别涉及西周的德、孝、敬、勤等伦理观,其中不乏有价值的见解,为本书的研究提供了重要参考,然而他们对西周伦理思想的研究涉及较多的是孝、德观,而关于孝、德观的起源及其内涵的学术分歧迄今仍然较大。

港台学者的论著如林安弘的《儒家孝道思想研究》(文津出版社,1992年)、杜正胜的《从眉寿到长生——中国古代生命观念的转变》(《中研院历史语言研究所集刊》第六十六本,第二分)、饶宗颐的《神道思想与理性主义》(《中研院历史语言研究所集刊》第四十九本,第三分)、王健文的《有盛德者必有大业——"德"的古典义》(《大陆杂志》第八十五卷,第一期)等,或涉及西周的孝,或涉及西周的德,以及天、德关系,其思考视角以及某些见解对我们皆有启发性。

### (三)金文思想研究的历史与现状

郭沫若的《周彝中之传统思想考》(《金文丛考》第一册,人民出版社,1954年),将两周金文中有关宗教思想、政治思想、道德思想的材料分类罗列,并对照文献的相关内容,做简单阐释,开从金文角度研究两周思想的先河,但长于资料汇集,疏于阐释、评价,所涉及道德思想主要是"德",既不全面,也无系统。

连劭名的《金文所见西周初期的政治思想》(《文物》1992年第3期)、《西周金文与〈周易·象传〉》(《周易研究》1994年第2期)、《金文所见周代思想意识中的"圣"》(吉林大学古文字研究室编:《中国古文字研究》第一辑,吉林大学出版社,1999年),这是笔者仅见的从金文角度研究两周思想的专门论著,其中不乏有较大参考价值的见解,其具体研究方法也具有启发性。

刘翔的《中国传统价值观诠释学》(上海三联书店,1996年),主要以古文字材料为基础,对先秦时期的价值观作分门别类的诠释。其中涉及对德、孝、友、惠等西周时期伦理观的诠释。其对上涉西周价值观的诠释,充分借鉴了所认同的既有相关金文研究成果,同时兼及对某些观点的批评。然而,忽略了对相关社会文化背景的关照。笔者在研究中时刻提醒自己:必须高度重视在社会环境与思想的互动中把握思想。

彭裕商的《金文研究与古代典籍》〔《四川大学学报》(哲学社会科学版)1993年第1期〕,以金文与载籍互为补正的方法,考证两周铭文及同期典籍的部分常用词汇及其流行时代,并以常用词汇为依据,重新考释相关铭文,考订《诗经·小雅》及《尚书·文侯之命》的成书年代。该文虽然不是关于金文与思想文化的专门论著,然而我们从中获得了完成本书的最直接的方法启迪。

综而论之,与本书密切相关的研究,古今学者所做出的成绩是多方面的,实难一一叙述,择其要者,似有其下:

　　第一，对西周铭文的伦理观念，依据作者对器铭的考释而做了不同的解释，为我们利用和考释金文材料提供了重要参考。

　　第二，主要从文献的角度，涉及西周伦理思想的一些方面，成为我们进一步研究的基础。

　　第三，从金文角度研究思想、历史的成果，直接为我们提供了理论与方法上的启迪、借鉴。

　　上述成就无疑是我们进行研究的基础，但是过去的相关研究仍有某些薄弱点和不足之处，最主要者在于：

　　其一，在中国古代伦理思想的研究中，从跨学科的角度进行研究一直是薄弱点，而从金文入手全面而系统地研究西周伦理思想的论著尚阙如。

　　其二，缺乏对西周伦理思想的系统而全面的研究。学界对中国古代伦理思想的系统研究，一般都从春秋、战国开始，对西周的伦理思想仅有零星或部分的涉及。涉及稍多的孝、德等观念，其学术分歧又颇大。

　　其三，因可靠材料的缺乏，以及对相关理论的重视不够，因此对西周伦理思想的研究基本限于静态，缺乏对其发展变化的阐释及其规律的揭示。

　　其四，中外比较、西周与后世比较视域下的西周伦理思想研究尚属空白。

**(四)本书主旨**

　　在前人研究的基础上，并重西周金文与传世文献资料，而且往往从西周金文入手，对西周伦理思想做专门研究。具体言之，在历史学、古文字学、伦理学、宗教学等学科理论的指导下，通过对金文、甲骨文材料，以及文献材料、民族学材料的综合分析，对西周伦理起源观、政治伦理规范、血缘伦理规范、伦理评价观做尽可能全面而系统的考察，并揭示其发展演变的进程及规律；在中外比较、西周与后世比较的视域下，尽可能深刻理解与充分揭示西周伦理思想的特质。

## 二、从金文入手研究西周伦理思想的意义

　　"从金文入手"具有两层含义，即从文字本身入手和从金文所记内容入手，我们的讨论主要围绕这两个层面。

**（一）能促进中国古代伦理思想的溯源性研究，从而有利于从整体上把握认识中国古代伦理思想**

中华民族许多伦理观的源头与初生形态，以及初期发展过程都在西周，因此，对于这一时期的伦理思想予以足够重视，才有利于从整体上把握、认识中国古代的伦理思想。从先秦以及中国古代伦理思想研究的整体过程看，西周伦理思想的研究具有很强的溯源性。而进行溯源性的思想研究，以金文文字为切入点则可拥有得天独厚的优势。这样的优势，取决于古文字与思想文化的有机联系。汉字有"以形表义"的显著特点，类型各异的表意字所表达出来的意义，实际上往往有两个层次：一层是表达一般的概念意义，即词的指称意义；一层是蕴含其中的先民关于词所指称的事物的认识、评价以及由此引起的联想，亦即先民特定的社会文化背景和心理[①]。例如西周晚期出现的"信"字，《说文》诚、信互训，有诚实义的信字作"𠱁""𢘓"[②]等形，其"从人、从言"之形，让人们联想到，此"诚"与人之言有关，即所谓的"言行一致"；其"从言、从心"之形，则使人联想到此"诚"要求"言必由衷"，即心口一致。西周早、中期的"诚实"观以谌、允、亶、孚等字为载体，其"诚实"所要求的主要是较为笼统的"实在""厚道"。到西周晚期，固有"诚实"观发展为以具体的"言行一致""心口一致"为内涵的"诚实"观，这一发展变化就导致了"信"字的产生。"信"字的形体结构中既蕴含着古人关于"诚"的认识，也蕴含着固有"诚实"观面临"心口不一""言行不符"等现实行为强烈冲击的时代背景信息。在溯源性思想文化研究中，往往涉及字的引申义，然而要准确认识其引申义，必须尽可能通过对字的形、音、义的分析，追溯其本义。比如"德"字，或认为其本义指"属性"，或认为指不含褒贬义的一般属性、行为，然此类见解与西周铭文、文献所载不符。究其原委，其对"德"字本义的理解不是从形、音、义入手，而仅仅依据后世的某些文献记载，将其引申义视为本义，从而在界定西周"德"观念的内涵时出现失误。以上例证表明溯源性的思想研究，从相关的初形朔谊考证入手，不失为行之有效的途径。

---

① 邢福义主编：《文化语言学》（修订本），湖北教育出版社 2000 年版，第 156—157 页。
② 《说文·言部》云："𠱁，古文，从言省。𢘓，古文信。"

### (二)有利于把握西周伦理思想的发展变化

西周伦理思想的研究历来都很薄弱,几无人涉及发展变化,其重要原因在于,可资利用的材料太少。研究西周伦理思想的主要文献材料是《尚书》《诗经》《逸周书》,而这些典籍的有关篇章,主要涉及西周早、晚期的部分伦理思想,中期的尤为缺乏。西周铭文中的伦理思想材料,从时间上看,包括了早、中、晚期,从而在很大程度上弥补了中期材料的奇缺,并能在一定程度上补早、晚期材料之不足。因此,并重金文材料与传世文献材料,佐以其他资料进行综合分析,才可能比较充分地揭示西周伦理思想的发展变化。

### (三)有利于西周金文研究视野拓展与研究深化

虽然研究西周伦理思想才是本书的主旨,但我们的研究毕竟涉及西周金文与伦理思想两个方面。所以就客观效果看,在利用西周金文材料研究思想文化的同时,必然会促进西周金文的研究。从研究视野的角度讲,过去的研究主要着重于西周金文著录,铭文考释,西周金文中的职官制度、经济制度、礼制、政治思想等等,极少从西周金文角度研究伦理思想,从西周金文的角度对西周伦理思想进行系统而全面的研究则是空白点,因此,本课题的选定与完成无疑使西周金文的研究视野有所拓展;从深化研究的角度看,一般的考释铭文,主要从两个层面进行,一方面遵循汉字"以形表义""音义相联"的规律,从字的形、音、义入手考释的初形朔谊;另一方面又往往据金文所记载的内容,并联系文献的相关内容来印证对其本义的考证及其引申的训释。而在本书中,对西周金文词语的训解,除了从以上两方面着手之外,往往将训解对象置于更为广阔的背景与广泛的联系中,由此获得可信度更高、准确性更大的训解。天、帝乃西周金文中的习见词汇,而商周天、帝关系的学术探讨一直众说纷纭。本书考辨殷周天、帝关系,既从形、音、义入手分析天、帝之本义,又将其置于殷周天帝观的发展变化中把握其联系,考察其异同,同时联系中外不同民族的类似观念产生的途径及相应的思维水平,从而获得"殷周的天、帝是从不同角度认识'上天'的观念"这一结论。

## 三、理论定位与研究方法

### （一）理论定位

辩证唯物主义与历史唯物主义是贯穿本书始终的基本理论。人是既定历史环境的产物,而历史环境又离不开人的创造,我们对西周伦理思想材料的考证与阐释皆置于此指导思想下。

在具体考释文字时,则遵循文字、音韵、训诂学相关理论的指导。比如对字义的把握遵循"因声求义"的原则,充分利用文字形、音、义的联系,同时注重字、词的"语境",以"随文释义"。

本书的结构设计以及对西周伦理思想发展过程及其规律的揭示,都贯穿伦理学相关理论的指导。比如伦理学理论认为:现实行为与固有伦理规范的矛盾、冲突,是刺激伦理思想发展的重要原因,这一理论成为我们考察、分析西周伦理思想发展变化的重要指导思想。

思想文化的研究往往涉及心态分析,因此,我们也必须借助心理学相关理论的指导。比如运用马斯洛的"需要层次"论,分析、阐述西周孝观念的产生及内涵,并在这一理论指导下对比不同民族或同一民族的不同历史时期的"老人观",从而增强有关西周孝道观的产生、内涵等结论的说服力。

### （二）研究方法

科学的方法是保证本书有效进行和完成的必要手段。

"二重证据法",即出土文献材料与传世文献材料的互证,是本书处理具体材料、考订证据的基本方法。其次是利用多学科交叉研究法。这一方法的运用,一方面体现为对多学科相关材料的搜罗,包括古文献、民族学、古文字及考古发掘资料等;另一方面表现为对多学科相关理论和成果的借鉴,包括历史学、伦理学、宗教学、心理学、古文字学等学科的相关理论与成果。而对思想材料的阐释主要运用以下两种方法:

系统研究法。这一方法指导我们将研究对象置于整体有机联系中把握、分析、认识。将所涉观念思想材料系统地组织起来才能发现问题,才能看出片面和遗漏;以系统的眼光去观察研究对象,有利于寻求彼此的内在联系,而对这种内在联系的把握,有助于我们的阐释能从不同角度获得呼应与支持。系统研究法对本书而言,一方面体现在全书的总体构思,即尽可能表现为"谋篇布局"上的全面有序;另一方面表现为具体写作过程的系统思考,例如对西周金文"皇天弘厌厥德""天降懿德大屏"类句式的解释,在考证句式中关键字、词的基础上,将其置于西周伦理起源观的系统中,才获得尽可能符合实际的认识,即此类句式是西周"天赋伦理观"的铭文表现形式。

分析法。此方法在实际运用中主要表现为对比与归类分析,而分析中的归类与对比往往密不可分。归类,是为了区别,把不同对象归入相应之类;将一个对象的不同方面区别开来,一个对象的不同方面,或属同时期的,或属不同时期的。总之,在分析时,首先尽可能将对象归类以示区别,然后在区别的基础上做可能的对比分析。通过对比分析,我们可以把握意义相近或相关的对象的异同,从而加深对其本身以及它们之间的相互联系的理解。例如敬、恭观,我们通过对比分析,认识到二者在字义上的异同,以及实际运用的差异及共同点,由此,对西周敬、恭观,就获得了超越前人的认识。我们往往借助对比分析,认识同一对象的发展变化,例如:西周的"惠"观念,通过归类与对比分析,我们较准确地把握到,在西周早期,其内涵主要指"顺";西周晚期其"顺"义则具体细化为"施恩""爱"等内涵,由于内涵的不同,"惠"观念所涉对象也发生相应变化。对西周伦理思想特质的把握,则是宏观利用比较与分析法指导的研究成果。

## 四、几个相关术语的说明

概念明白、准确,既是本书论述思维清晰的前提,同时也是避免读者误解的前提,因此,以下将对几个基本术语作一界定、说明。

### (一)伦理

伦理与道德是本书时常涉及的概念。这两个概念,无论是在中文里面,还是在西文里面的对应词一般都并不做很严格的区分。近年,学界对这两概念的内涵、异同探讨较多,然而尚未形成定论。我们则在参考倾向性学术观点的基础上,对两概念作以下相关界定。

在中文里面,伦理这一概念,始见于《礼记·乐记》。《乐记》云:"乐者,通伦理者也",《郑注》:"伦,类也;理,分也",这里所谓的伦理泛指"事类条理",并非专指人际关系之理。此伦理之"伦",其义为"类""同类"。伦,还有"理""道""序"等含义。所以在汉语中,时常以"人伦""伦常"指称人际关系之理。所谓"人际关系之理",指人们处理相互关系时所遵守的行为规范与准则。在近代以前的汉语中,以"伦理"指称"人际关系之理"的情况并不常见。

在西方,"伦理"一词源于希腊文,其本义为"本质""人格",也有"风尚""习俗"之义。亚里士多德首次提出"伦理学"这一概念,主要指研究人们在社会生活中所必须遵守的风俗、习惯的学问。英文以"ethics"一词指称"伦理学"。我们运用的"伦理学"概念,是近代从日本传入的。日本学者在翻译西方这门学问时,借用汉语中的"伦理"一词表达"ethics"的"伦理学"含义。伦理学意义上的伦理,主要指人们处理相互关系时所遵守的行为原则与规范。

## (二)道德

在中文里面,道,本义为道路,引申为道理、准则;德,本义指"正当行为",引申为正当行为的原则、规范。指称原则、规范时,伦理与德的含义大致相当。其主要差别在于,伦理一词所表达的"原则、规范",只具有客观性;德一词所表达的"原则、规范",往往具有主观性,与原则、规范的内化关联[①],所以,德,既可指称"德行",又可指称"德性"。战国时期,《韩非子》《礼记》等典籍中道、德作为复合词出现。一般而论,道德,既可指称行为规范、准则,也可指称与规范、准则关联的情操、品性。

拉丁语"mores",其义为风尚、习俗、性格等,以后该词兼有风俗、原则、道德、品性等义。中国学者翻译西文,往往以"道德"对应"mores"。在西方,由于伦理、道德的初始含义基本相同,所以在相当长的历史时期,伦理、道德两概念互相通用。黑格尔才明确区分二者,前者指社会道德,后者指个人道德。中国伦理学界,倾向性的观点认为伦理与道德是意义大体相同的概念,所以往往将二者当作同义词使用,或"伦理道德"连称,道德现象又

---

① 关于"德"的基本含义,参见本书第三章"释德"部分的相关论述。

可称为伦理现象,伦理学也可称道德学①。本书也将伦理、道德两词作为同义词使用②。伦理学意义上的道德主要指道德原则与道德品质。

至于道德的定义,迄今还是一个有争议的命题,本书选择的道德定义是:道德就是人类社会生活中所特有的由经济关系决定的、依靠人们的内心信念和特殊社会手段维系的,并以善恶进行评价的原则规范、心理意识和行为活动的总和③。

### (三)政治伦理

政治伦理亦称政治道德。所谓政治道德,主要指政治行为中应当遵守的道德规范与准则④。在现代社会,政治与伦理的思想或学说的界限是明确的,然而在西周时期,二者往往呈现出合一的状态,所以,本书所涉及的西周政治伦理规范,一般也可以从政治规范的角度去认识。

①　何怀宏:《伦理学是什么》,北京大学出版社 2002 年版,第 12 页。
②　有学者认为,伦理与道德的区别就在于,伦理强调外在规范、他律、理性认知,而道德是一种内心的生活,是立足于信念之上的自立的、可以自我求取的精神空间(肖川:《反思道德教育》,《教育参考》2000 年第 1 期)。这种关于伦理道德的见解,用于当代道德建设及相关理论的建设,是可行的,然而用于界定中国古代的伦理、道德思想与现象,却未必合适,尤其是在西周时期,后世所谓的伦理、道德,皆可以"德"这一概念表示。所以笔者对伦理、道德的界定与说明,选择了伦理学上通行的观点。
③　罗国杰主编:《马克思主义伦理学》,人民出版社 1982 年版,第 4 页。
④　吴灿新主编:《政治伦理学新论》,中国社会出版社 2000 年版,第 5—6 页。

# 第一章　西周天命观

中国传统伦理观始终与天道观交织一体。在传统观念中,人们总是将伦理道德视为"天理"与"良心"的展现。而学者则从理论的角度称人道与天道的有机构成为"天人合一",并认为"天人合一"是中国传统伦理道德体系的基础[1],是古代中国知识与思想的决定性支持背景[2]。传统伦理思想这一根基性特征则奠基于西周时期。所以,对"天人"究竟怎样"合一"而构成西周伦理思想基础的思考,也就成为本研究的始点。

## 一、商周天帝考

上帝、天命观是涉及商周政治、宗教、伦理的一个重要观念,天、帝则是此类观念的载体。然而,殷商上帝与西周天帝,以及二者的关系,学界历来众说纷纭,迄今仍无定论,本书欲尽可能辨析与厘清商周天、帝关系。

### (一)殷商的天、帝

帝,《说文·丄部》:"谛也。王天下之号也。从丄朿声。"许慎关于帝字的形义说解均误。甲骨文中,帝的基本形构作"𣎴"。关于帝字的初形朔谊,论者多以为象花蒂之形,表"生育"之义。此说始于郑樵[3],清末吴大澂重申此论[4],近人郭沫若则补正、光大此论[5],今人陈来、葛兆光从此

---

① 参见陈秉璋:《道德规范与伦理价值》,(台北)业强出版社 1990 年版,第 21 页。
② 参见葛兆光:《中国思想史》第一卷,复旦大学出版社 1998 年版,第 47 页。
③ 《六书略·象形》曰:"帝象华蒂之形。"([宋]郑樵:《通志》卷三十一,中华书局 1987 年版,第 488 页)
④ 吴大澂曰:"许书帝古文作𣎴,……周窀鼎作𣎴,聘敦作𣎴,戫狄锺作𣎴,皆▽之繁文,惟▽、▽二字最古、最简。蒂落而成果,即草木之所由生,枝叶所由发。"([清]吴大澂:《字说》,刘庆柱等主编:《金文文献集成》第一八册,线装书局 2005 年版,第 63 页)
⑤ 郭沫若认为:"分析而言之,其▽若▽象子房,𣎴象萼,𠆢象花蕊之雄雌。"(郭沫若:《释祖妣》,《甲骨文字研究》,科学出版社 1962 年版,第 49 页)

说①。有学者则认为"帝"字"象架木或束木燔以祭天之形,为禘的初文,后由祭天引申为天帝之帝"②。比较二说,似以后者为优,因为较早主"花蒂说"的吴大澂对帝字初形认定有误。甲骨卜辞中,"帝"字无▽、▼者,王辉在《殷人火祭说》一文中,将帝、禘的15种主要字形归类分析,从字形上对"花蒂说"予以辩正③。另外,凡从"花蒂说"者,多将"花蒂"之形与"生育万物"联系④,然而,宇宙万物具有生育功能者至多,为何仅以"花蒂"象征至上神帝"生育万物"之义?由于"花蒂说"有以上致命弱点,所以有学者虽主张殷人崇拜之帝为生育万物的至上帝,却抛开"花蒂"之论,于形无说⑤。

帝,本为祭祀方法之称,由"方法"称谓引申为某一祭祀对象之称,此论与帝之初形吻合。甲骨文中,帝字一般作"𥘍",禘字则作"𥘍"。字形中部的"𠀁""𠮚",是帝、禘二字的主要区别。这一区别当是作为祭祀法的"𥘧"引申为祭祀对象⑥之称后,禘字中部用"𠮚",突出其"束柴"之义,以别于神称

①　参见陈来:《古代宗教与伦理——儒家思想的根源》,三联书店1996年版,第117页;葛兆光:《中国思想史》,第一卷,第91页。

②　参见徐中舒主编:《甲骨文字典》卷一,四川辞书出版社1988年版,第7页;王辉认为:帝"是由头上的一和下部的𣏟(或𣏟)二部分所组成。……𣏟祭是柴祭,𣏟乃是束祭,也是柴祭的一种,所以从字形上看,禘必然是火祭的一种,帝上部之"一"是指示符号,"代表天空"。……帝字从一从𣏟(或𣏟),𣏟或𣏟表示柴祭,一指明祭祀的对象为居于天空的自然神",见王辉:《殷人火祭说》,四川大学学报编辑部、四川大学古文字研究室编:《四川大学学报丛刊》第十辑《古文字研究论文集》,四川人民出版社1982年,第271页。

③　参见王辉:《殷人火祭说》,四川大学学报编辑部、四川大学古文字研究室编:《四川大学学报丛刊》第十辑《古文字研究论文集》,四川人民出版社1982年,第269—271页。

④　《礼记·郊特牲》曰:"祭帝弗用",帝,《孔疏》曰:"因其生育之功谓之帝"(《十三经注疏》下册,中华书局1980年版,第1444页),詹鄞鑫则据此指出:"天有生育万物之功,故称为'帝',也就是说,'帝'的语源义是生育万物,……语言中的帝本来是对天的别称,其意义是从生育万物的功能来说的"(詹鄞鑫:《神灵与祭祀——中国传统宗教综论》,江苏古籍出版社1992年版,第47页)。陈来则认为詹氏关于"帝"字义之解释"正好与最早出的帝为花蒂说可以相通"(陈来:《古代宗教与伦理——儒家思想的根源》,第117页)。

⑤　详见张桂光:《殷周"帝""天"观念考索》,《华南师范大学学报》(社会科学版)1984年第2期。

⑥　所谓"祭祀对象",得有一推测性交待。如下文所涉,作为神灵之帝具有至上的主宰性,可作为至上神之帝,几乎不直接享受殷人祭祀。所以我们推测,作为火祭对象之帝,最初仅仅是居处上空的神灵之一,其后,伴随其至上神性的形成,殷人对待其至上神与其他神灵便产生信仰差别,这一差别反映在祭祀上,就是祭祀一般神灵的仪式不得用于祭祀其至上神,所以殷墟甲骨文里没有直接祭祀至上神帝的记载。

之帝。燔柴而祭,学者或谓之火祭①。火祭一般将祭品置于薪上燔烧,使气达于上空,因此,火祭对象当是上空之神灵。殷墟卜辞中,帝也称上帝,正表明在殷人的观念中,帝的所在是"上空",因此,帝当为禘祭对象。然而甲骨文中,无一例以帝为祭祀对象。陈梦家认为殷人尚无祭上帝之仪②,王宇信则曰:"甲骨文中不论何种祭法,就连祭权能无限的'帝''上帝'的也没有一条。"③据甲骨文所载,帝是殷人的至上神,既主宰自然界的风云雷雨,又主宰人间的农业收获、战争胜负、邦邑兴衰、商王祸福。即宇宙万事万物皆与上帝的意志、权威关联。殷商既已形成至上神的观念,却无相应的祭仪,这在宗教学上是难以理解的④。当然,学者们围绕殷人如何对待其至上神,亦进行了不少有益的探索。大致形成三种观点。其一,因为"帝牲不吉",所以殷人不祭祀上帝⑤。此论以《公羊传·宣公三年》的"帝牲不吉"为据。如上所涉,殷人不祭祀其作为至上神的帝,在理论上难以成立,同时此论又建立在误解"帝牲不吉"之上。《公羊传》所谓的"帝牲不吉",并非指以牲祭祀上帝不吉利。其"帝牲",专指用于祭祀上帝之牲。"不吉",指"帝牲"遭"口伤"之灾。其二,认为殷"帝"尊严至上,所以活人不敢因有所求而直接祭祀帝,时人对其祭祀,需帝臣或"宾于帝"的先王为媒介⑥。其三,认为殷人有直接祭祀上帝之仪。岛邦男认为殷人以上帝为直接祭祀对象,并指出,卜辞中有不少作为祭祀对象的"□"神,其中"有的'□'是指上帝"⑦。若然,殷人就有对上帝的直接祭祀。当然,即使有的祭祀对象"□"

---

① 参见王辉:《殷人火祭说》,四川大学学报编辑部、四川大学古文字研究室编:《四川大学学报丛刊》第1辑《古文字研究论文集》,四川人民出版社1982年,第271页;蒋瑞:《也说〈周礼〉"柴"与〈楚辞〉"些"》,《中国史研究》2000年第1期。

② 参见陈梦家:《殷虚卜辞综述》,科学出版社1956年版,第577、580页。

③ 王宇信:《殷人宝玉、用玉及对玉文化研究的几点启示》,《中国史研究》2000年第1期。

④ 参见吕大吉:《宗教学通论新编》,中国社会科学出版社1998年版,第567页。

⑤ 参见张桂光:《殷周"帝""天"观念考索》,《华南师范大学学报》(社会科学版)1984年第2期。

⑥ 胡厚宣认为:"殷人认为帝有全能,尊严至上。同他接近,只有人王才有可能,商代主要的先王,象高祖太乙、太宗太甲、中宗祖乙等死后都能升天,可以配帝","如有所祷告,则只能向先祖为之,要先祖在帝左右转请上帝"(胡厚宣:《卜辞中的上帝和王帝》下,《历史研究》1959年第10期)。王宇信从胡氏说,认为殷人不能直接向上帝祈求,所以也就勿需祭祀上帝(参见王宇信:《殷人宝玉、用玉及对玉文化研究的几点启示》,《中国史研究》2000年第1期)。张光直认为:"殷王对帝有所请求时,决不直接祭祀于上帝,而以其廷正为祭祀的媒介。"(张光直:《中国青铜时代》,三联书店2013年版,第383页)

⑦ [日]岛邦男著、赵诚译:《禘祀》,吉林大学古文字研究室编:《古文字研究》第一辑,中华书局1979年版,第404页。

是上帝，在殷人名目繁多的种种祭祀中，祭祀上帝“”的材料也不多。似乎殷人并不轻易直接祭祀上帝。其不轻易直接祭祀上帝，是否有以帝臣或殷先王作为祈求与祭祀中介这一因素。这一问题有待进一步探讨。

综而论之，就现有材料，帝为殷人的至上神，当为不争的事实。既将帝作为至上神信仰，理应有包括祭祀在内的信仰仪式，只是由于种种原因，殷人对上帝的祭祀显得扑朔迷离。然这一问题随着学者的不断求索，正趋于接近史实。

以上关于“帝”之字形及帝之祭祀的探讨表明，“帝”字凝结的主要是殷商人关于至上神神性的认识。

作为殷人至上神的帝与以后作为至上神的天比较，最显著的特点有二：其一，帝无形却有具体的人格特征。甲骨文中的“帝臣”①“帝五臣”②“宾于帝”③“帝取妇好”④，即是上帝具体人格的体现。其二，如上文所涉，殷人的帝之处所在上空。天空乃古今中外许多民族安置其至上神的处所。这似乎与天的昊然与高深莫测分不开，更与风、云、雨、雪、雷、电等天象直接决定上古人们的生存有关。拉斐尔·毕达佐尼考察和分析了各种至上神观念的性质与结构现象，认为至上神观念的产生，“大多并不是发生于理智的需要，而是发生于生存上的渴望”⑤。毕达佐尼的研究表明，至上神的产生与人们的生存方式有着极为密切的关系。殷商帝观念的产生，既与先民追溯宇宙秩序的终极根源有关，又与先民生存所系的必需自然物有关。甲骨文反映，主宰风雨等天象的调顺，是殷人赋予上帝的主要职能之一，而日月风雨诸神则是帝廷的臣工使者。因此不管从帝的主要职能，或帝廷臣工的构成看，作为殷人至上神的帝，只能是天神而非其他。甲骨文中，“上帝”这一称谓也表明帝的处所在上空。

甲骨文天字作“”“”，象人之形体而突出其顶颠，本义当为“人之顶颠”。《殷墟文字乙编》9067 云“弗疾朕天”，此“天”即指头顶之“颠”。据现有材料，在相当长的时期内，殷人并不以“天”指称天空。

---

① 郭沫若主编、胡厚宜总编辑：《甲骨文合集》217，中华书局 1978—1982 年版。

② 《甲骨文合集》30391。

③ 《甲骨文合集》1402 正。

④ 《甲骨文合集》2637。

⑤ 拉斐尔·毕达佐尼：《至上神的现象结构和历史发展》，转引自吕大吉：《宗教学通论新编》，第 176 页。

　　殷人指称"天空"的概念,一开始就是从直观经验的角度描述具体有形物的概念。殷人以"天"称天空之前,往往以"上"称天空。例如卜辞中,上帝之"上",即指"上空"。天亡簋铭称"文王监在上"①,西周中后期的器铭则多称先王或先祖"严在上"②,其"上"即"上天",是先王或先祖神灵所在的位置。显然周金承袭了卜辞中以"上"表天的用法③。指称"天空"之"上",即是基于直观方位认识的概念。

　　伴随着人们思维水平的发展,殷人具体的天象观逐渐发展成为抽象的天空观。或认为殷人还不能从日月星辰等具体天象中概括出一个抽象的天④。然而,这种认识未必妥当。据学者考察,20 世纪中叶,西印度各民族还没有"帝"或"上帝"或"天帝"一类的名称,若要向他们解释一个"帝"字,只能指东画西地说"星",说"日",说"大",说"善灵",说"不欺之善灵"等等。他们非但不知道"帝",而且竟没有一个抽象的"天",要向他们说明一个"天",只能借用实物,说"云上头的""星中间的""上面的地""星与日""高高的"等等⑤。西印度人同时缺乏至上神"天帝""上帝""帝"观念与抽象天空观,这一事实表明,抽象的天空观与至上神"上帝"观的形成必须伴随抽象思维的相对发达,伴随人们对宇宙统一性认识的提高。受制于抽象思维水平的高低,具体的"天"观与抽象的"帝"观不可能同步产生。先民首先对包括具体天象在内的宇宙种种具体存在有了认识,并形成关于具体存在的秩序观,然后再追寻支配秩序的终极因素,才产生统一万有、支配一切的至上神帝观念。可以推测,在帝观念尚未形成之前,殷人对宇宙统一性的认识水平当偏低,其所具有的天空观,当类同上涉西印度人的天空观,仅仅是各种具体天象的观念,其中包括基于具体方位认识的"高高的""上面"。而作为宇宙至上神的"帝"观念形成,则标志着殷人对宇宙统一性认识的提高,因此,其表示天空的"上"当具有了抽象性、概括性,这"上"不仅蕴含日月星辰、风雨雷电等种种天象,包括了上空的浩大、高

---

①　中国社会科学院考古研究所编:《殷周金文集成》4261,中华书局 2007 年版。

②　《殷周金文集成》112、145。

③　许倬云:《西周史》(增订本),三联书店 1994 年版,第 103 页。

④　详见牟钟鉴、张践:《中国宗教通史》上册,社会科学文献出版社 2000 年版,第 96、114 页。

⑤　刘复:《帝与天》,顾颉刚编著:《古史辨》第二册,上海古籍出版社 1982 年版,第 23 页。

深,而且是支配所有天象运行的至上神的处所。帝观念产生之后的"上"虽然可表示抽象的天空,然而"上"毕竟不是"天空"的专称,而是广泛用于方位之称,用于祭祀时的远祖称谓①。"天空"观是涉及上古人们宗教信仰的重大观念,最终以某词汇作为"天空"的专称乃必然之势。

### (二)西周的天、帝

西周的天、帝关系,是颇有争议的问题。或认为西周的天、帝本属两种信仰体系的至上神,天为周人的,帝为殷人的②;或认为西周的天、帝是同一神的不同称谓③。

以上两说,第一说的最大不足在于,忽略了这样的事实,即商周时期,天、帝观是意识形态的核心,《尚书·周书》中天、帝类词汇习见,倘若天、帝是毫不相干的观念,周统治者将天、帝同时用于王朝的诰命或训诫辞中,而诰命及训诫的对象既有周人,也有殷遗,这岂不造成统治思想的混乱? 须知,任何民族的宗教信仰及其观念都是一个民族长期的历史积淀,统治者绝不可能在短期内从根本上改变人们的至上神信仰。至于第二说,仅注意到西周天、帝之同,而忽略了其异。我们认为西周的天、帝是既有联系,又有差别的概念。以下用例,将明示二者的联系与差异。

---

① 萧良琼认为,卜辞中屡见的"上、下",是指由远到近的一系列先祖。参见萧良琼:《"上、下"考辨》,吉林大学古文字研究室编:《于省吾教授百年诞辰纪念文集》,吉林大学出版社 1996 年版,第 17—19 页。

② 张桂光认为:殷人尊帝与周人尊天,是早在灭商以前就在不同的地域内同时并行着的两种不同信仰,殷人由游牧活动而引起对生殖神"帝"的崇拜,周人由农业活动而引起了对自然神"天"的崇拜,而西周时期的天帝并存,一方面由于"大邑商"的"帝"崇拜影响尚存;另一方面由于周人对殷的至上神的有意利用。参见张桂光:《殷周"帝""天"观念考索》,《华南师范大学学报》(社会科学版)1984 年第 2 期。

③ 郭沫若曰:"殷时代是已经有至上神的观念的,起初称为'帝',后来称为'上帝',大约在殷周之际的时候又称为'天'。"(郭沫若:《先秦天道观之进展》,《郭沫若全集·历史编》第一卷,人民出版社 1982 年版,第 324 页)王德培认为:"周初,天、皇天、帝、上帝是被当作同一至上神的不同名称来使用的。"(王德培:《西周封建制考实》,光明日报出版社 1998 年版,第 155 页)何星亮认为,夏、商、周的天、帝基本上为同一至上神的名称,参见何星亮:《中国自然神与自然崇拜》,上海三联书店 1992 年版,第 53—57 页。刘泽华谓:"殷代的'天'与'上帝'不是一个概念,'天'无神秘之义。周把'天'与'上帝'同指。"(刘泽华:《中国政治思想史》(先秦卷),浙江人民出版社 1996 年版,第 18 页)陈梦家曰:"西周时代开始有了'天'的观念,代替了殷人的上帝。"(陈梦家:《殷虚卜辞综述》,第 562 页)

| 帝 | 天 |
|---|---|
| 天亡簋:"事譆上帝,文王监在上,文王监在上。"(《殷周金文集成》4261) | 柯尊:"惟武王既克大邑商,则廷告于天。"(《殷周金文集成》6014) |
| 猷簋:"其濒在帝廷陟降。"(《殷周金文集成》4317) | 大盂鼎:"丕显文王,受天有大命。"(《殷周金文集成》2837) |
| 邢侯簋:"帝无终命于有周。"(《殷周金文集成》4241) | 《诗经·大雅·大明》:"有命自天,命此文王。" |
| 尌狄钟:"先王其俨在帝左右。"(《殷周金文集成》49) | 《尚书·康诰》:"天乃大命文王,"殪戎商。 |
| 《诗经·大雅·文王》:"文王陟降,在帝左右。" | 《尚书·多士》:"弗弔旻天,大降丧于殷。" |
| 《诗经·大雅·大明》:"维此文王,小心翼翼,昭事上帝。" | 《逸周书·克殷》:"上天降休。" |
| 《尚书·金縢》:"乃命于帝庭。" | 《周易·乾卦》六五:"飞龙在天。" |
| 《尚书·大诰》:"亦惟十人,迪知上帝命。" | 《诗经·周颂·昊天有成命》:"昊天有成命,二后受之。" |
| 《尚书·多士》:"惟时上帝不保,降若兹大丧。" | 《诗经·周颂·时迈》:"时迈其邦,昊天其子之。" |
| 《尚书·君奭》:"在昔上帝,割申劝宁王之德。"① | 《诗经·大雅·桑柔》:"靡有旅力,以念穹苍。" |
| 《逸周书·度邑》:"予有不显,朕卑皇祖不得高位于上帝。" | 《尚书·金縢》:"天大雷电以风。" |
| 《逸周书·商誓》:"予来致上帝之威命明罚。" | 《尚书·召诰》:"小民乃惟刑用于天下。" |

据上揭用例,西周时期,天、帝的同一性仅体现在二者的神性之上,在

---

① 周桂钿据郭店楚简《缁衣》所引《君奭》文,与今本《君奭》《缁衣》互校,将此条更正为"上帝割申观文王之德"(周桂钿:《郭店楚简〈缁衣〉校读札记》,《中国哲学》编辑部、国际儒联学术委员会编:《郭店楚简研究》,辽宁教育出版社1999年版,第215页)。

使用中,"天命""天令"可与"帝命""帝令"互换。二者的区别在于,天可从直观经验的角度被描述,如"昊天""飞龙在天""天下""穹苍"等等;帝则可从具体人格化的角度被描述,如"帝所""帝廷""在帝左右""昭事上帝"之类。西周天、帝内涵的异同至为明显,然而欲理解其异同之所以,则必须联系前文已涉及的殷商上、帝内涵之异同。

### (三)殷周天、帝关系

从西周上帝、帝的神性、具体人格、无直观形象等特点看,其与殷商的上帝、帝乃一脉相承;而西周的天,则有"至上神"与直观物质性"天空"两义。有此两义之天,当是周人固有的观念。惟其如此,周原甲骨文、西周金文与传世文献中,有上述两层含义的"天"才可习见。

殷人的上、帝与周人的天,从形式上看属于不同的类型,然而就实质而言,皆为从不同角度认识上天的概念。殷人的"上"是从直观经验角度描述上天的概念;其"帝"则是从神性角度描述上天的概念。周人的"天"则包括至上神与直观物质性天空两层含义。分别从神性与物质角度认识上天的现象,也存在于其他信奉天神的民族中。例如匈奴人的"撑犁"一词蕴涵两义,一指物质的天,即天空;一指神性的天,即天神。突厥人则称天神为"腾格里";称物质的天空为"盔克"①。殷商、匈奴、突厥等民族,不管以不同的名称表"天空"与"天神",还是以同一名称既表"天空",又表"天神",认识都是相同的,即着眼于从直观性与神性的不同角度去认识上天。从不同角度认识上天而形成的概念载体应当是两类,或以一词兼表天空、天神两义;或以两词分别表天神、天空。西周的状况却是,既有专表至上神的"帝",又有兼表至上神与天空的"天"。这一现象当昭示着殷周类似观念的交融。

据传世文献与殷墟甲骨文、周原甲骨文所载,在武丁时期,周作为活动于殷商西方的方国,就与商王朝有了较密切的臣属关系。殷商末期,殷周关系更为密切,政治、经济、文化交往频繁。殷周长期的密切交往,为双方观念意识的交融提供了必要前提。而具体到天、帝观本身,也存在着交融的必然性。

首先从直观物质天空的角度看,殷以"上"表"天空",其主要局限当有

---

① 　参见何星亮:《中国自然神与自然崇拜》,第62—67页。

两点:其一,如前文所涉,"上"不是"天空"的专称;其二,基于方位认识的"上",其义不能涵盖天空的主要特征。就天字之形表达的本义而言,其为"人之顶颠",而且是"大人之颠",由此而引申出高、大之义,则最能表达以高深莫测、浩大无边为主要直观特征的上空,这当是天最终成为"天空"专称的内在依据。当然,天作为"天空"专称之后,人们同时也还保留了以"上"称"天空"的习惯。

其次,从神性的角度看,商周人所信奉的至上神皆为天神,其神权职能应大致相当,所以在双方观念意识交融过程中,殷人的至上神之"帝"与周人至上神之"天"便自然趋向同一。在殷周天帝观的交融中,还出现主要以"天"表述至上神神性的趋势。西周载籍与铭文中,涉及至上神,天的使用频率比帝高,而《左传》《战国策》《吕氏春秋》等载籍反映,春秋战国时期,决定天下兴衰与人世的祸福几乎完全成为天的职权,而上帝主要作为祭祀对象存在,偶尔也作为很具象的至上神存在。天、帝观交融过程中的这一发展趋势表明,作为至上神的天、帝各自具有不可替代的优势,所以自交融以来,一直以互补的形式并存。就天而言,其有象可示,有则可循,这些特点更有利于人们从理论与思辨的抽象角度解释至上神对宇宙的主宰,以及讨论"天人之道""天人合一";就帝而言,其具体人格化的特点,能适应人们对其至上神具体对象化的需求,故西周以降,无论天神系统怎样变化,天帝、玉皇大帝、天老爷等具体人格化的至上神,始终存在于信奉至上神的中国人观念中。作为至上神的天、帝,长期以互补形式并存的事实本身,恰恰证明了天、帝观交融的必然性。

据现有材料,商周天、帝观的交融似在帝乙、帝辛时期已经出现①。殷墟卜辞反映,帝乙、帝辛时期出现了"天邑商""大邑商"之称。作为邑称中的"天"或许已具有"神圣性"。涉及"天邑商""大邑商"所指,虽然迄今仍无定论,不过近几十年来,多数学者都认为"天邑商"与殷都安阳相关,或认为

---

① 十九年前,笔者对这一问题提出了自己的理解,参见徐难于:《商周天帝考》,《文史》2003年第2期。今日重新审视自己过去的观点,感觉不够成熟,尤其是与周原甲骨卜辞相关的观点。关于周原甲骨(H11:82)所涉之"王"究竟是商王,还是周王的学术争议迄今仍然存在,囿于本人识见,难以对这一争议颇大的问题形成自己独到的判断,所以暂时放弃与周原甲骨卜辞相关的固有观点。

"天邑商"指称殷都安阳①，或认为其指称以殷都安阳为中心的王畿地区②。而对于"天邑商"之"天"含义的探讨，据笔者所见，仅仅在探讨"天邑商"与"大邑商"的关系时有所涉及。在此类探讨中，学者们对"天"作出了与"大"含义相同的理解，或认为"天邑商"之"天"乃"大"之讹误③，或认为卜辞中的"天"与"大"是相通的④。由此可见，涉及邑称的"天"之含义与"大"相同的观点几成定论。笔者虽然也认同"天邑商"最基本的含义是指殷都安阳，却认为以上所涉的"定论"仍可商，因为在殷墟卜辞中，有两种并不支持"定论"的现象存在。其一，在殷墟卜辞中，涉及邑称，"大邑"绝无称"天邑"者。这一现象应当引发疑问：何以"天"与"大"之讹，"天"与"大"相通，都仅仅体现在"天邑商""大邑商"类邑称中？其二，从邑称适用范围的角度讲，殷墟卜辞"天邑商""大邑商"的差异至为明显。"天邑商"主要出现在"衣祀"类语境⑤，"大邑商"则仅见于出征前的"告庙"类语境⑥。由此可见，邑称之"天""大"既非讹误，也不相通。既然如此，那么二者指称同一对象，应表明二者是时人从不同角度赋予其都邑意义的称谓现象。称都邑为"大邑商"，其"大"旨在强调其都邑空间范围的"大""高大"；称都邑为"天邑商"，其"天"则当具有不同于"大""高大"之意义赋予。笔者推测，帝乙、

---

①　参见杨升南：《殷墟甲骨文中的邑和族》，《人文杂志》1991 年第 1 期；郑杰祥：《商代地理概论》，中州古籍出版社 1994 年版，第 1—18 页；王震中：《甲骨文亳邑新探》，《历史研究》2004 年第 5 期。王震中在《商代的王畿与四土》（《殷都学刊》2007 年第 4 期）中则明确指出，在甲骨文中"大邑商"的用法有两层含义，一是指"安阳殷都"，一是"用于表示王畿"。这里虽然仅涉及"大邑商"所指，然而在《甲骨文亳邑新探》一文中，王震中认为"大邑商"即"天邑商"。

②　参见宋新潮：《殷商文化区域研究》，陕西人民出版社 1991 年版，第 202—205 页；韦心滢：《殷墟卜辞中的"商"与"大邑商"》，《殷都学刊》2009 年第 1 期。

③　罗振玉在《殷墟书契考释》一书中，认为卜辞中的"大邑商"指称殷王都，并引《尚书·多士》"肆予敢求尔于天邑商"，提出"'天邑'即'大邑'之讹"（宋镇豪、段志洪主编：《甲骨文献集成》第七册，四川大学出版社 2001 年版，第 71 页）的观点。主张"天邑商"即"大邑商"的学者或接受罗氏"天"乃"大"之讹的主张，参见宋新潮：《殷商文化区域研究》，陕西人民出版社 1991 年版，第 204 页。

④　有的学者认同罗振玉"天邑商"即"大邑商"的观点，却不认同其所谓"天"乃"大"之讹的看法。郑杰祥谓："古字天与大形、音、义相近故相通用。"（郑杰祥：《商代地理概论》，中州古籍出版社 1994 年版，第 15 页）王震中以注的形式表达对罗氏"天邑商"即"大邑商"观点的认同，却以"卜辞中的天与大是相通的"（王震中：《甲骨文亳邑新探》，《历史研究》2004 年第 5 期）为说。

⑤　参见《甲骨文合集》（36540、36541、36542、36543、36544）、《英国所藏甲骨集》（2529）的相关记载。在现有殷墟卜辞中，仅有一例"天邑商"之称见于出征、告庙类卜辞，参见《甲骨文合集》36535。

⑥　参见《甲骨文合集》36482、36507、36511、36530。

帝辛时期其都邑之称冠以"天",当基于对都邑"神圣性"的强调。这一认知虽然缺乏殷墟甲骨文材料的支撑,如果联系其他相关实际,这一推论似不无道理。笔者的推论主要基于两方面的历史实际:其一,西周初年,殷遗已经与周人同样将"上天""天帝"视为"至上神"[①]。涉及上古时人宗教信仰的重大现象,绝不可能一蹴而就,如果缺乏周初之前的商周至上神信仰的融合,周初殷遗的至上神信仰就不可能与周人相同。其二,"天邑商"之"天",当蕴含有"居天下之中"而"受天命"类思想。周初金文与传世文献材料共同彰显周人"居天下之中"而"受天命"的思想[②]。许倬云依据西周涉及"居中"与"受命"思想的材料,借鉴既有相关研究成果,形成自己的见解。其指出:"居天下之中"而"受天命"的思想"构成了三代相承的系统","天邑、天室,均谓天所依止,天命之所集"[③]。若将周初的"居天下之中"而"受天命"类思想置于三代历史发展的视野下予以理解、认识[④],我们会发现许倬云所论殊为有见。三代文化是在以中原族群文化为核心的众多族群文化相互碰撞、融汇中构成连续不断的发展态势,所以,"居天下之中"而"受天命"类重要思想应当不是周人所独有的。正是基于这样的思索,我们推测"天邑商"之"天"具有"神圣性",它应当蕴涵了殷商人的类同思想。西周初年的文献中,既有指称至上神的"帝",又有指称至上神的"天",当是殷人的"帝观念"与周人的"天观念"交融的必然现象。

　　综而论之,至少在殷商末期,殷人的"上""帝"观与周人的"天"观念已交融,正是这种交融决定了西周时期天、帝两概念并用的可能性与必要性。

## 二、西周金文的天命观词语与西周天命观

　　西周思想文化直接承袭殷商而来。殷商王朝的有效统治来自于鬼神

---

① 《尚书·多士》乃周初统治者诰殷商旧臣的诰辞,《尚书·多方》是周统治者诰命包括殷遗在内的众诸侯(多方)之文献。上引两诰辞涉及至上神,《多士》谓:"上帝""天命""天之罚""上帝不保"等;《多方》则称:"天降休命""天降时丧""帝之命""帝之迪"等。由此可见,周初殷遗所认同的"至上神",从神性的角度讲,帝、天观的融合已达到"天""帝"同一的程度。

② 参见呵尊(《殷周金文集成》6014)、《尚书·召诰》《逸周书·度邑》的相关记载。

③ 许倬云:《西周史》(增订本),第97页。

④ 本书第七章一定程度呈现了这样的认知视野。

与人事并重的历史事实,为周人提供了宝贵的历史经验,影响了西周统治者的思维定势与统治方式①。因此,周人既注重人事,又不曾动摇对天命的崇信,从而形成融"有命自天""天命靡常""保天之命"等宗教思想与"敬德""保民"等人文观念为一体的天命观。

**(一)有命自天**

西周天帝的职能主要体现在主宰邦国兴衰、天下存亡之上。

1.集命　受命　受民受疆土

**集命**

A.

毛公鼎:"唯天壮集厥命。"(《殷周金文集成》2841)

B.

《尚书·君奭》:"(上帝)集大命于厥躬。"

《尚书·顾命》:"昔君文王、武王……用克达殷,集大命。"

《尚书·文侯之命》:"惟时上帝,集厥命于文王。"

"集命"乃西周成语。其"集",或释为"集中"②。此解似欠妥。西周时期,凡天帝之命作用于人世,有称"集命"者,也有称"降命"的。前者如上揭史料,后者如《尚书·金縢》的"无坠天之降宝命",《尚书·酒诰》"惟天降命",《尚书·多方》"天大降休命于成汤",《逸周书·克殷》"上天降休"③。《淮南子·说山训》:"雨之集无能霑……"集,高诱注"下也",即"集"有下、降之义。因此,凡涉天、帝"集命",当作"降命"解。《顾命》中"集命"的主语为文王、武王,其"集"之义当为"成就","集命"即"成就大命"。《逸周书·尝麦》载周成王对朝臣曰:"敬恤尔执,以屏助予一人集天之显",其"集天之显",即"成就天之显命"。所谓"天降命",是指上天操纵天下兴衰,降赐王朝国祚之命。天既降命,便有相应的承命者,这在周铭与文献中,表现为"受天命""应受大命""受民受疆土"。

———————

① 参见徐难于:《试论殷商宗教观的理性色彩》,《先秦史与巴蜀文化论集》,历史教学社1995年版,第73页。

② 孙稚雏:《毛公鼎铭今译》,广东炎黄文化研究会等编:《容庚先生百年诞辰纪念文集》(古文字研究专号),广东人民出版社1998年版,第290页。

③ 所谓"降休"之"休"当指"休命"。《尚书·多方》有天"大降显休命"之语,《逸周书·商誓》有"承天命""承天休",可知"休"即"休命"之省略。

**应（膺）受天命　应受大命　受……大命**

A.

何尊："肆文王受兹大命。"（《殷周金文集成》6014）

大盂鼎："丕显文王受天有大命。"（《殷周金文集成》2837）

师伯簋："丕显祖文、武，膺受大命。"（《殷周金文集成》4331）

师克盨："丕显文、武，膺受大命，抚有四方。"（《殷周金文集成》4467）

毛公鼎："皇天引厌厥德，配我有周，膺受大命。"（《殷周金文集成》2841）

B.

《尚书·金縢》："乃命于帝廷，敷佑四方。"

《逸周书·祭公》："应受天命，敷文在下。"

应，铭作雁、膺。《后汉书·班固传》"膺万国之贡珍"，注引《国语》之贾注曰："膺，犹受也。"伪古文《尚书·武成》称文王"诞膺天命"，《尚书·康诰》则称文王"诞受厥命"，足见"膺"即"受"。周铭的"膺受天命"，文献或作"受天命"[①]"受命"[②]或作"乘兹大命"[③]"承天命"[④]。

所谓"天命文王""文王受命"的具体内容即天命周取商而代之。《尚书·康诰》"天乃大命文王，殪戎殷"，《逸周书·商誓》上帝"乃命朕文考曰：'殪商之多罪纣'"，"今纣弃成汤之典，肆上帝命我小国曰：'革商国！'"可见周人反复声称，在周文王之时已受"讨伐商纣""诛灭商朝"之天命，所以周武王伐纣就是"恭行天之罚"[⑤]"致上帝之威命明罚"[⑥]。周人受天命而取代殷商的统治，具有受民、受疆土的实际内容。

**受民　受疆土**

A.

大盂鼎："遹省先王受民[⑦]受疆土。"（《殷周金文集成》2837）

---

① 《尚书·召诰》。

② 《尚书·大诰》《尚书·梓材》《尚书·召诰》《尚书·君奭》。

③ 《尚书·君奭》。

④ 《逸周书·商誓》。

⑤ 《尚书·牧誓》。

⑥ 《逸周书·商誓》。

⑦ 大盂鼎铭的"受民"与文献所见之"受民"为相同语例，参见陈梦家：《西周铜器断代》（三），《考古学报》1956年第1期；另参见[日]白川静：《金文通释》卷一下，第十二辑，（神户）白鹤美术馆1962—1984年，第677页。

B.

《尚书·康诰》:"天乃大命文王,殪戎商,诞受厥命,越厥邦厥民。"

《尚书·洛诰》:"诞保文武受民……"

《尚书·立政》:"相我受民以义我受民。"

上揭史料中的"受民"与"受疆土"皆指受之于天的民与疆土。西周初年,"受民"一词习见,足见周人"受民于天"的思想根深蒂固。与先王受民、受疆土于天相应的观念,是天将民与疆土赐予周王。《尚书·梓材》谓:"皇天既付中国民越厥疆土于先王",《逸周书·祭公》曰:"天之所赐武王时疆土"。

天帝既"降命"主宰天下之兴盛,亦"降丧"操纵天下之衰亡。

2.降丧　终令　坠命

**降丧**

A.

禹鼎:"用天降大丧于下国。"(《殷周金文集成》2833)

师訇簋:"今日天疾威降丧。"(《殷周金文集成》4342)

塑盨:"唯辅天降丧。"(《殷周金文集成》4469)

B.

《尚书·酒诰》:"故天降丧于殷,罔爱于殷。"

《尚书·多士》:"弗弔旻天,大降丧于殷。"

《尚书·多方》:"天惟降时丧。"

《诗经·大雅·桑柔》:"天降丧乱,灭我立王。"

《诗经·大雅·云汉》:"天降丧乱,饥馑荐臻。"

《诗经·大雅·召旻》:"旻天疾威,天笃降丧。"

《说文·哭部》:"丧,亡也。从哭,从亡,会意,亡亦声。"于省吾谓甲骨文丧亡之丧乃假桑为之[1]。大盂鼎"丧师"之丧作"𠱫",仍假桑为之。毛公鼎之𠱫,从哭亡声,已变成形声字。《说文》丧字作"𠱫",许氏谓从亡声,是也,但以𠱫为从哭则误。丧有丧亡、灭亡、丧失之义,又引申为灾害。周早期的"天降丧"类观念,主要指夏、商的覆亡,天命的转移;西周晚期的天"降丧",主要涉及天变地异、政局混乱、周边民族的反抗与入侵等天灾人祸。

---

[1]　参见于省吾:《甲骨文字释林》释"桑"条,中华书局1979年版,第75—76页。

**终令(命)**

A.

邢侯簋:"克奔走上下,帝无终命于有周。"(《殷周金文集成》4241)

B.

《尚书·召诰》:"天既遐终大邦殷之命。"

《尚书·多士》:"我有周佑命,将天明威,致王罚,敕殷命终于帝。"

邢侯簋的"帝无终于命有周",郭沫若将帝字上属作"克奔走上下帝",并且认为:"上帝指天神,下帝指人王。"[1]于省吾先生则认为:"周人无称王为帝者,应读为克奔走上下,帝无终命于有周",同时指出:"帝无终命于有周"与《多士》的"殷命终于帝",《召诰》的"天既遐终大邦殷之命"语例同[2]。我们认为于先生的考释不误,"终命"的主辞是"帝",终,当训为终止、结束[3]。"终命"即上帝、天终止所降之"天命"。

**坠命**

A.

大盂鼎:"我闻殷坠命。"(《殷周金文集成》2837)

B.

《尚书·金縢》:"无坠天之降宝命。"

《尚书·君奭》:"殷既坠厥命。"

《尚书·召诰》:"今时既坠厥命……乃早坠厥命。"

周铭"坠"作"![字形]""![字形]"等形,即"豙"字,乃坠之初文。其形象猪腹中横一矢,猪中矢则倒地,引申为坠失、坠落。"坠命",指坠失天降赐之大命,丧众亡国。上揭《召诰》的两句式的"坠厥命"分别指夏、商王朝的灭亡。

西周时期上天的绝对权威当在"降命""受民""受疆土""降丧""终令"等记载中得到充分展现。

**(二)天命靡常**

在坚信天帝的绝对权威时,周人也异常清醒地意识到"天命靡常"。

---

① 郭沫若:《两周金文辞大系图录考释》下册,"周公簋"条,上海书店出版社 1999 年版。

② 于省吾:《双剑誃尚书新证》卷三,"殷命终于帝"条,北平虎坊桥大业印刷局 1934 年版。

③ 参见方述鑫等编著:《甲骨金文字典》,巴蜀书社 1993 年版,第 868 页。

《尚书》称"惟命不于常"①,《诗经》谓"天命靡常"②。"天命不常"的思想当滥觞于殷商时期。经历过夏商王朝更替、商王朝内部各种力量此消彼长、频繁征战胜负难定等人世沧桑,殷商人便逐渐形成"帝命"非一成不变的思考。甲骨文中习见卜问上帝是否"佑"殷人、商王,说明殷人已具有上帝可能保佑自己,也可能不保佑的观念。《墨子·非乐上》引《汤之官刑》说:"上帝弗常,九有以亡,上帝不顺,降之百殃。"③即上帝的佑助并非恒常不变。周人以蕞尔小邦取代"大邑商"的历史变迁,无疑会强化周人对固有"帝命可移"的认识。周人这种蕴含历史经验教训的认识,不仅集中表现为"惟命不于常""天命靡常"等命题,而且《诗经》《尚书》与周铭中,凡涉"天保"永命",皆蕴含着"天命无常"的惕惧。被周人不断重复、刻意强调的"天命无常"观,是否凝聚着周人对"天命"的迷茫与怀疑? 周人一面处处宣扬"有命自天""天命而王",一面又不断重复怀疑天命的"天命无常",这岂不不造成统治思想的矛盾与混乱? 主张"天命靡常"观就是表明周人认为"天命不可靠"的一些学者,为了调和这一矛盾,便声称:"凡是极端尊崇天的说话是对待着殷人或殷的旧时的属国说的,而有怀疑天的说话是周人对着自己说的。"④李向平撰文直接援引了这一观点⑤,白寿彝主编的《中国通史》也持类似看法⑥。然而,通检《诗经》《尚书》、铭文,即可见此论与史实显然不符。其实,周人反复强调的"天命靡常"这一命题,并不表示周人对天命的迷茫与怀疑,它反映的是周人自我惕惧"天命转移",不可消极恃命的思想。周人既尊崇天命,又不消极恃命,这种积极天命观的形成,主要基于夏、商、周三代兴衰的历史教训。周统治者曾谆谆告诫殷多士:殷先哲王"自成汤至于帝乙,罔不明德恤祀"⑦,也教育周人说:"殷先哲王迪畏天显小民,经德秉哲。"⑧即周统治者认为,商朝的英君贤王,皆并重鬼神与人事。在人们

①　《尚书·康诰》。

②　《诗经·大雅·文王》。

③　百殃,孙诒让曰:"吴钞本作'日殃'。《孔书》作'惟上帝不常,作善降之百祥,作不善降之百殃'。"([清]孙诒让:《墨子间诂》,孙以楷点校,中华书局1986年版,第236页)可见"百殃"当为"百殃"。

④　郭沫若:《先秦天道观之进展》,《郭沫若全集·历史编》第一卷,第334—335页。

⑤　参见李向平:《古中国天帝、天命崇拜的本质新探》,《世界宗教研究》1993年第2期。

⑥　参见白寿彝主编:《中国通史》第三卷,上海人民出版社1994年版,第336—337页。

⑦　《尚书·多士》。

⑧　《尚书·酒诰》。

对自然界及人类社会的认识极其有限的背景下,殷人对其所崇拜的神祇产生的凝敛、戒惧、慎谨心态,有利维护社会秩序与坚定信念①。所以殷人敬事鬼神并不等于愚昧地盲从鬼神和消极恃命。敬事鬼神与慎务天下同样体现了忧患意识下的务实精神,二者并重才使王朝的统治有效地运转。与此相反的史鉴,是商纣既不敬事鬼神,又不慎务天下。商纣"不肯事上帝鬼神"②"昏弃厥肆祀弗答"③,并非基于对上帝、鬼神虚妄性的认识,而是自恃"有命在天"④而"命可恃"思想的支配。正是由于有恃无恐,商纣才既不事上帝、鬼神,又不慎务天下,以至最终断送有商国运。正反两方面的历史经验表明,敬事鬼神与重人事非但不矛盾,而且两者具有紧密的内在联系。由崇拜上帝、鬼神而产生的凝敛、慎惧,是周王朝统治行为有序化的内在动力。既然历史经验证明鬼神与人事并重是王朝有效统治的保证,周人有必要将敬事鬼神、重人事二者割裂,以怀疑"天命"为重人事的前提吗⑤? 周人一旦滋生"天不可信"等疑天思想,就不会虔诚地祈求永命,更不会痴心地探索怎样永命。

### (三)保天之命

既尊崇天命,又清醒地认识到天命并非永恒不移,由此产生对"天命无常"的惕惧,"祈求天命"与"永保天命"便成为周统治者倾心关注的问题。

1. 配天　配皇天　配命

关于配天、配皇天、配命等观念,我们统称"天配观",有关史料及分析将在本章之"四"涉及。西周初年与晚期,是"配命"观的盛行期。西周初年,周统治者面临王业初创的巨大艰辛与"永配天命"的深重压力,故其反复高扬"配命"的旗帜,以期促成为政者的"配命"自觉性;西周晚期,王朝统治式微,濒临统治危机的为政者热切地重申"配命"观,以期通过"配命"的自觉而重振王业。

"配命"的呼声,终西周之世不绝,周统治者一面声称自己乃"天立之

---

① 参见徐难于:《试论殷商宗教观的理性色彩》,《先秦史与巴蜀文化论集》,第71—72页。
② 《墨子·非命》引《尚书·泰誓》。
③ 《尚书·牧誓》。
④ 《尚书·西伯戡黎》。
⑤ 认为周人对"天命"必存怀疑者,往往将"怀疑天命"作为其注重人事的前提。

配",又不厌其详地自称其"配命""配皇天""配上帝",其对"配命"的高度重视跃然可见。正是从这样的"重视"中,才能感受到周人欲以"匹合天心"而"永享天命"的强烈愿望。然而,究竟怎样才能配合天意而永享天命,周人认为唯有"敬德"。

2. 敬德

A.

班簋:"天威否畀屯陟。公告厥事于上:'惟民之祎在彝,志(昧)天命,故亡。允哉!惟敬德,亡尤违。'"①

B.

《尚书·召诰》:"王敬作,所不可不敬德……惟不敬厥德,乃早坠厥命。"

《尚书·无逸》:"则皇自敬德。"

《尚书·君奭》:"汝克敬德。"

"敬德"的意蕴,本书第三章的相关内容将详述。敬德,乃周人鉴于正反史鉴,为"永保天命"而作出的价值选择。据上揭周铭,周人将东国乱戎的覆灭归结于"天威否畀屯陟",而天"否畀屯陟"的原因则在于,东国戎人"忽忘天命",因此,强调惟有敬德,方能不违天命。从反面讲,不仅有东戎不敬德而亡的现实,更有夏、商"惟不敬厥德,乃早坠厥命"②的史鉴。从正面看,周人认为有作为的殷先哲王"罔不明德慎罚"③"罔不明德恤祀"④,因此,殷商才能"代夏作民主"⑤。周人能获上天垂青,则在于周文王"克明德慎罚"⑥,而"上帝割申劝宁王德",即上帝通过反复观察文王之德,最终才"集大命于厥躬"⑦。《诗经·大雅·文王》《诗经·大雅·下武》等诗篇则强调以"修德""敬德"来配享天命。总之,由于"敬德",既促使天降大命而立其配;又使"天配"能因匹合天心而确保天命。周人坚信,为了"永命"这

---

①　隶定、断句与解释从李学勤,参见李学勤:《班簋续考》,《古文字研究》第十三辑,中华书局1986年,第181—182、184页。

②　《尚书·召诰》。

③　《尚书·多方》。

④　《尚书·多士》。

⑤　《尚书·多方》。

⑥　《尚书·康诰》。

⑦　《尚书·君奭》。关于"上帝割申劝宁王德"的解释,从周桂钿(周桂钿:《郭店楚简〈缁衣〉校读札记》,《郭店楚简研究》,第215页)。

一终极目的,必须"修德""敬德"。周铭与文献反映,终西周之世,周人都反复强调着敬德、明德、用德、秉德。德的内容颇丰,从周统治者的角度讲,其涉及为政者修身、治国的行为准则,而"保民"则是德的主要体现。铭文、文献的"丧师",便是涉及"保民"的用语。

3. 丧师

A.

大盂鼎:"我闻殷坠命,惟殷边侯、甸与殷正百辟,率肆于酒,故丧师。"(《殷周金文集成》2837)

B.

《诗经·大雅·文王》:"殷之未丧师,克配上帝。"

前文已涉,丧有丧亡、灭亡、丧失等义。《文王》的"殷之未丧师",师,《郑笺》"众也","丧师"即丧众。"丧众"是丧失民众、民心之谓。据上揭大盂鼎铭,殷统治者由于沉溺于酒而丧失民心,终坠天命。鼎铭从反面言"丧师"必"坠命";《文王》则从正面讲殷人未"丧师"时,能匹合上帝之心。下文将涉及,在周人的观念中,民由上天授予人君,并且上天是为了治民、助民才设立作为"天配"的人君。既然如此,身为"天配",就必须承担保养民众之责,使小民能有基本的生存、生产条件,以获取民心而不负皇天"治民、助民"之望。《周书》从正面言"用康乂民""用康保民"①,"子子孙孙永保民"②"诞保文武受民"③,铭文与《诗经》则从反面言"丧师"。"保民"与"丧师"是关系"天命"这一重大命题的两个方面,"保民"是匹合天心,永保天命的前提;"丧师"则必然忤逆天意,从而坠失天命。因此,"保民"与"丧师"是周人围绕"配天之命"的最为基本的观念。

综上所述,周人既尊崇天命,又意识到"天命靡常",由此产生唯恐天命坠失的惕惧。正是这种自我惕惧促使周人探索"永命"的条件和手段。伴随这种探寻,周人将"敬德保民"的人文思想融汇于天命观中。这种天命观则成为周人全部伦理思想的终极价值之源。

---

① 《尚书·康诰》。
② 《尚书·梓材》。
③ 《尚书·洛诰》。

## 三、"天棐忱"辨析

《尚书》有"天棐忱""天畏棐忱""若天棐忱"等类同的、反映西周天命观的句式。对这类句式中的"棐"字，自《尔雅》《说文》释"辅"以来，遂形成传统的训解观点。清人俞樾、孙诒让则力主"棐"当释为"匪"。此后，学界关于"天棐忱"的解释就随之形成截然不同的两说，或解为"天不可信"，或解为"天辅诚信"，如此相左的解释，显然会导致对西周天命观的理解分歧。故正确训解"天棐忱"之类句式，对西周意识形态的研究将大有裨益。

### (一)历代注家释"天棐忱"之检讨

有学者认为"棐"是"匪"字的"晚周之变体"[①]，即晚周以前，"棐"本作"匪"。果真如此，《尚书》中的"棐"就只能以"匪"之义训解，而"匪"与"辅"无涉。因此，弄清"棐"之本义及引申义，当有助于正确理解"天棐忱"。

"棐"训为"辅"，本于《尔雅》。《尔雅·释诂》谓："棐，俌也。"《说文·木部》："棐，辅也，从木，非声"，段玉裁则认为"俌辅音义皆同"[②]。《尔雅》《说文》的训解基本相同，均未涉"棐"的本义。或许秦汉人已不清楚"棐"字的本义，也就无法阐明"棐"释"辅"之所以。以后历代注家释"棐"，既继承前人之说，又试图探究其本义。五代徐锴认为："棐，辅也。辅即弓檠也，故棐从木。"[③]即徐氏认为，"棐"是"弓檠"类器物的名称。清儒段玉裁亦谓："棐，盖弓檠之类。"[④]《荀子·性恶》称弓檠之辅助器为"排檠"，《管子·轻重甲》则称其为"棐檠"。桂馥认为"棐"之"辅"义与"排檠""棐檠"有关[⑤]。唐兰在前人的基础上，联系番生簋、毛公鼎等铭文中的"金簟弜"，从考古、音韵、训诂等角度，条分缕析，认为弜本为缚在驰弓上的辅助器名称，"战国时，弜又音转为棐或排……棐或排就是《说文》的棐字"[⑥]。因制器原料不同，以及字音的时代和地域的变迁，弜变为棐实属自然。字音上看，上古无

① 于省吾：《双剑誃尚书新证》卷二，"我西土棐徂"条。
② ［清］段玉裁：《说文解字注》卷十二篇下，清嘉庆二十年经韵楼刻本。
③ ［五代］徐锴：《说文解字系传》卷十一，《四部丛刊》景述古堂景宋钞本。
④ ［清］段玉裁：《说文解字注》卷六篇上。
⑤ 参见［清］桂馥：《说文解字义证》卷十七，清同治刻本。
⑥ 唐兰：《"弓形器"（铜弓秘）用途考》，《考古》1973年第3期。

唇齿音,棐音"匪"(帮纽微韵)或"斐"(滂纽微韵)①,弻(并纽物韵)或音"茀"(滂纽物韵)②,弻、棐或同纽,或旁纽,二者一声之转。从字形上看,弻、棐作为形声字,其从西③、从"木",仅仅反映不同时代或者地域制器原料的差异而已。这就从语源学的角度证明,棐并不是匪字在晚周的变体,其本为弓弩辅助器名称,引申为"辅佑""辅助"之义。虽然"辅"为棐字最直接的引申义,但尚不能据此认为"棐忱"即"辅忱"。因为在古代,棐与匪、非可通假,故棐字又可释为"不"。学界对"天棐忱"的理解分歧正由此而生。

汉唐时期,经学家释"棐忱"为"辅忱"。汉哀帝元寿元年,前丞相孔光上奏,引用《尚书·大诰》的"天棐谌(忱)辞",解释为"言有诚道,天辅之也"④。东汉应劭在《风俗通义·十反》中引《尚书·康诰》的"天威(畏)棐谌(忱)",释曰:"言天德辅诚。"⑤可见两汉时期,释"棐忱"为"辅忱"乃普遍状况。颜师古注《汉书》,凡涉"棐忱",皆释为"辅诚"⑥。孔颖达《尚书正义》亦作类似训释⑦。

然而,汉唐以来的上述传统训解,在考据盛行的清代受到挑战。有学者释"棐忱"为"非忱"或"匪忱",其中以俞樾、孙诒让为代表。铜器铭文中,尚不见棐字,现存先秦典籍中,作为"辅"义之棐,仅见于《尚书》。《尔雅》《说文》释"棐"为"辅",以及两汉流行的释"棐忱"为"辅忱",其主要依据当本《尚书》。俞、孙二人将《尚书》中的"棐忱"皆训解为"匪忱",似乎有充分根据论证《尔雅》《说文》之误,以及两汉流行的有关训解之不确。

俞氏认为"经凡言棐忱者,并当读为非",其论据有三:第一,"古棐、匪通。《汉书·地理志》录《禹贡》文,凡'贡棐'之'匪',皆作棐"。第二,"假棐为非,尤假匪为非也。《吕刑》'明明棐常',枚传亦以为'辅行常法',然《墨子·尚贤》篇作'明明不常'";第三,"《君奭》篇'天难谌',《汉书·王莽传》

① 上古"棐"可假借为"匪""斐"。《春秋·文公十三年》云:"郑伯会公于棐",杜预注:"棐,芳味切,又非尾切。"陆德明云:"棐,徐音匪,云:芳鬼反。"([唐]陆德明:《经典释文·尚书音义》,清抱经堂丛书本)据李珍华、周长楫《汉字古今音表》(修订本),中华书局1999年版,第67页,杜氏、陆氏关于"棐"的注音相同,如正文括号内注音。
② 毛公鼎的"簟弻鱼葡",《诗经·小雅·采芑》作"簟茀鱼服"。
③ 唐兰在《"弓形器"(铜弓秘)用途考》(《考古》1973年第3期)中认为弻"从西弓声"。
④ 《汉书》卷八十一《孔光传》,中华书局1962年版,第3360页。
⑤ [汉]应劭:《风俗通义·十反》,"赵相汝南李统"条,明万历两京遗编本。
⑥ 参见《汉书》卷八十一《孔光传》,第3361页;卷九十九《王莽传》,第4081页。
⑦ 参见《十三经注疏》上册,第199、200、203页。

引作'天应棐忱'，此可见凡言'棐忱'者，尤言'非忱'也"①。俞氏理由之一，只能证明棐字可释为"匪"，并不能证明棐字只能释为"匪"，因先秦、两汉文献中，训棐为"辅"的也不少，正如上文所涉那样。其理由之二，将枚传训解之误无凭无据地推而广之，未必妥当。其理由之三，将"天难谌"与"天应棐忱"对应，以证"棐"即"非"。显然，俞氏是将"难"作"非"。"难"的"不易"之义与"非"字义近。尽管上古字多通假，却不曾见"难"与"非"通假之例。故将"难"释为"非"未免牵强。联系《汉书·王莽传》有关记载，将"难"作为"非"就更显抵牾。王莽居摄前夕，大肆利用谶纬渲染居摄乃天意所在②。群臣则秉承莽意，上书太后，声称"周公权而居摄，则周道成，王室安；不居摄，则恐周坠失天命"，紧接着引《尚书》曰"我嗣事子孙，大不克共上下，遏失前人光，在家不知命不易。天应棐谌，乃亡坠命"③，并称唯居摄，才能"奉顺皇天之心"④。奏折中，上文称居摄与天命坠失息息相关，下文则谓居摄乃顺天之举，如果将其中的"天应棐谌"训解为否定天命的"天应非谌"，与上下文的扞格则显而易见。颜师古注"天应棐谌"条曰："言我恐后嗣子孙大不能恭承天地，绝失先王光大之道，不知受命之难。天所应辅唯在有诚，所以亡失其命也。"⑤颜师古之注与奏折文意贯通，当是妥帖的。"天应棐谌"释为"天应辅诚"不仅合文理，而且与历史实际也相符。王莽居摄践祚后，为稳定政局，依《周书》作《大诰》，《尚书·大诰》中的"天棐忱辞""越天棐忱"，《莽诰》径直为"天辅诚辞""粤天辅诚"⑥。王莽居摄前后一系列活动，有两点至为明显：其一，大肆渲染"居摄"乃天意所在；其二，以"诚"自居，作为获天佑助的依据。王莽居摄前，群臣引经据典为其呐喊"天应辅诚"；居摄后，王莽引《尚书》自命"天辅诚"。前后呼应紧密，唯其如此，才显示出王莽的良苦政治用心。这一角度，正是"天应棐谌"当释为"天应辅诚"的历史依据。至于汉人为何将"天难谌"作"天应棐谌"，下文将涉及。

孙诒让认为："凡此经棐字，并当为匪之假借，孔读如字，训为辅，并误。

① ［清］俞樾：《群经平议》卷五，"天棐忱辞其考我民"条，清光绪春在堂全书本。
② 《汉书》卷九十九《王莽传》，第4079页。
③ 《汉书》卷九十九《王莽传》，第4080页。
④ 《汉书》卷九十九《王莽传》，第4081页。
⑤ 《汉书》卷九十九《王莽传》，第4081页。
⑥ 《汉书》卷八十四《翟方进传》，第3433、3434页。

'天棐忱'犹《诗经·大雅·荡》云:'天生烝民,其命匪谌.'(《说文·心部》引《诗》作'忱')"①尽管与俞樾一样,孙氏否定"棐忱"之传统训解的理由似乎也并不充分,然而从者甚众,皆视其为不易之说。于省吾在《双剑誃尚书新证》中,曾数次引用孙氏的观点,并认为"孙诒让以《诗》'其命匪谌'证《大诰》'天棐忱辞',则棐之即匪无疑矣"②。王国维视其为"《诗》《书》本文比校知之者"的典范③。郭沫若、陈梦家等皆赞同孙氏的观点④。上述学界大家力主《尚书》之"棐"当释为"匪",于是,许多人将《君奭》的"天不可信"、《诗经》《尚书》中的"天难谌""天命靡常"与"天棐忱"联系起来,作为周人怀疑、否定天命的依据。郭旭东认为周人"首先感到天命并不可靠,'天命靡常'、'惟命不于常',进而认识到天命不可信,'天棐忱''天不可信'"⑤。刘起釪认为周人"强调天命不常,因而就以为天命不可信"⑥。杨向奎对此说更是推崇备至,认为"宗周对于上帝的信仰有所动摇,天不可信而尚德的思潮,成为当时的主流,这是郭沫若先生在研究中国天道观之进展时的创见"⑦。释"棐忱"为"匪忱"的观点虽然甚为流行,然而将此训解置于西周天命观体系中,置于《诗经》《尚书》的有关篇章中,实难成立。

### (二)西周天命观之要

关于西周天命观,前文已进行了详细的考察、分析,周人既注重人事,又不曾动摇对天命的崇信,从而形成融"有命自天""天命靡常""保天之命"等宗教思想与"敬德""保民"等人文观念为一体的天命观。

周人既尊崇天命,又意识到"天命靡常",由此产生唯恐天命坠失的自我惕惧。而正是这种关联政权存亡的"惕惧"促使周人探索"永命"的条件和手段。伴随这种探寻,周人将"敬德保民"的人文思想作为"永命"的条件融汇于天命观中。"敬德保民"是维持正常统治秩序的必要条件,周统治者

① [清]孙诒让:《尚书骈枝》,《大戴礼记斠补》,雪克点校,齐鲁书社1988年版,第19页。
② 于省吾:《双剑誃尚书新证》卷二,"我西土棐徂""天畏棐忱"条。
③ 王国维:《与友人论〈诗〉、〈书〉中的成语书二》,《观堂集林》上册,中华书局1959年版,第78页。
④ 参见郭沫若:《先秦天道观之进展》,《郭沫若全集·历史编》第一卷,第334—335页;陈梦家:《尚书通论》(增订本),中华书局1985年版,第216页。
⑤ 郭旭东:《试论〈尚书·周书〉中的"殷鉴"思想》,《史学月刊》1996年第6期。
⑥ 刘起釪:《古史续辨》,中国社会科学出版社1991年版,第386页。
⑦ 杨向奎:《宗周社会与礼乐文明》,人民出版社1992年版,第195页。

视"天命"为这一必要条件的终极依据。人们对上天的敬畏,则推动人们将"敬德保民"思想积极付诸实践。这正是西周天命观的积极意义和生命力所在。

### (三)"天棐忱"解

阐明西周天命观的实际,为合理解释"天棐忱"提供了必要的历史依据。然而,要寻求正确的解释,还必须将前文所涉的"其命匪谌""天难谌""天不可信"作一番剖析。

孙诒让认为《诗经·大雅·荡》的"其命匪谌"是指"天命无常不可信也。(下文云'越天棐忱',《康诰》云'天畏棐忱',《君奭》云'若天棐忱',义并同。)"①据孙氏所解,此句直译为"天命不可信"。但联系《荡》的上下文,此解并不准确。

> 荡荡上帝,下民之辟。疾威上帝,其命多辟?天生烝民,其命匪谌?靡不有初,鲜克有终。②

"其命匪谌",《说文·心部》作"天命匪忱"。《说文·言部》之《段注》曰:"谌、忱义同音近,古通用。"③《尔雅·释诂》曰:"谌,诚也,信也。"这两句诗的大意是:暴戾的上帝,他的命令多邪僻?上天降生众民,他的命令不真诚?众民皆能善始,却少有善终。上述怨天之辞是否可作为周人疑天的依据?回答是否定的。因《荡》的以下几章有"天不湎尔以酒""匪上帝不时"的结论,即作者认为"天不曾以酒来迷醉你""并非上帝不是",种种无德之举,善始而不能善终,皆在"人为"。通观《荡》全文,并未蕴含怀疑天命的思想。其首章的怨天之辞,当属反诘修辞,和下文的"匪上帝不时"呼应,以增强"唯人道不善"的说服力。

"天难谌"这一句式,两见于现存西周文献,《诗经·大雅·大明》作"天难忱斯",《尚书·君奭》作"天难谌"。今人对此句式的训释基本上大同小异。或释为"天意莫测难相信"④,或解为"天难于信赖"⑤。孤立地看这一

---

① 〔清〕孙诒让:《尚书骈枝》,《大戴礼记斠补》,雪克点校,第19页。
② 《诗经·大雅·荡》。
③ 〔清〕段玉裁:《说文解字注》卷三篇上。
④ 袁愈荽译诗,唐莫尧注释:《诗经全译》,贵州人民出版社1981年版,第390页。
⑤ 刘起釪:《古史续辨》,第386页。

句式，以上训释似无不当。但将该句式置于上下文中，并联系西周天命观的实际，则此类训解既有悖西周天命观，于文意亦抵牾难安。

《诗经·大雅·大明》以"文武有显赫之德，故天命文武"为主题。围绕这一主题，其开篇即曰："明明在下，赫赫在上。天难忱斯，不易维王！天位殷适，使不挟四方。"联系以下章节所阐述的文武"以德受命"，这里的"明明在下，赫赫在上"，显然是指文武能明德于天下，有赫赫的显应在天上。原本居于人君之位的殷王嫡子，上帝却使其政令不达于四方。由此诗人感叹"做君王不易"。类似感叹也见于《诗经·大雅·文王》《尚书·君奭》。

> 无念尔祖，聿修厥德？永言配命，自求多福。殷之未丧师，克配上帝。宜鉴于殷，骏命不易！①
> 天降丧于殷，殷既坠厥命，我有周既受。……我后嗣子孙，大弗克恭上下，遏佚前人光，在家不知天命不易，天难谌，乃其坠命。②

由上引材料可见，周人往往鉴于殷商兴亡而深感"天命无常"。基于这样的感触，周人才有"保持天命不易""君王难做"的慨叹。然而，深感"天命无常""保命不易"的周人，并没有由此感到天命"莫测"与"迷茫"。正如前文所述，对周人而言，天命的转移并非随意而无序，天命转移是以"敬德"与否为据。上引《诗经·大雅·文王》《诗经·大雅·大明》《尚书·君奭》等篇章，无不贯穿这一认识。既然如此，"天难谌"之义，就不是"上天难以信赖"，当是"上天难以取信"。所谓"天难谌""天命不易"即是指"获上天信赖，保持天命并非易事"。之所以上天难于取信，在周人看来，至少有两点：无德不能取信于上帝；有德与否，"天察甚明"。德与取信上帝，前文多有涉及；"天监""天临"也是《诗经》《尚书》中常涉的观念。《诗经·周颂·敬之》则直接表达了"天察"与"取信上天"的关系。其曰："敬之，敬之，天维显思，命不易哉！"即诗人强调必须慎之又慎，因天察甚明，承受天命不易！"受命不易"与"上天明察"对应，所表达的当是"上天明察而取信艰难"之义。前文所涉及西汉时，人们将"天难谌"表述为"天应棐忱"，当是基于"上天难以取信""唯有诚心才能取信于上天，获其辅佑"的理解。

"天不可信"仅见于《尚书·君奭》。该篇谓："又曰：'天不可信。'我道

---

① 《诗经·大雅·文王》。
② 《尚书·君奭》。

惟宁王德延,天不庸释于文王受命。"孙星衍释"天不可信"曰:"言天命靡常不可信也。"①孙氏之说颇具代表性,凡持"周人怀疑天命"观点的学者,皆如此理解。然而,仅就上引材料而论,既言"天命不可信",同时又强调"发扬光大文王之德以保天命",岂不矛盾?而且通观全文,"天命有德""天命德延"的思想至为明确,绝无将德与天命分离的倾向。"天不可信"训解为怀疑、否定上天的"天命不可信",的确与文意扞格。春秋时期,人们对天命的尊崇有所削弱,也仅仅萌生出"天道远,人道迩"②之类的观念,尚不见明确地怀疑、否定上天的"天不可信"之论,更何况是尊天气息浓郁的西周。这或许可从两周天命观发展的角度佐证,《尚书·君奭》的"天不可信",表达的并非怀疑天命的信息。"天不可信"当释为"上天不可取信"。上文讲"天难以取信,保持天命不易",紧接着,即以反诘语气提出"上天不可取信"?这一反诘语句显然是针对"天难以取信"而发。既然"天难以取信,保持天命不易",是否意味着"上天不可以取信"?周公以"发扬光大文王之德以确保天命,做出了"上天可以取信"和"以德取信"的回答。

"天棐忱"类句式有以下四见。

　　　肆予大化诱我友邦君,天棐忱辞,其考我民,予曷其不于前宁人图功攸终?天亦惟用勤毖③我民,若有疾,予曷敢不于前宁人攸受休毕?……亦惟十人迪知上帝命。越天棐忱,尔时罔敢易法,矧今天降戾于周邦。惟大艰人,诞邻胥伐于厥室,尔亦不知天命不易。④

　　　敬哉!天畏棐忱,民情大可见。小人难保,往尽乃心,无康好逸豫,乃其乂民。⑤

　　　天降丧于殷,殷既坠厥命,我有周既受。我不敢知曰:厥基永孚于休,若天棐忱;我亦不敢知曰:其终出于不祥。⑥

若将以上"棐"字释为"非"或"匪","天棐忱"即为"天不可信"。但是,

①　[清]孙星衍:《尚书今古文注疏》下册,中华书局1986年版,第448页。

②　《左传·昭公十八年》。

③　勤毖,《尚书·大诰》:"无毖于恤",孔颖达释曰:"毖,劳也。"([汉]孔安国传、[唐]孔颖达等正义:《尚书正义》,《十三经注疏》上册,第199页)在本书下文"勤、敏、懋"部分,将考释"勤""劳"之义,指出二者皆有忧、恤义。此处之"勤毖"即"勤劳",义为忧恤。

④　《尚书·大诰》。

⑤　《尚书·康诰》。

⑥　《尚书·君奭》。

据前所述,可知此训释与西周天命观不符;而据以下分析,则可见此解与文意不合。

周初王朝平定管、蔡、武庚之叛乱,《大诰》即为出师前发布的诰命。武王克殷两年后即病逝。是时政局尚未稳定,武王一死,则更使形势急转直下。武庚骤然率领不甘失败的殷遗民,勾结周室内部管、蔡二叔发动叛乱,给新生的周政权带来严峻威胁。成王欲武力平叛以扭转危局,但统治集团内部意见极不统一,平叛阻力甚大。出师前夕,成王发布《大诰》,从不同角度力陈平叛之必要,而"平叛乃天意"是贯穿全文的主线。"其考我民"条,"辞"为语助词,义同"斯"。此条材料意为:上天辅佑诚信,通过民众来考察我(是否诚信),我为什么不去完成祖宗所图谋之功业?上天也因(叛乱)而忧恤我们的民众,就像去掉自身的疾病那样急切,我怎么敢不致力于祖宗受之于天的神圣安民事业?

武王克商后,封康叔于殷地,以治殷民。《康诰》便是康叔赴任前,武王对康叔的训诫之辞①。"明德慎罚"是《康诰》的中心议题。围绕此中心,武王声称,上帝非常满意文王实施以"明德慎罚"为要务的德政,因此让文王取代殷商膺受天命;并指出"明德慎罚"的目的在于治民、安民。"民情大可见"条意为:务必小心谨慎!上天威严,他辅助诚信,(诚信与否)民情会清楚地反映出来。安民并非易事,到那里,务必尽心竭力,不可贪图享受。唯其如此,才能治好民人。

《诗经》《尚书》涉"天降大命""天佑下民",与其相应屡言"天临""天监"。这表明周人认为上天通过监察、督考来决定是否"降命"与"佑助"。上析两条材料,则有一共同点,即强调上天通过民意、民情考察人君,以定是否"天辅"。主张"周人疑天"者,对上引两条材料,恰恰做出相反的解释。诸如,"这里是说天命无常,我必须考之于民始可信"②,"不可信于天之威,惟可见于民之安"③。凡这类解释,至为明显的是将上天与民事割裂,以周人怀疑上天、不信天威为重民的前提。如此解释,破绽至少有三:其一,据《诗经》《尚书》、铭文的"畏天威""天降威""永念天威"等,仅见周人对"天威"的敬畏,不曾见周人"疑天威"。其二,"疑天"与上文说涉《大诰》《康诰》

---

① 参见蒋善国:《尚书综述》,第 241 页。
② 白寿彝主编:《中国通史》第三卷,第 337 页。
③ 于省吾:《双剑誃尚书新证》卷二,"我西土棐祖""天畏棐忱"条。

宗旨相违。其三,在周人天命观中,上天与民事是密不可分的。从正面讲,周人强调:"惠于万民,柔远能迩,肆克□于皇天"①,"宜民宜人,受禄于天"②,即周人认为,只有惠民、安民,才能副天心,受天命。从反面看,周统治者认为商纣"昏虐百姓,奉天之命。上帝弗显,乃命朕文考曰:'殪商之多罪纣。'"③"殷坠命,惟殷边侯、甸与殷正百辟,率肆于酒,故丧师。"④由此可见,周人异常清醒地意识到统治者荒淫乱政、残害小民,便会失民心、坠天命。类似的思想也见于《尚书·多方》《尚书·多士》等篇章。民心背向决定天命坠失与否,这已成为周人高度重视的史鉴,正因如此,周人遂形成"上帝明察,以民心、民意为据"的观念。这种观念不仅反映在"其考我民""民情大可见"之类记载中,爬梳其他文献,也可以见到。在已佚的《尚书·泰誓》中,周人强调"天视自我民视,天听自我民听"⑤。成书于春秋战国时期,保存了不少西周原始材料的《尚书·皋陶谟》亦谓:"天聪明,自我民聪明。"上述材料足以证明,"上天通过民众来监察人君"实乃西周人一贯思想,那种割裂上天与民事、民心的观念不属于西周人。

《尚书·大诰》的"越天棐忱"条,"越"为句首发语词,"天棐忱"与上文同解。该条材料强调:翼佐周的十贤臣知天命之所在。天辅诚信,你们(叛乱者)不敢改变这一法则,况且上天已降不可改易之命于周。并谴责王室成员勾结殷人叛乱者"不知天命不可改易"!

《尚书·君奭》是周公对召公的诰辞。周公以殷商兴亡为鉴戒,强调召公应当与自己精诚团结而和衷共济治理有周,以永保天命。要正确理解《尚书·君奭》的"若天棐忱",首先必须理解"我不敢知曰"这一句式的特殊性,此句式译为"我不敢知道""我不敢说",似乎欠妥当。郑玄、孔颖达等认为,此"我不敢知曰"与《尚书·召诰》的"我不敢知曰"相同,意为:我不敢独

---

① 大克鼎,《殷周金文集成》2836。引文隶定从彭裕商(彭裕商:《西周青铜器年代综合研究》,巴蜀书社 2003 年版,第 453 页)。

② 《诗经·大雅·假乐》。

③ 《逸周书·商誓》:"奉天之命","奉",黄怀信等:《逸周书汇校集注》(上海古籍出版社 1995 年版,第 482 页)引刘师培注曰:奉当作韦,《说文》:'韦,相背也。'韦、奉形近致讹。"即"奉天之命"指"违背天之命"。

④ 大盂鼎,《殷周金文集成》2837。

⑤ 《孟子·万章上》引。

知,你也是知道的①。从语言环境看,《尚书·召诰》《尚书·君奭》的"我不敢知曰"皆置于例举殷商"始善终乱"之史鉴中。这种特殊的修辞法的意义在于,讲话人以委婉之语提醒对方高度重视大家都熟知的"殷鉴"。"若天棐忱"条的大意为:天降丧乱之大祸于殷,殷已坠失天命,我有周则承受了天命。你我都知道,殷商开始尚能长时期符于天降之休美,顺(应)天(之)辅诚;我们也都知道,其最终却没能永命。在下文,周公则具体叙述了成汤、帝乙等殷先哲王怎样以德配天而"多历年所"、获天"纯佑",以及商纣蔑视天威而弃德,终致败亡。并且强调"永念(殷鉴),则有固命"。若将此"天棐忱"训为疑天,或否定天的"天不可信",于文意抵牾显而易见。

《尚书》屡言"天棐忱",所谓"忱",究竟指何?上文将"忱"训解为"诚"或"信",《尔雅》《说文》则将"允""孚"做类同"忱"的训释。"诚信"观作为有丰富内涵的伦理范畴出现,是在春秋时期,而"诚信"观的萌芽则在西周。《尚书·洛诰》曰"作周,恭先……作周,孚先",即营建周邦,以恭敬为先导,以诚信为先导。《诗经·小雅》的《湛露》《采芑》,皆视"允"为君子的美德。《诗经·大雅·下武》盛赞周统治者"成王之孚,下土之式",即周统治者具备了王者之诚信,为天下所效法。可见对于周统治者而言,"诚信"是与"恭敬"同等重要的观念。如此重要的观念,其内涵是什么?《尚书·康诰》谓"无作怨,勿用非谋、非彝,蔽时忱",即不作怨于民,不用无善之谋、不常之法,以免蔽塞此诚心。从正面讲,安民、顺民,用善谋,行常法,即为有"忱"。《诗经·大雅·下武》则将"世德作求,永言配命"视为"成王之孚"。《周易·益卦》曰"有孚惠心……有孚惠我德",王引之释之曰:"有孚惠心者,言我信于民,顺民之心也;有孚惠我德者,言民信于我,顺我之德也。"②综观上引材料,可见西周"诚信"观主要指诚实、厚道的行为规范③。以至诚之心,将行为纳入德的范畴,上合天心,下顺民意,即为"忱"。西周、春秋的"诚信"观所强调的基本点皆为"诚实"。但在西周,其"忱"所涉及行为规范则比后世宽泛,一般而言,凡上副天心,下顺民意之举皆可为"忱";春秋"诚

---

① 参见[汉]孔安国传、[唐]孔颖达等正义:《尚书正义》,《十三经注疏》上册,第 223 页;参见[清]孙星衍:《尚书今古文注疏》第 446 页引"郑注"。

② [清]王引之:《经义述闻》,江苏古籍出版社 1985 年版,第 27 页。

③ 关于西周时期的"诚信"观,参本书第三章"亶 忱 允 孚 信"部分的相关论述。

信"观要求的行为规范则主要表现为"心口一致""言行一致"①。西周"忱观念"内涵的宽泛性,当属观念形态萌芽期的一般特征。由于西周"忱观念"内涵的宽泛性,所以在某种程度上,"棐忱"可视为"辅德"的同义语。

综上所述,周人并重天命与人事,形成融"有命自天""天命靡常""保天之命"等宗教思想与"敬德""保民"等人文观念为一体的天命观。在这一思想体系当中,任何割裂上天与人事的观点皆无立足之地。释"天棐忱""天难谌"为怀疑或否定上天的"天不可信""天难以信赖",既有悖西周天命观的实际,且与篇章文意显然不符。然而,这种不确训解却颇为流行。究其原委,虽有种种,而不顾历史实际与篇章文意,孤立地训解"章句",则当是最主要的原因。

## 四、燹公盨铭"乃自作配鄉民"浅释
### ——兼论西周"天配观"

燹公盨为北京保利艺术博物馆收藏的西周中期青铜器,其以"论德"为主旨的铭文对西周思想文化研究具有特殊的价值。近年来,不少专家学者对该盨铭作了考释,提出了许多很好的见解,然而对"乃自作配鄉民"句的考释分歧却较大,故有必要对其作进一步探索。

### (一)"配"与"作配"

关于"乃自作配鄉民"的主要考释意见有以下几种:

其一,断句为"乃自作配鄉(飨)","民"字下属,释为"使自己能够配天,即作为天之配而享天给予之命"②。

其二,"作配享民"是指禹践位为王而言③。

其三,将"鄉"读为"相",认为"'作配相民'即言配天为君而治民"④。

其四,"自作配"即上天为自己立配,将"鄉"读为"向",认为"向民"就是

①　徐难于:《试论春秋时期的信观念》,《中国史研究》1995年第4期。
②　朱凤瀚:《燹公盨铭文初释》,《中国历史文物》2002年第6期。
③　李学勤:《论燹公盨铭及其重要意义》,《中国历史文物》2002年第6期。
④　冯时:《燹公盨铭文考释》,《考古》2003年第5期。

"率民向方"①。

其五,断句同上述第一种观点,释为"民戴禹德,以之配飨上帝"②。

对此句例铭文的考释,关键在对"配"的理解,而上揭诸考释,实际包含四种类型:其一,将"配"作为名词解,其义为天所立之"配";其二,以"配"为动词,其义为"配天命"或"配天"③;其三,"配"为动词,其义为祭祀中的"配享";其四,将"配"笼统释为"禹践王位"。我们认为,上述观点中,第三种似不副文义,第四种则失之笼统,因此,我们的进一步理解主要针对第一、二种观点。盨铭"乃自作配"的"配",究竟是指称天所立的"配天者",或是指称周王自己作为"天之配",或者是指人王"配天""配命"的行为,为了探究这些问题,我们将以迄今能见到的所有相关史料作为探索基础。

A.

默钟:"唯皇上帝、百神保余小子,朕猷有成亡竞.我唯嗣配皇天。"(《殷周金文集成》260)

默簋:"亡康昼夜,经雍先王,用配皇天。"(《殷周金文集成》4317)

毛公鼎:"皇天引厌厥德,配我有周。"(《殷周金文集成》2841)

南宫乎钟:"永保四方,配皇天。"(《殷周金文集成》181)

B.

《尚书·召诰》:"其作大邑,其自时配皇天。"

《尚书·多士》:"殷王亦罔敢失帝,罔不配天。"④

《尚书·君奭》:"殷礼陟配天,多历年所。"

《尚书·吕刑》:"惟克天德,自作元命,配享在下。……今天相民,作配在下。"

《诗经·大雅·文王》:"永言配命,自求多福。"

《诗经·大雅·下武》:"永言配命,成王之孚。"

《诗经·大雅·皇矣》:"天立厥配,受命既固。"

---

①　裘锡圭:《燹公盨铭文考释》,《中国历史文物》2002 年第 6 期。

②　李零:《论燹公盨铭发现的意义》,《中国历史文物》2002 年第 6 期。

③　朱凤瀚先生释此句为:"禹因其功德合于天意,因而使自己能够配天,即作为天之配而享天给予之命。"(朱凤瀚:《燹公盨铭文初释》,《中国历史文物》2002 年第 6 期)其对"配"之释包含了"配天""天之配"两种含义。

④　该"断句"从于省吾,参见于省吾:《双剑誃尚书新证》卷三,"殷王亦罔敢失帝罔不配天其泽在今后嗣王"条。

《诗经·周颂·思文》:"思文后稷,克配彼天。"

配,"古通作妃"①。《尔雅·释诂》:"妃,合也。"上古配、妃音同义近,故配也当有相合、配合、匹配之义。上揭史料中的"配命""配皇天"之"配",即"合于天心之谓"②。上揭史料除毛公鼎的"配我有周",《尚书·吕刑》的"作配在下",《诗经·大雅·皇矣》的"天立厥配"三例外,其他句例的"配"字,皆为动词,而"配"的施动者,无一例外都是人君。也就是说,配用作动词,是周人从人君的角度讲"合天心","匹配天命"。用作名词,则是从天帝的角度讲,"配"指天帝所选立的"配天命""合天心"者。《诗经·大雅·皇矣》"天立厥配,受命既固",配,《毛传》曰:"媲也",《郑笺》谓:"天既顾文王,又为之生贤妃,谓大姒也。"③即此"媲"义为"妃"。妃,既可训为"配偶",又可释为"配合",但是郑玄将此"媲"训为"配偶"似欠妥。《诗经·大雅·皇矣》以"天命赋予明德者"为宗旨,文中之"命"指"天命"。征之西周铭文与载籍,凡与天命相关的配,或指"配合天命",或称"配合天命者",若将此"配"释为文王之配偶大姒,显然与上下文义扞格,且与西周类似用语习惯不符。刘师培谓:"'天立厥配',谓天立与天配德之人也。"④戴震则释为:"天立其合天心者。"⑤刘、戴所训不误。至于"作配在下""配我有周"两句例的"配"究竟指天帝选立的"配天者",或是指人君的"配天""配命",历来训解不一,以下,我们将在前人的探研基础上作进一步探索。

《尚书·吕刑》载"作配在下",《孔传》曰:"人君为配天在下"⑥,《正义》则谓:"天有意治民而天不自治,使人治之,人君为配天在下,当承天意治民,治之当使称天心也。"⑦《孔传》《正义》皆明确地将"配"训解为人君的"配天"。此后,历代治《尚书》者,对"作配在下"的训解,皆从《孔传》《正义》⑧。到考据学发达的清代,遂有学者始脱传统训解的樊篱,对"作配在下"作出了新的训解。王鸣盛联系《左传·襄公十四年》"天生民而立之君"

---

① 《经籍籑诂》下册,成都古籍书店 1982 年版,第 743 页。
② [清]戴震:《毛郑诗考正》卷三,清戴氏遗书本。
③ 《说文·女部》:"媲,妃也。"
④ 刘师培:《毛诗札记》,《刘申叔先生遗书》第一册,宁武南氏校印本。
⑤ [清]戴震:《毛郑诗考正》卷三,清戴氏遗书本。
⑥ [汉]孔安国传、[唐]孔颖达等正义:《尚书正义》,《十三经注疏》上册,第 251 页。
⑦ [汉]孔安国传、[唐]孔颖达等正义:《尚书正义》,《十三经注疏》上册,第 251 页。
⑧ 笔者翻检《四部丛刊》《丛书集成》《通志堂经解》《湖北丛书》《四库全书》等载籍的相关内容,发现唐、宋、元、明历代学者的训解皆与《孔传》《正义》大同小异。

的记载,释"作配在下"为"(天)作之君以配天"①,此训解的难能可贵处在于以发展的眼光,将《左传·襄公十四年》的天"立君"与《尚书·吕刑》的"作配"联系,意识到"作"属上天的行为。江声也持类似观点,并作了更为详尽的阐释。其曰:"(天)作之君以配在下者,《孟子·梁惠王》为引《书》曰:'天降下民,作之君',然则民之有君,天为作之。此言'今天相民,作配在下',则是谓天为民作君以配乎天下也。"②江氏不仅抓住了《尚书·吕刑》的"作配"与《孟子》的"作君"之联系,并且明确指出人君的产生有赖于上天之"作"。王、江的解释虽然突破传统训解而指出了"作配在下"属上天的意志及行为,然而其一定程度上仍囿于传统训解束缚,对"配"的解释并不贴切,他们忽略了"天所立者"在不同的历史时期有称"配"、称"人君"的差异,而认为"人君"乃通称,如此,就只好将"配"理解为"天立人君"的目的语而以"配天"训之。王、江二氏作为有清一代治《尚书》的佼佼者,其学术观点对后世影响颇大。孙星衍释"作配在下"曰:"(天)立之君,使能配在下地。"③孙氏的解释,当吸收了王、江二人"天立人君"的观点,同时以使动句更为明确地将"配"训解为人君的"配天"。其实,"作配在下"的"配",应当与《诗经·大雅·皇矣》"天立厥配"之"配"相同,皆指上天选立的"配天者",而不是王、江、孙等人所训的"配天"。《诗经·大雅·皇矣》谓:"帝作邦作对",对,《毛传》曰:"配也",《郑笺》云:"作配谓为生明君也。"可见在西周时期,对天帝"选立的配天者",本来既可表达为"立配",也可表达为"作配"。另外,从观念承袭的角度看,春秋战国时期有"天生民而立之君"④,"天降下民,作之君,作之师"⑤类观念,其"立之君""作之君"当由西周的"作配""立配"类观念演变而来。反映这两类观念的句例,其主词及动词相同,其宾语或"配",或"君",具体所指皆为天所选立的人间最高统治者。天所选立者,西周习称"配",是从天与人君关系的角度讲;东周习称"君",则是从君与民关系的角度讲,这一变化当与东周时期的"重民"思潮相关。

---

① 〔清〕王鸣盛:《尚书后案》卷二十七,清乾隆四十五年礼堂刻本。
② 〔清〕江声:《尚书集注音疏》,清皇清经解本。
③ 〔清〕孙星衍:《尚书今古文注疏》,第541页。
④ 《左传·襄公十四年》。
⑤ 《孟子·梁惠王下》。

关于毛公鼎铭的"配我有周",对其"配"之释,历来有两种不同的观点。于省吾在考释此句例时,既引孙诒让"谓文武德能配天"的观点,同时亦引吴大澂"《诗·皇矣》'天立厥配',传云:'配,媲也'"的观点①。显然,孙氏将"配"理解为周文武的"配天",而吴氏则以《诗经·大雅·皇矣》为据,将"配"理解为天所立者。于氏仅仅客观地罗列了两种不同观点,未附己见。其后治毛公鼎铭者,对上涉"配"字考释的主要分歧,仍在"配"是指称"天所选立者",抑或是指人君的"配天"。洪家义释此句例为"(天)让我们周国匹配她"②,这一训解与孙诒让的观点类同,仍然将"配"理解为周人"匹配上天",只是以使动句将周人的"配天"理解为"皇天使然"。日本学者白川静认为"配我有周"与《诗经·大雅·皇矣》的"天立厥配"文义相同③。我们认为吴大澂、白川静对"配"之释应当不误,皇天"配我有周",即皇天"以我有周为配"。联系鼎铭上下文,可见此句例的主词是"皇天","配"则是皇天行为涉及的对象,而不是周文武自己能够"以德配天",所以孙诒让的解释欠妥。洪家义训为:"(天)让我们周国匹配她。"从文义上看,此训与"(皇天)以有周为配"大致相同,然而据现有传世文献所载,西周人的"上天让谁配天"类观念,有如上所涉及的"作配""立配"类固定表现形式,而"以有周为配"当是这类固定形式的铭文表现。

据上揭史料及相关分析,可见西周时期涉及天与配的所有句例中,"配"作为名词或动词的句例其着眼点截然不同。"配"用作动词,是周人从人君的角度讲"合天心","匹配天命";用作名词,则是从天帝的角度,"配"指称天帝所选立的"配天命""合天心"者。值得指出的是,在考释"乃自作配乡民"时,不少学者旁征博引了关于"天"与"配"的大量史料,然而,似无人区别原本泾渭分明的"配天"之"配"与天所立之"配",运用中往往混为一谈。尤其是有的学者引用了《尚书·吕刑》的两条材料:

> 惟克天德,自作元命,配享在下。
>
> 今天相民,作配在下。

①　于省吾:《双剑誃吉金文选》卷上之二,"毛公厝鼎"条,北平大业印刷局1932年代印本。

②　洪家义:《金文选注绎》,江苏教育出版社1988年版,第459页。

③　[日]白川静:《金文通释》卷三下,第三十辑,第647—648页。

上揭两条材料中,"配享在下"之"配",义为"配天命"①;"作配在下"之"配",其义如上所说,为天所选立之"配"。上揭含有"配"字的两句例,正好分别涉及西周"天配观"互相密切关联的两个方面,然而利用者却忽略了二者之别,甚为遗憾。令人遗憾的考释失误,当与传统的相关训释历来将二者混淆有关。"配"作为特定的人称代词,为什么仅见于与上天意志相关的句例中?西周人为什么没有自称"配"的习惯?对于这些问题的思考,当有助于我们寻求盨铭"乃自作配"的达诂。而思考这些问题,似应联系西周时期的"天配观"。

### (二)"配""作配"与统治权力的关系

天配观是西周天命观的重要组成部分。西周思想文化直接承袭殷商思想文化而来。殷商王朝的有效统治来自于鬼神与人事并重的历史实际,为周人提供了宝贵的历史经验,影响了西周统治者的思维定势与统治方式②。因此,周人既注重人事,又不曾动摇对天命的崇信,从而形成融"有命自天""天命靡常""保天之命"等宗教思想与"敬德""保民"等人文观念为一体的天命观③。"有命自天"主要指主宰邦国兴衰与天下存亡的命令来自上天,是西周人关于天帝绝对权威的认知;"天命靡常"是西周人在坚信天帝绝对权威的前提下对"天命并非恒常不变"的思考;"保天之命"是西周人基于"天命靡常"的惕惧而产生的"永保天命"的祈愿。天配观则是涉及至上神绝对意志及周王权力与职责的重要观念。

西周天配观凝聚了西周时人关于统治权力合理运作的思考。从社会秩序的角度讲,自人类进入文明社会以来,为了保障人类社会存在与发展的正常秩序,人们便选择了凌驾于所有社会成员之上的统治权力,以调控不同社会成员之间的利益分配,避免社会成员因利益冲突而破坏乃至摧毁社会正常秩序。对统治权力而言,社会制度的预设,其核心作用一方面关联着统治权力的保障,另一方面则涉及对统治权力的规约。与当今相比,

---

① 孙星衍释"配享在下"为"配天命而享天禄于下"([清]孙星衍:《尚书今古文注疏》,第527页)。曾运乾释"配享"为"配天而享其禄"(曾运乾:《尚书正读》,中华书局1964年版,第282页)。

② 参见徐难于:《试论殷商宗教观的理性色彩》,《先秦史与巴蜀文化论集》,第68—75页。

③ 参见徐难于:《"天棐忱"辨析》,《文史》2001年第1期。

西周时期政治制度极不健全,法律制度极不完善,周王及少数贤圣的观念、意志、行为是决定政治及法律运行的关键力量。因此,制度之外如何确保与制约统治权力的因素也就格外重要。西周的天配观,即是为西周统治权力提供保障与制约的重要思想文化因素。据上揭史料可见,在"配"用为名词或动词的例句中,其施动者截然不同。作为配天命、合天意的人称之"配",是由天"作"、天"立"的;而作为"配命""配天"的动词"配",则指称周王自身的行为。"配"由天"作"、天"立"而产生的观念,涉及西周人关于人间最高统治权来源的认知,只有天帝才是最高统治权的终极决定力量,所以有关产生"配"的"作"与"立"之类行为,周人自己绝不能染指,不得自"作"、自"立"为配。此外,典籍所载也不见周人自称为"配"。其所以如此,当与"配"的产生完全由上天的意志决定,周人自然也就不便自称"配"。最高统治权力来源于上天的观念为统治权力的合法性与神圣性提供了强有力的支撑。而周王作为上天选立的"配",则必须履行"配命""配天"之责。"配天""配命"是伴随"配"的产生及拥有相应权力而来的职责。失职则将遭天谴、天罚,乃至使"天命"坠失。天命坠失而王权无存之类意识所激发的敬畏心理,有效地促使了西周大多数统治者遵循一定的行为准则,避免滥用统治权力。据此,西周"天配观"是由"配乃天立"和"配"必"配命""配天"这息息相关的两方面认知构成。正是这相关的认知,分别涉及统治权力的保障与制约。西周人在认识天人关系时,对同一问题习惯于分别从天与人的不同角度思考,诸如对天命授受关系、天命夺失关系之类思考,形成了一系列相辅相成的认知。关于天命的授受关系,从天的角度,周人习称"集大命"①"降命"②"降显休命"③;从周人自身的角度则称"受天命"④"受命"⑤"承天命"⑥。关于天命授受的实际内容"民与疆土",从天的角度,称"付中国民越厥疆土于先王"⑦"赐武王时疆土"⑧;对周人而言,则称"受民

---

① 《尚书·君奭》。集,《淮南鸿烈解·说山训》曰:"雨之集无能霑",集,注曰:"下"([汉]刘安等撰:《淮南鸿烈解》卷十六,《四部丛刊》景钞北宋本)即"集"有下、降之义。

② 《尚书·酒诰》。

③ 《尚书·多方》。

④ 《尚书·召诰》。

⑤ 《尚书·大诰》《尚书·梓材》。

⑥ 《逸周书·商誓》。

⑦ 《尚书·梓材》。

⑧ 《逸周书·祭公》。

受疆土"①。关于天命的夺失关系，从上天的角度讲，其对人王不满时，即收回成命，终止天命，史称"终令"②"终大邦殷之命"③"改大邦殷之命"④；对丧失天命的人王而言，则称"坠命"⑤"坠厥命"⑥。"天配观"包含"天立配"与"被天所选立者的'配命''配天'"两方面内容，则正是对同一问题分别从天与人的不同角度加以表达这一思维特点的表现。贯穿这一思维特点的是周人对统治权力保障与制约的自觉意识。

### (三)"鄉民"考

关于盂铭的"鄉民"之"鄉"，冯时先生读为"相"，"鄉民"即"相民"，并引《尚书·吕刑》的"今天相民"为证，殊为有见。然而，令人遗憾的是冯氏将"自作配"理解为"配天为君"。如上所说，在西周人的观念中，"作配""立配"是上天的作为，人君的作为只能是"配天""配命"，而涉及人君的"配天""配命"，并没有"作配"的表现形式。倘若联系西周人"如何配天"的认识，我们将明白"乃自作配鄉民"的达诂当是"天为自己立配，以治理下民"。

关于"如何配天"，西周人认为"获得民心"是"合天意""配天命"的关键所在。大盂鼎铭曰："我闻殷坠命，惟殷边侯、甸与殷正百辟，率肆于酒，故丧师"⑦；《诗经·大雅·文王》云："殷之未丧师⑧，克配上帝"。鼎铭认为殷商统治者沉溺于酒而丧失民心，因此坠失天命。鼎铭从反面言"丧师"

---

① 大盂鼎，《殷周金文集成》2837。对大盂鼎的"受民受疆土"，国内学界一般将其理解为周代分封制度中的"授民授疆土"。参见葛志毅：《周代分封制度研究》，黑龙江人民出版社1992年版，第115页；彭裕商：《西周青铜器年代综合研究》，第250页。日本学者白川静则认为：大盂鼎铭的"受民"与文献见之"受民"为相同语例([日]白川静：《金文通释》卷一下，第十二辑，第677页)，殊为有见。我们认同白氏的观点，主要理由有二：其一，据现有材料，西周时，周王封赐土地、民的行为动词一般用赐(《诗经·大雅·江汉》："锡山土田"，宜侯夨簋："锡土""锡宜庶人"(《殷周金文集成》4320))，尚无"授民""授疆土"的用语习惯。"授民""授土"的表达始见于《左传·定公四年》。其二，周王从上天处所获之民，文献习称"受民"(《尚书·洛诰》："保文武受民""保乃文祖受命民"，《尚书·立政》："相我受民""义我受民")，而疆土与民同时从上天获得，并称其为"受民受疆土"实属自然，"受民受疆土"，即受之于天的民与疆土。

② 邢侯簋，见郭沫若：《两周金文辞大系图录考释》上册，第20页。

③ 《尚书·召诰》。

④ 《尚书·康王之诰》。

⑤ 大盂鼎，《殷周金文集成》2837。

⑥ 《尚书·君奭》《尚书·召诰》。

⑦ 大盂鼎，《殷周金文集成》2837。

⑧ "丧师"，师，《郑笺》曰"众也"，丧失民众、民心之谓。

必“坠命”;《诗经·大雅·文王》则从正面讲殷人未“丧师”时,能匹合上帝之心。以“获取民心”而“配天”“配命”者即能保有天命,否则将坠失天命。如此“史鉴”,使西周统治者确立“以小民受天永命”[①]的政治卓见。凭借“民心所向”去“配天”“永命”的思考应当与“上天责成人君承担职责”的认识息息相关。《诗经·大雅·皇矣》谓天帝“求民之莫”[②],《尚书·大诰》云“今天其相民”,《尚书·吕刑》曰“今天相民”,足见天帝有“安民”“治民”之望。上文已涉及,在西周人的观念中,天下及其民皆由上天托付给人君,那么,上天“安民”“治民”之愿就必然责成拥有“受民”的人君去践履。“今天相民,作配在下”的命题,从人君的角度讲,正是对天所责成之职责的自觉意识。饶有兴趣的是,西周为政者习称“相我受民”“乂我受民”[③]“保文武受民”“保乃文祖受命民”[④]。此类记载有两点尤其值得注意:其一,称民为“受民”当有强调“民受之于天”之意。其二,对“受民”所尽之责或“安”,或“治”,完全切合上天“安民”“治民”之意。天为治民、安民而立配;作为“天立之配”的人君则以践履“安民”“治民”之责去“配天”。此乃西周人关于“如何配命”的认识。“乃自作配鄉民”正是关于“如何配命”的前提性认知,只有理解“天为何作配”,才知道“配”当怎样去“合天意”“配天命”。

从盨铭的内容结构看[⑤],包括两大层次:第一层从“天令禹开始”至“生我王,作臣”,这一层次历数天的作为,施动者是天;第二层从“厥曰顯唯德”至“亡悔”,其以“为政者修德及其以德化民”为主旨,其施动者主要是为政者。在这两大层次的内容中,天“作配相民”当是盨铭第一层次的核心内容,有了这一前提性认识,才会有第二层次“为政者修德及其以德化民”,即“怎样配天”的内容。也就是说,从盨铭内容的逻辑联系上看,“乃自作配鄉民”应当释为“天为自己立配,以治民”。

---

① 《尚书·召诰》。

② “求民之莫”,莫,《毛传》曰:“定也”,《孔疏》云:“求民之所安定也”([汉]毛公撰、[汉]郑玄笺、[唐]孔颖达等正义:《毛诗正义》,《十三经注疏》上册,第519页)。

③ 《尚书·立政》,“乂我受民”,乂或作艾,《尔雅·释诂》:“治也。”

④ 《尚书·洛诰》,“保文武受民”,保,有“安”义。《诗经·小雅·天保》“天保定尔”,保,《郑笺》曰:“安也。”

⑤ 因为本书仅考释盨铭的个别例句,所以未出示全文。关于盨铭的全文,参见《中国历史文物》2002年第6期的诸考释文章所示。

# 第二章　西周天命学说的流变
## ——孔子的天命思想

　　如下文①所涉，西周的思想文化为其后两千余年的传统时代奠定了文化根基。而其根基性意义的存在全然离不开孔子对西周思想文化的"继承与发展"。孔子的时代礼崩乐坏，传统中用以维系人心与社会秩序的伦理规范、宗教信仰、制度规定，已失去其感召力和权威性，社会由此而动荡不已。孔子针对重建人心秩序与社会秩序的双重时代需求，创造性地继承和发展西周的相关思想，构建以"人心秩序重拾，社会秩序重整"为主旨的思想体系。在孔子的思想体系中，"天命"依旧是世俗秩序的终极根源，至上神天帝仍然是人们的敬畏对象，这无疑彰显出西周相关思想的深刻影响；可是在"依旧"与"仍然"之中，天命与秩序的关系认知却具有其契合时代需求的崭新变化。

## 一、西周末年天命学说的演变

　　西周天命思想由"有命自天""天命靡常""保天之命"等内容构成，与现实政治紧密联系是其本质特征。"有命自天"主要指主宰邦国兴衰与天下存亡的命令来自上天，是西周人关于天帝绝对权威的认知；"天命靡常"是西周人在坚信天帝绝对权威的前提下对"天命并非恒常不变"的思考；"保天之命"是西周人基于对"天命靡常"的惕惧而产生的"永保天命"的祈愿。在天人关系方面，西周人认为天帝具有主宰人事的绝对权威，人则以自身的善恶影响天帝的主宰。天帝将天命授予敬德、明德者，使其成为人君；而对乱德、丧德者，则使其坠失天命而王权荡然无存②。西周的天人关系中，天帝具有"惩恶扬善"的正义性，人则趋善以邀天福，弃恶以避天祸。这一天人互动关系中，天帝的"惩恶扬善"是互动的关键。

---

①　参见本书第七章之"比较对象的选择"部分的相关论述。
②　参见徐难于：《"天棐忱"辨析》，《文史》2001 年第 1 期。

西周晚期，天灾频见，人祸屡至，社会苦难深重，人们由此而困惑天帝"惩恶扬善"的道德属性，疑天思潮开始出现。这一时期，涉及天降丧乱、灾祸的记载大致可分为两类，其一类为"天降丧乱，咎由人取"的观念，《诗经·大雅·荡》《诗经·小雅·十月之交》的相关内容是此类观念的代表。此类观念蕴含的天人关系与西周传统天命观一脉相承，天人的互动以天帝的"惩恶扬善"为前提。另一类则以《诗经·大雅·云汉》《诗经·小雅·雨无正》的相关内容为代表，具有浓郁的疑天、怨天色彩。《诗经·小雅·雨无正》认为饥馑、兵祸、刑罚失度等天灾人祸等皆由天主宰。虽然二者皆认为天帝主宰着灾祸之降，但是第二类却消解了"人咎"这一因素，将灾祸的降临视为天帝单方面的行为。在"人无罪而天降祸"的陈述中，天帝"惩恶扬善"的正义性、道德属性遭到无声质疑。《诗经·大雅·云汉》载：宣王时，大旱连年，饥馑荐臻，人们以种种方式祭祀了包括天帝、祖神在内的各方神明，然而却无神佑助，旱灾依旧。人们对天帝及其他神灵属性、功能的困惑与无奈跃然其间。按传统天命观的逻辑，人的乱德、丧德才会招致天帝降灾祸，然而西周晚期承担天灾人祸的大多数人并无过失，人们由此开始了对天帝"惩恶扬善"属性的困惑。

西周末年，在天命信仰领域，既产生了上述困惑思潮，也出现了发展天帝"惩恶扬善"理论的端倪。《国语·郑语》载：周幽王时，王室太史伯阳父分析政局，认为西周王朝衰微体现了天帝的"赏善惩恶"。自厉王迄幽王，周王皆昏乱弃德，致使朝纲暗乱，上天因此欲终止周室所拥有之天命，灭亡周朝。在周室衰亡过程中，幽王宠妃褒姒是极为关键的消极因素，而褒姒的出现及其危害周室，实属天意。周宣王曾尽力消除与褒姒相关的消极因素而未遂，史伯认为："天之命此久矣，其又何可为乎？"褒姒终成幽王宠妃，史伯曰："天之生此久矣，其为毒也大矣，将俟淫德而加之焉。"史伯的上述分析有三点至为明显：其一，仍坚信上天据人君的善恶主宰王朝的兴衰；其二，在王朝的衰亡过程中，上天能够以种种方式加速其亡；其三，衰亡既定，人的行为便无力回天。宣王时期，虽然由于宣王及其最高统治集团努力重振王业，曾使王朝统治一度中兴，然而宣王却无力从根本上拯救王朝的衰颓，王朝衰亡已成不可逆转之势。对这一必然趋势的认识，史伯一方面继承传统天命思想，承认周室衰亡乃天帝"惩恶"的必然结果，另一方面则明确提出，衰亡既为上天所注定，人力便不可抗拒天意。此点显然是对传统天命观的发展。这一发展无疑为特定时期的人们认识"人力无法改变历史趋势"的现象提供了新的理论依据。然而也正是此类发展致使传统天命观的"惩恶扬善"理论出现了裂痕,即特定条件下人的善恶对天帝的主宰已不具备任何影响。既然如此,天人互动的可能性与正当性在一定程度上被消解。这样的理论预设对春秋时期天命思想的发展演变当有不容低估的影响。

## 二、春秋时期天命学说的发展

　　春秋时期,西周传统天命思想在更为严峻的挑战中延续与发展。

　　春秋时期,传统天命观的延续集中表现在"国之存亡,天命也……'天道无亲,唯德是授'"①"天道赏善而罚淫"②"神福仁而祸淫"③类命题中,强调天下存亡、人世祸福由天帝依据人的善恶加以主宰,构成这类命题的共同主旨。

　　"天假助不善""报及后世"等观念的产生,则体现了传统天命观的发展。导致传统天命观发展的根本原因是天帝"惩恶扬善"理论与现实的矛盾日益尖锐。西周天命观形成之初,主要以三代更替作为天帝"惩恶扬善"理论的解释依据,三代更替从总体上彰显了统治行为是否有序与政权存亡的因果关系,三代更替的史实与最高主宰操控人间"善恶报应"的理论也就具有一致性,所以在一定历史时期,西周天命理论基本圆满,能有效地解释历史与现实,满足时人的相关理论需求。然在西周王朝建立之后的数十、数百年间,天帝"惩恶扬善"理论面临的解释对象不再是王朝更替而主要是社会个体成员的命运,就社会个体成员而言,人世间总是有毫无道理的苦难出现,所以现实与理论的矛盾也就在所难免。在礼崩乐坏、纷争动荡的春秋时期,"唯强势者存"成为社会发展趋势,崇尚功利逐渐成为普遍的社会价值取向,随之而来的便是人心不古、道德沦丧,从而导致善恶无报、善遭厄运、恶交好运的现象日益增长。这类现象的增长则促使已经产生的疑天思潮深化。春秋时期,一方面是天帝"惩恶扬善"理论所遭遇的挑战日益严峻,传统天命信仰危机不断深化;另一方面,受制于社会发展水平及思维水平的春秋人还不可能抛开神灵信仰来解释其赖以生存的世界,更何况对

①　《国语·晋语六》。
②　《国语·周语中》。
③　《左传·成公五年》。

身处乱世而面临巨大生存压力的春秋人而言,尤其需要信仰给人以心灵慰藉,从而产生面对现实的勇气和力量。于是在传统天命信仰领域内产生了"天假助不善""报及后世"等具有时代特征的新观念①。

所谓"天假助不善",指上天佑助"不善者"而使其交好运乃假象,天帝的真实意图或终极意志是"惩恶",这是对传统"天罚观"的发展。《左传·昭公十一年》载:楚国以诱骗、欺诈先后灭陈县蔡,晋叔向评价楚之所获曰:"天之假助不善,非祚之也,厚其凶恶,而降之罚也。"《国语·吴语》则认为:"夫天之所弃,必骤近其小喜,而远其大忧。"齐国庆封因内乱而奔吴,吴王以丰厚财货赏赐庆封。鲁国大夫对此事议论纷纷,或曰:"天殆富淫人,庆封又富矣。"穆子则曰:"善人富谓之赏,淫人富谓之殃。天其殃之也,其将聚而歼旃。"②针对现实中恶人、淫人交好运的现象,"天假助不善"类观念认为"恶人好运"不过是上天"惩恶"的特殊方式而已,其"好运"并非真正的天佑,反而是"天罚"的特殊形式。上天使恶人暂时得逞,以便通过"厚""聚"等方式使其邪恶不断积累,待其恶贯满盈再降天罚。动荡之世,不仁不义者总是交好运,不过,多行不义而终败者也屡见不鲜,这就为"天假助不善"类观念提供了现实依据,所以此类观念在春秋时期有一定生命力。值得注意的是"天假助不善"类观念虽然以新的方式坚持对上天"惩恶"属性的肯定,然而其强调天以"厚""聚"其恶的方式惩恶时,实际上已赋予了"恶"可在一定条件下脱离人主观意志的理论预设,这样的预设在一定程度上背离了传统天人互动理论。传统天命观中,善恶全然由人,由人自控的善恶是影响天帝主宰的唯一凭借。而"天假助不善"类观念却认为恶人被天罚的过程中,其恶增长与否纯属天意已非己力可掌控。

所谓"报及后世",主要指由上天主宰的善报体现于后世子孙,是对传统"天赏观"的发展③。《左传·昭公七年》载:"圣人有明德者,若不当世,其后必有达人。"《国语·周语下》载:周室卿士单靖公德行显著,于是晋叔向预言单氏必获善报。只是善报有两种形式,"若能类善物,以混厚民人者,必有章誉蕃育之祚,则单子必当之矣",此类为"现报";"单若不兴,子孙

---

①　陈宁先生在中国古代命运观的研究中,将东周时期的相关观念分为"计划神义论""偶有神义论""领袖神义论""后代神义论"等四类(参见陈宁:《中国古代命运观的现代诠释》,辽宁教育出版社 2000 年版,第 220—228 页),其"计划神义论""后代神义论"可与本书的"天假助不善""报及后世"对应,其余两类观念在春秋时期尚不具有典型意义,故本书不涉及。

②　《左传·襄公二十八年》。

③　《左传》《国语》中,缺乏"天罚"及后世类观念,而"善报"及后世的观念则多见。

必蕃"，"单若有阙，必兹君之子孙实续之"，此类为"后世报"。

春秋时期，"天假助不善"与"报及后世"的观念，分别从"天罚"与"天赏"的角度对传统天命信仰的核心理论——上天的"惩恶扬善"进行更具弹性、灵活性的调整，从而在一定程度上满足了人们的现实信仰需求，为既离不开天命信仰而又为"善恶无报"所困者提供了些许心理慰藉。然而随着时间的推移，这些理论的作用日益弱化，不能有效地解释与缓解现实与天帝"惩恶扬善"论的尖锐冲突，于是新的天命信仰理论的产生便势在必行。

春秋中、后期，善恶报应无征、善遭厄运而恶交好运的现象更是层出不穷，从而使许多社会成员对上天"惩恶扬善"的道德属性由困惑走向否定。否定了上天此类属性的人们却仍然坚信上天的主宰力，由此而形成天命信仰中的"命定论"思潮。

命定论是东周时期天命信仰的组成部分之一，与传统天命观既有联系，又有重大差异。命定论的主要特征是：承认上天以"命"主宰人事[1]，而人对上天的主宰则无能为力，既不能影响上天的主宰，也不能抗拒其主宰。人们否定上天"惩恶扬善"属性而仍然坚信上天的主宰，其主要原因应当基于人们对"命运"的深切感受。客观讲，从古迄今，每个人的命运中都有可以把握与不能以理性解释的不可把握部分，正是命运的不可把握部分构成了人生命运的莫测与难料。相对而言，在和平年代、安定时期，社会客观条件的变数无疑比动荡岁月小许多，由此，人生的可控性就会大些，社会动荡越强，人生莫测的成分就会越多。春秋时期，社会变化、动荡日趋激烈，个体对命运之莫测与难料的感受也就更深刻。命运带给人们的迷惘与恐惧，促使时人关注与思考命运。动荡之世，由于人生命运太多的莫测与难料，以及人们对"变化莫测"的无能为力，所以那些否定了天帝"惩恶扬善"属性的人们仍然坚信冥冥之中的主宰力量。正是这样的信仰现实催生了命

---

[1]　关于主宰"命"的力量，目前学界具有代表性的观点有两类，或以为"旧的所谓'命'就是天的意志，而新的所谓'命'是指的自然界的一种'神秘规律'"（童书业：《先秦七子思想研究》，齐鲁书社1982年版，第51页。按：童氏所谓旧的"命"，指"命定论"产生之前的天命，新的"命"则指"命定论"）；或认为"命"是"天神的意志"〔任继愈主编：《中国哲学发展史》（先秦），人民出版社1983年版，第225页〕。我们认同后者。"命定论"中，主宰"命"的力量当是传统的天帝、上天，主要理由有两点：其一，"命定论"产生之前，商周先民所信仰的至上神只有天帝，春秋时期人依据现实否定上天"惩恶扬善"的属性而保留上天的主宰性是可以成立的，反之，当时人们在上天之外重新寻求与认知另一种至上神秘力量似既无必要，同时也不太可能；其二，下文将涉及的东周时人及孔、孟、荀等思想家有关"命论"的资料显示，"命"的确不是外在于上天的另一类神秘规律。

定论。

命定论思潮产生之前或与之同时，与其相关的某些思想也见诸载籍。

春秋中期以来，在天命信仰领域，认为特定条件下的人之"恶"由天使然的理论渐趋流行。《左传·昭公二十六年》载：王子朝回顾周室兴衰，"至于幽王，天不弔周，王昏不若，用愆厥位……至于惠王，天不靖周，生颓祸心"，王子朝将周幽王、王子颓自身的"恶"皆归结为天意，上天不再佑助周室，遂使幽王"昏不若"，上天不愿周室安定，遂催生王子颓的"祸心"。类似观点，在当时颇有市场。在解释王室衰亡原因时，即使不同政见者也持与此类同的观点。东周王室发生内乱，周敬王欲寻求诸侯支持王室以平息内乱。涉及王室内乱，周敬王视王室成员之反叛为"天使然"，即所谓"天降祸于周，俾我兄弟并有乱心"①。卫大夫彪傒则以天意不可违而反对支持周室，其曰："自幽王而天夺之明，使迷乱弃德，而即慆淫。"②也就是说，周王的弃德迷乱，周室的衰亡皆天意所在。上述"恶由天定"的观点当由西周末年史伯的相关思想发展而来。周室衰亡是天意，人则无力回天，此点乃史伯思想与上述观点共同强调的，然而史伯所强调的"人无力回天"，主要指人力无法改变天所主宰的致使周室衰败的客观条件，诸如消极因素褒姒之类，而春秋时人则直接将导致王室衰亡的周王之"恶"归结为天意，上天行将亡周，便使周王昏乱弃德。依此逻辑，倘若上天决定某王朝兴盛，那么就必然使当朝者明德趋善。至此，传统天命信仰中上天"惩恶扬善"的理论便遭到釜底抽薪的冲击。既然人的善恶亦取决于天意，那么上天的"赏惩"对人类社会还有什么积极意义？

春秋时期，天命具有时效性的观念，同样具有天命与人的善恶相分离的致思趋向。据现有资料，至少在西周末年，类似思想已经出现。史伯认为"天之所启，十世不替……夫成天地之大功者，其子孙未尝不章"③，史伯既承认天帝"赏善"的意志，同时也明确表示天命具有时效性。春秋时人则将"天命具有时效"的观点系统化。《左传·宣公三年》载，王孙满针对楚庄王问鼎中原曰："天祚明德，有所底止。成王定鼎于郏鄏，卜世三十，卜年七百，天所命也。周德虽衰，天命未改。鼎之轻重，未可问也。"即天赐福于明

---

①　《左传·昭公三十二年》。

②　《国语·周语下》。

③　《国语·郑语》。

德者,并预定了福禄的时效,在"时效"内,无论承受福禄者是善或恶,天命都不会改变,福禄将始终存在。此论在承认天帝"赏善"方面虽然类似传统天命观,然而其"时效"之内人自身善恶与天所主宰的祸福了无关系的主张则背离了传统天命观。

由上述可见,在春秋时期,"天假助不善""人恶天定""天命的时效性"等思潮从不同角度瓦解着上天"惩恶扬善"这一传统天命观的核心理论。而这些思潮的存在及其流行,当是"命定论"滋生的时代沃壤。

春秋晚期,"命定论"思潮渐趋流行。《左传·昭公三十年》载:楚王欲危害吴国,楚臣子西却认为不宜轻举妄动,其主要原因,一是当时吴王亲民如子,百姓则乐于为吴王效力;二是尚未弄清天意,究竟要"翦灭吴国",抑或"祚吴"。在子西看来,天罚或天赏与人的善恶并没有必然联系,吴国的"政通人和"并非必定赢得上天佑助。吴越交战时,越大夫种认为双方胜负皆天意,所以"不可以授命"①,即不可与天命抗争。支配"不可授命"的,当是"命定"思想,天命注定,人力就不可能改变。而"死亡有命"②"存亡有命"③类命题,则是春秋时期"命定论"思想的集中表现,前者针对个人生死而言,后者针对国之存亡而论。

命定论的产生,在中国古代思想史上具有重要意义。其主要积极意义在于,该理论蕴含了人对自身作为一种存在的局限性与脆弱性的认识,而这一认识必将推动人们反思如何面对自身的生存局限与脆弱。我们认为轴心期中国儒家天人思想的产生与发展在很大程度上正得力于这一推动。其主要消极性则在于,由于完全消解了传统天命信仰的天帝"惩恶扬善",人们对上天的敬畏也随之荡然无存,从而为人生的消极待命、懈怠懒惰,或人生的放纵提供了理论支持。《左传·定公十五年》载,胡子在国际事务上恣意妄为,趁楚危而侵其边,楚转危为安而强势之际,胡子却拒不臣事楚国,不久即亡于楚。胡子之所以妄为,很大程度上与"命定"思想影响相关,其认为:"存亡有命,事楚何为? 多取费焉。"命定论的消极影响,在《墨子·非命》对其全面抨击中更得以充分彰显。《墨子·非命上》首先针对因信"命定"所导致的敬畏精神缺乏而再三强调,

---

① 《国语·吴语》。授命,韦注:"犹斗命。"
② 《左传·昭公二十年》《左传·昭公二十一年》。
③ 《左传·定公十五年》。

绝非"福不可请,祸不可讳,敬无益,暴无伤",天鬼皆有主宰人世祸福之力,世人当行善以趋福,弃恶以避祸,同时指出,"命"往往成为放纵者、懈怠者推卸责任的口实。《墨子·非命下》则指出:"今虽毋在乎王公大人,蒉若①信有命而致行之,则必怠乎听狱治政矣,卿大夫必怠乎治官府矣,农夫必怠乎耕稼树艺矣,妇人必怠乎纺绩织纴矣。"如果信"命定"而社会成员全面懈怠、放纵,则"天下必乱"。

从《墨子·非命》对命定论的批判中,可以明显觉察到一些与我们的探研相关的信息。其一,在墨子时代,命定论思潮已逐渐流行开来,并且具有广泛的社会影响。其二,墨子的批判对象及批判武器皆限于"天人关系"框架内,由此使我们从一个角度窥见"天人关系"是时人无法回避而必须面对的理论课题。其三,针对传统天命学说与命定论思潮的不足而重构新的天命学说是春秋末至战国时期的迫切时代理论需求。如前所述,春秋中期以后,由于传统天命学说与现实的冲突日益尖锐而无法有效解释现实,才导致命定论思潮出现。而从《左传》与《墨子·非命》所载可见,与命定论思潮相伴生的消极社会影响是非常突出的,所以天命学说理论的重构便势在必行,而且这一重构必须针对传统天命学说与命定论思潮的缺失。

## 三、春秋时期的生存困境与信仰危机

春秋中期以后,礼崩乐坏加速,人世祸福不定也随之加剧,人们为命运所困而生存压力空前深重,由此而滋生出缓解与摆脱重压的渴求。春秋中期以后,有两种社会现象特别引人瞩目。其一,人们饱受世事多变的煎熬与折磨。人们或悲叹"朝夕不相及"②,或声称"人生几何,谁能无偷"③,在朝不保夕的重压下,或"忧日而濯岁"④,极度无奈与苟且地活着。世人的无奈与苟且所昭示的当是其生存压力的沉重。其二,春秋晚期,社会涌动

---

① 蒉,俞樾认为乃"籍"字之误。藉若,犹假如。孙诒让从俞说([清]孙诒让:《墨子间诂》,孙以楷点校,第258页)。

② 《左传·昭公元年》。

③ 《左传·襄公三十一年》。

④ 《国语·晋语八》。《左传·昭公元年》云:"瓵岁而愒日。"

着"不说学"①的思潮。学,主要指以《诗》《书》《礼》《易》等经典为载体,以天命、王权、社会秩序为核心内容的传统学问,其曾经卓有成效地解释着人们赖以存在的世界,成为传统社会秩序的理论支撑,也曾是社会成员信仰与精神支柱所在,指导社会成员有序地生活。从精神的角度看,"不说学"作为一种社会思潮出现,无疑表明社会信仰危机与社会精神混乱。时人渴求缓解与摆脱生存重压,然而作为社会主流意识形态的传统之学在很大程度上已无法满足人们的相应需求,无奈的人们只好寄望于传统学问之外的其他方面。

由于缓解与摆脱生存之重压需求的推动,在春秋中后期,占筮等数术活动,以及祈求神灵降福免灾的祭祀日趋繁复。受不同鬼神②信仰观支配,占筮、祭祀则有不同的表现形式。与传统天命观相关的鬼神信仰主张鬼神具有"惩恶扬善"属性。由此,无论人们以占筮问吉凶,抑或通过祭祀以趋福避祸,皆不会脱离人自身善恶而妄求鬼神。《左传·襄公十三年》载,楚国固有占卜规矩是:"卜征五年,而岁习其祥,祥习则行;不习,则增修德而改卜。"此载显示,楚既十分重视以占卜了解神灵意图,同时坚信由神灵主宰的吉凶不会妄至,有德才能趋吉避祸。鲁襄公祖母穆姜、鲁大夫子服惠伯一致认为脱离德的占卜不灵验③。关于祭祀,则不能脱离德行、德政妄求于鬼神。"祝史陈信于鬼神,无愧辞"④,是祈福于鬼神的必要前提。《左传·昭公二十年》载,齐晏婴曾透彻地分析过德与祈福于鬼神的关系,其强调:"其祝、史荐信,无愧心矣。是以鬼神用飨,国受其福",若失德,"其祝、史荐信,是言罪也;其盖失数美,是矫诬也。进退无辞,则虚以求媚,是以鬼神不飨其国以祸之"。以上所涉皆体现出人事、神事并重的旨趣,其"并重"是基于信仰天帝"惩恶扬善"。另一类信仰则与社会价值无涉,其信仰对象缺乏"惩恶扬善"的属性,鬼神所掌控的人世祸福与善恶无关。既然人的得失、祸福与人自身善恶无关,人们就企望以数术而不是凭据德行趋福避祸。鲁昭公时期,齐国有彗星,时人认为乃不祥之兆,齐景公欲以禳祭

----

① 《左传·昭公十八年》。
② 晁福林先生认为"起初的时候,鬼多指祖先神,神多指天神。'鬼神'连用则泛指包括祖先神和天神在内的所有神灵"(晁福林:《先秦民俗史》,上海人民出版社 2001 年版,第 342 页)。
③ 参见《左传·襄公九年》《左传·昭公十二年》。
④ 《左传·襄公二十七年》。

被除不祥①。郑国出现所谓火灾征兆,神灶曾两次主张以玉器祭神以禳火灾②。鲁哀公六年,天象异常,周太史认为此兆示凶,关涉楚王,并建议以"禜"祭转灾祸于他人③。上述现象都属于脱离人自身的德行而企望避祸之类,为具有传统天命信仰而神人并重的人士所反对。春秋中期以后,此类旨在脱离德行而以数术趋福避祸的活动日趋频繁,遂引起有识之士的忧虑与关注,这类关注主要表现有二:其一,如上所涉,关于德与数术、祭祀活动关系的讨论渐趋多见;其二,出现了"不烦卜筮"④的呼吁,以及抨击"轻身而恃巫"的声音,晏婴抨击时人"慢行而繁祭""轻身而恃巫"⑤,孔子则谴责:"德行亡者,神灵之趋;智谋远者,卜筮之蔡。"⑥春秋中期以后,占筮、祭祀领域或轻视、或放弃人主观努力而寄"改命"之望于外力的趋势,既表明传统天命信仰危机的深化,也彰显了生存重压之下的人生恐惧与无奈之深重。

## 四、天人关系思想的重构

天人关系思想是先秦天命思想的核心内涵。孔子的天命思想与传统天命观既有联系,又有很大差异。传统天命信仰中,构成天人关系的核心理论是:天帝主宰人世秩序,并以"惩恶扬善"的方式促成世人遵循秩序规定;世人则以自身的"趋善"邀天福、"弃恶"避天祸,从而将天帝的秩序意志转化为人世秩序。孔子的天命思想则不涉及世俗"惩恶扬善"之类的天人关系。脱离这方面的天人关系,孔子天命思想的主要内涵究竟还有什么?

孔子曰:"不知命,无以为君子也。"⑦孔子所强调的"知命"之"命",即指体现上天主宰意志的天命。西周天命思想中,必须知命的主要是君王,孔子则强调君子必须知命。这一变化蕴含了孔子天命思想的变迁。以下拟从天、人的不同角度探讨孔子的天命思想。

---

① 参见《左传·昭公二十六年》。

② 参见《左传·昭公十七年》《左传·昭公十八年》。

③ 参见《左传·哀公六年》。

④ 《左传·哀公十八年》。

⑤ 《晏子春秋·内篇·谏上》。

⑥ 陈松长、廖名春:《帛书〈二三子问〉、〈易之义〉、〈要〉释文》,陈鼓应主编:《道家文化研究》第3辑,上海古籍出版社1993年版,第434页。

⑦ 《论语·尧曰》。

### (一)从孔子"知命"视角的透视

承认上天具有主宰性,是孔子天命思想的主要内涵之一。

孔子认为上天的主宰性,一方面表现为对自然界的主宰。《论语·阳货》载:孔子向子贡表明"欲无言"是自己的施教方式之一,子贡对此困惑不解,孔子便曰"天何言哉? 四时行焉,百物生焉",即上天没有言说,却规定了四时行而百物生的自然秩序①。在孔子那里,天对自然界的主宰,一方面表现为如上所涉的规定自然界的运行秩序,另一方面则表现为上天以自然迹象言道它对人类社会的主宰与裁定②。上天与自然、人事的这类关系,后世习称"天人感应"。孔子也相信天人感应,主张"迅雷风烈必变"③,感叹"凤鸟不至,河不出图,吾已矣夫!"④此类记载当表明孔子相信上天通过自然物象兆示其主宰人事的意志。

孔子对上天主宰性的关注,更多涉及的是上天对人事的主宰。孔子认为天对人事的主宰,一方面涉及个人命运,另一方面涉及人世秩序。对前者的认知彰显了孔子天命思想的发展性,对后者的阐释主要体现了其天命思想的继承性。

春秋时期的天命思想中,涉及天对个人主宰的理论主要有两类,或主张天具有"惩恶扬善"属性,其依据人的善恶主宰个人祸福,就本质而言,此类属传统天命观的继续;或认为天以"命"的形式左右人的一切,此类则属命定论的范畴。孔子相信"命定",认为人的生死由天主宰。孔子面临宋司马桓魋的迫害,以及在匡地身陷困厄,一概镇定自若,声称"桓魋其如予何?"⑤"匡人其如予何!"⑥在生死存亡之际孔子处之泰然的底蕴,是坚信自

---

① 过去,论者多以为这条材料所表达的天是"自然之天",然而这类观点恐不副孔子本意。孔子以"天何言哉"比喻"予欲无言",比喻是为了说明"予欲无言"的作用,那么这里对天与四时行而百物生的关系当是从"作用"的角度强调,而不是一般的对自然之象的陈述。而本书以下将涉及的孔子关于天与自然现象关系的论述,则从另一角度表明天对自然界具有主宰性。

② 先秦时期信仰至上神的人们对"天人感应"之一般看法,春秋时人习称"天事恒象"(《左传·昭公十七年》《国语·周语上》),战国时人认为"民无道知天,民以四时寒暑日月星辰之行知天"(《吕氏春秋·当赏》)。

③ 《论语·乡党》。

④ 《论语·子罕》。

⑤ 《论语·述而》。

⑥ 《论语·子罕》。

己的生死由上天决定,而据天意自己命不当绝,所以一般人的"加害"意图不可能得逞。其得意门生伯牛染恶疾,孔子则痛心疾首地将"染疾"归诸"命"①。除了个人生死,孔子还主张人生的遭遇由命定。孔子曰:"道之将行也与,命也,道之将废也与,命也。公伯寮其如命何!"②对以"弘道"为己任的人而言,所谓"道之行"指弘道者见用于世,得以行道,"道之废"则指其不为世所用,无法弘扬道。孔子此处所谓的道之行废,实指"弘道者"见用与否,即个人的见用与否由"命"决定,非人力可左右。"生死有命,富贵在天"③类命题,则是孔子命定思想的集中表现。孔子命定思想的形成,既与已经产生的命定论思潮相关,当然更与孔子切身的生存体验分不开。春秋中期以后,身处乱世的孔子及其他博学睿智的大德君子常身陷困厄,屡遭磨难;与其相反,大奸大滑之恶人、巧言令色的小人却屡交好运。生存境遇中世俗行为的因果关系与天"惩恶扬善"的意志严重背离,这样的生存体验与命定思想在一定层面契合,由此决定了孔子天命思想中的"命定"内涵。

　　然而将孔子的命定思想与一般的命定思想比较,我们将发现两者绝不可同日而语。虽然孔子的命定思想与一般命定思想都承认天以"命"的形式主宰人事,人则无力影响与改变"命",可是就"命"所主宰的人事范围看,孔子却有着与一般命定论大相径庭的认知。一般的命定论认为"命"对人的主宰是全方位的,既包括个人的外物得失、境遇好坏,也包括个人的善恶④。而孔子认为由命主宰者,仅限个人的生死、寿夭与富贵、贫贱。由命主宰的这些部分具有两个明显特征:其一,很大程度上人的主观意志无法掌控,尤以生死寿夭最为典型;其二,与外在客观条件联系紧密,诸如人生的富贵、贫贱之类。在孔子的天命思想体系中,天对人的主宰除了以"命"的形式之外,还包括了另一种形式的主宰,这就是将德与践德、弘道使命赋予人。史载孔子周游列国而过宋,与弟子习礼大树之下,宋司马桓魋欲杀之,孔门弟

---

①　《论语·雍也》。

②　《论语·宪问》。

③　《论语·颜渊》。此言虽出自子夏,但综合《论语》中孔子的相关言行,及其整个思想体系看,孔子对此点也坚信不疑,孔子理解的"命"对人之生死与遭遇的主宰,正与这一命题切合。

④　先秦时期的"命定"思想,有两种类型,其一为本书所指的一般"命定论",另一类即为由孔子开启的儒家天命学说中的"命定"思想。涉及一般命定论,《左传》《国语》中,没有关于"命"主宰人事范围的表述,但从本书所涉的"信命而放弃主观努力"的事例,以及《墨子·非命》对"信命而懈怠、放纵"现象的抨击看,信命者对主观努力的放弃是全方位的,既涉及生存境遇,也关系自身善恶。对主观努力的全方位放弃,昭示的当是相信"命"对人的全方位主宰。

子惊慌失措,而孔子却从容不迫,曰:"天生德于予,桓魋其如予何?"①孔子曾被囚禁于匡,匡人欲加害,孔子却镇定自若,认为"文王既没,文②不在兹乎? 天之将丧斯文也,后死者不得与于斯文也;天之未丧斯文也,匡人其如予何?"③由上述可见,孔子认为自己存而不亡是天意,而存在的根本缘由在于承载了天赋之德与传承"斯文"的使命。孔子天命思想体系中,天对个人的主宰由如上所涉的两部分构成,其中以人的生死、外物得失为代表的一域,绝对归上天主宰,人无能动性可言;而对于领悟与传承"天德",以及担当使命,上天则为人保留了能动的一席之地。

孔子关于上天赋予人能动性的思想形成,既得益于西周传统思想影响,又吸收了时代的思想养分。

西周时期,已形成关于天、德④、人相互关系的思想⑤:

《诗经·大雅·皇矣》:"维此王季⑥,帝度其心,貊其德音,其德克明。"

《逸周书·祭公》:"维皇皇上帝,度其(文武)心,寘之明德。"

毛公鼎:"皇天引厌⑦厥(文武)德。"(《殷周金文集成》2841)

史墙盘:"(文王时)上帝降懿德大屏。"⑧(《殷周金文集成》10175)

《左传·昭公二十八年》释《诗经·大雅·皇矣》的"帝度其心"之"度"曰"心能制义曰度",朱右曾释《祭公》的"度"曰:"天使之心能制义。"⑨也就

---

①　《论语·述而》。

②　文,朱熹曰:"道之显者谓之文,盖礼乐制度之谓。"(〔宋〕朱熹:《四书章句集注·论语集注》卷五,宋刻本)

③　《论语·子罕》。

④　在《诗》《书》及西周金文中,德是西周人高度重视的核心观念,然而囿于材料匮乏,今人对德之起源及其内涵的探讨却众说纷纭,莫衷一是。我们认为西周的德与上天及人世秩序相关。上天为人世制定的伦理秩序之则,既是外在行为规范而又内在于心的,一般称德;对包括伦理行为规范在内的所有外在行为规范,一般称范、彝、则等。

⑤　关于西周时期天、德、人相互关系的思想亦可参见与本书第三章"德由天赋"观部分的相关内容。

⑥　《毛诗》作"维此王季",《左传·昭公二十八年》引作"维此文王",《正义》曰:"《王肃注》及《韩诗》也作'文王'。"(〔汉〕郑玄注、〔唐〕孔颖达等正义:《礼记正义》,《十三经注疏》,第520页)联系其他载籍和周金所载,天赋德的对象,或称文王,或文武并指,故此处似以"文王"为妥。

⑦　厌,论者多训为满意,似欠妥。笔者结合传世与出土文献的相关记载,认为以"满足"训释为宜,参见本书第三章"德由天赋"观部分的相关论述,此不赘述。

⑧　裘锡圭、唐兰先生将该句释为:上帝降赐美德给文王(参见裘锡圭:《史墙盘铭解释》,《文物》1978年第3期;唐兰:《略论西周微史家族窖藏铜器群的重要意义——陕西扶风新出墙盘铭文解释》,《文物》1978年第3期),可从。

⑨　〔清〕朱右曾:《逸周书集训校释》,商务印书馆1937年版,第125页。

是说,"帝度其心"指上帝使周文武内心具必"度物制义"的能力。天帝之所以使文武具备"度物制义"的能力,是为了将"德"赋予文武。《祭公》谓"寘之明德"①,即天帝将"明德"搁置、安放于文武那里。毛公鼎则称皇天使文武极大地满足于德。墙盘则谓上帝将"懿德"降赐给文王。在西周人的思维框架内,周文武之德源于上天,这意味着文武等少数人被赋予了直接承受"天德"的特权,与此同时,上天也责成了文武践履与光大天德的责任;上揭材料的"貊其德音",貊,《左传·昭公二十八年》引作"莫",并释曰"德正应和曰莫",即天帝使文王的德音纯正而民人应和。德音,一般指教化之音。"貊其德音"实质即上帝赋予文王"布德化民"之责的文学表达形式。《尚书》《诗经》和西周金文中具有的浓郁"明德"②意识,无疑凝聚着西周统治者对天责、天职的自觉意识及自我期许。对衷心向往西周礼乐文化的孔子而言,西周的"德由天赋"观对其影响应当非常大,其"天生德于予"的思想当直接承袭西周传统思想而来。既然直接承受"天德",就必然伴随布德化民的职责与使命的承担。孔子通过潜心历史文化、整理六经、周游列国、深刻观察时事等方式"下学"而"上达"③,体悟到天命与人生真谛,坚信承受了天德的自己必须肩负传承由周文王开创的礼乐文化之使命,使命所在是自己得以存在的根本理由。

孔子的"德由天赋"观、使命意识皆与西周天命观息息相关,然而春秋中期邾文公的天命思想对孔子当有更为直接的影响。

> 邾文公卜迁于绎。史曰:"利于民而不利于君。"邾子曰:"苟利于民,孤之利也。天生民而树之君,以利之也。民既利矣,孤必与焉。"左右曰:"命可长也,君何弗为?"邾子曰:"命在养民。死之长短,时也④。

①　寘,《广雅·释诂》曰:"置也。"置有放、著等义,参见《经籍籑诂》下册,第641—642页。朱右曾曾释"寘之明德"为"寘明德于其身"(〔清〕朱右曾:《逸周书集训校释》,第125页)。

②　《诗经·大雅·皇矣》谓:"帝谓文王,予怀明德",《尚书·康诰》称:"惟乃丕显考文王,克明德慎罚",《尚书·文侯之命》曰:"不显文武,克慎明德","明德"乃西周习语,明,用作形容词,指称德的"光明";作为动词,则指践履与光大"天德"。《左传·昭公二十八年》释《皇矣》的"其德克明",明,"照临四方曰明"。这里的明,与上引《诗》《书》的"明德"之明相同,其指文武对德的践履与光大。通过践履,德才可光显;德被光显,方能照临四方。德光照临四方,实指布德四方、以德化民,由此"天德"被光大。

③　《论语·宪问》。

④　时,即"命"。前文已涉及,东周时人将上天对人的生死夭寿、外物得失的主宰称为"命",而又往往将"命"的积极部分称为"时",诸如"得时""失时"之谓。

民苟利矣,迁也,吉莫如之!"①

上揭史料中,邾文公强调天赋予人君权力的同时便责成人君承担"养民""利民"之责,此点属继承西周相关思想而来②,然而邾文公的上述思想中尚包括两点具有时代气息的新见:其一,将由天主宰的人事分为可由自己抉择和自己不能左右的两部分,即人君在践履"养民"使命方面具有能动空间,人君的生死寿夭则全然由命定;其二,将天所主宰的两部分人事赋予了价值判断,对邾文公而言,可自主抉择而发挥能动作用部分价值至上,能践履上天赋予的使命便是"吉",而个人的生死既不由己,也就不必执着于此。邾文公关于天命的这两点新认知,应当对孔子有直接影响。孔子虽然没有像孟子那样将作用于个体的天命,从理论明确而系统地区分为可以把握和不可把握的两部分③,但是已经出现了如前所涉的区分当无可置疑。西周时期的天命思想主要从政权角度涉及天帝对人事的主宰,春秋时人一方面继续关注天命与政权的关系,另一方面却日益深化关注天命对个人命运的主宰,正是在日益增多与深化的关注中,同时也伴随着命定论思潮的影响,邾文公、孔子上述"两分天命对个人主宰"思想得以形成,其发展到战国中期,才有了孟子那样明确而系统的相关思想。

如前文所涉,"命定范围"差异是孔子的"命定"思想与一般"命定"思想的差异,不仅如此,孔子还致力于将"命定"意义化的努力,从而使其命定思想更具独特积极意义。此点拟在下文的"君子三畏"部分涉及。

关于上天主宰人世秩序的思想,孔子基于回应时代问题的责任及杰出的人生智慧,对传统思想进行了创造性的阐释。西周人认为天帝主宰人类社会的主要方式有二:其一,制定秩序之则赋予下民④;其二,在人间选立

---

① 《左传·文公十三年》。

② 徐难于:《赞公盨铭"乃自作配乡民"浅释——兼论西周"天配观"》,《中华文化坛》2006年第2期。

③ 《孟子·尽心上》曰:"求则得之,舍则失之,是求有于得也,求之在我者也。"孟子所谓求即可得者,指上天赋予人的"善性",因其内在于人,通过"内求"即可得。孟子认为,对以名利、荣华富贵为代表的外物之得,统归上天主宰,非人力可以把握,即所谓:"求之有道,得之有命,是求无益于得,求在外者也。"(《孟子·尽心上》)

④ 《尚书·康诰》称"孝友"为天赐与下民的"彝",《尚书·洪范》谓上天赋予人君治世的有"洪范九畴",《诗经·大雅·烝民》曰:"天生烝民,有物有则。"

能匹合天意的"配",并责成其循则治民而安天下①。在这一思想体系中,上天对人间秩序的主宰必须通过人君的能动作用以实现,而致使人君发挥能动作用的核心动力则是基于对天帝"惩恶扬善"力量的信仰,即相信上天依据人君的善恶决定政权的兴衰与存亡。孔子时代,礼崩乐坏,符合天意的君王罕见,显然依靠人君实现上天对人间秩序的主宰已不现实;同时由于不少人对上天"惩恶扬善"或困惑,或否定,于是下民发挥能动性的核心动力随之缺失。面临上述变化,依然信仰上天主宰的孔子该怎样重构"上天主宰人世秩序"的理论? 首先,孔子认为"道"②是人世秩序之则,人世的有序必须遵循"道"的规定。据《论语·季氏》,孔子曰:"天下有道,则礼乐征伐自天子出;天下无道,则礼乐征伐自诸侯出。自诸侯出,盖十世希不失矣;自大夫出,五世希不失矣;陪臣执国命,三世希不失矣。"所谓"有道",即依道行事。依道行事则造就"礼乐征伐自天子出"的正常秩序,由此,天下方可长治久安。在天下无道而失序之际,社会怎样才能步入道的轨迹而恢复良序? 孔子的人、道关系的观点当针对此问题提出。孔子强调"人能弘道,非道弘人"③,即道作为人间秩序之则,是外在于人的客观存在,自身并不能产生效用而使人弘大,必须依赖人将"道"作用于世而发扬光大。从强调人能动作用的角度看,"弘道"类同西周的"明德",德靠人"明",道赖人"弘",皆旨在强调德、道等秩序之则的效用实现必须依靠人的能动性。在礼崩乐坏的时代,既然依赖人君"弘道"而恢复社会良序已属不易,所以在孔子看来,促使下民依则行事的责任只能由掌控政权的君王转向"替天弘道"的圣贤。在孔子天命思想中,伴随"承受天德""与斯文"而滋生出责任感、使命感的有关学说,当与这种"转向"相关。孔子肯定"人能弘道",然而其终极依据何在? 孔子认为"弘道"乃天意。孔子声称"天生德于予",即上天将秩序之则以内在的形式赋予孔子,同时,上天让孔子"与斯文",即上天赋予孔子传承西周礼乐文化的使命。周文王作为上天选立之"配"、天德的直接秉承者,其开创的礼乐文化就是天则、天德的具体体现,因此,孔子禀承天意而传承西周礼乐文化,也就是"替天弘道"。孔子不仅创立了"贤圣

---

①　参徐难于:《夔公盨铭"乃自作配鄉民"浅释——兼论西周"天配观"》,《中华文化坛》2006年第 2 期。

②　天、天帝所制定的人世秩序原则,西周习称为则、范、彝、德,东周则时常称为道。

③　《论语·卫灵公》。

替天弘道"的理论,同时也将该理论付诸实践,因此,时人才颇有感触地谓
"天下之无道也久矣,天将以夫子为木铎"①,即时人认为孔子是天所遣使
的布道者。

孔子的上述思想与西周传统思想大同小异,二者都承认上天对人间秩
序的主宰,其主宰一方面体现为上天制定秩序之则,另一方面体现为上天
责成下民遵循天意而依则行事。其不同之处在于,遵循天意而促使下民依
则行事的责任,西周传统思想赋予人君;而在孔子天命思想中,则主要赋予
圣贤。圣贤既然"替天弘道",孔子就必须面对弘道的"动力"问题,即离开
了上天的"惩恶扬善",圣贤弘道的动力何在? 圣贤既然"替天弘道",为什
么还要历经由上天主宰的困厄和磨难? 我们将在下文探讨孔子对这两个
问题的回应。

以上所涉,即孔子强调的"知命"所在。而知命与成就君子的关联,则
构成我们从人的维度讨论天人关系的核心。

### (二)从孔子"君子三畏"视角的透视

孔子"畏天命"的思想,集中体现了人对天的态度。孔子认为:"君子有
三畏:畏天命,畏大人,畏圣人言。小人不知天命而不畏也,狎大人,侮圣人
言。"②孔子强调,君子不仅要对上天心存敬畏,对大人、圣人也当心存敬
畏。而对大人、圣人之畏却根源于对上天的敬畏,因为在先秦人心目中,大
人代天行事,圣人代天立言。小人轻慢大人,蔑视圣人言,则是因为缺乏对
上天的敬畏。可见对上天的敬畏是君子循天意而行为有序化的心理基础。
问题在于,君子对上天为何会心存敬畏? 就传统天命思想而言,敬畏天帝
是由于敬畏者相信天帝依据人的善恶主宰其祸福。小人不畏天命而放纵,
当是传统天命式微过程中的必然现象,既然上天之"惩恶扬善"已不再,个
人的疾恶向善或背善从恶皆与自身祸福无涉,小人也就失却了"畏天而约
束自己"的根本缘由。对于孔子主张的"畏天命",程树德《论语集释》引皇
侃《疏》曰:"天命,谓作善降百祥,作不善降百殃,从吉逆凶。"③即孔子所强
调的对天命之"畏",也是基于人世祸福由上天依据人自身善恶而主宰。虽

---

①　《论语·八佾》。
②　《论语·季氏》。
③　程树德:《论语集释》第四册,中华书局 1990 年版,第 1157 页。

然如此,我们则必须指出孔子所谓上天主宰的"祸福"是否与传统天命思想的"祸福"具有相同内涵。传统天命观所强调的祸福集中表现为以名利为中心的外物之得失,人们恐惧外物之失,企盼外物之得,所以敬畏主宰得失的天帝而不敢放纵。然而在孔子的天命思想中,外物得失虽然由上天主宰,但人的善恶却无法影响上天主宰外物得失。既然人的善恶与上天主宰的外物得失毫不相干,君子凭什么依然敬畏上天而循规蹈矩?

孔子赋予"命"以意义,从而创造性地转化了由上天主宰的祸福内涵,重塑人们对上天的敬畏。如前所涉的一般命定论中,"命"是由至上神支配的一种可左右人世祸福的盲目力量,而孔子却将这一力量意义化,虽然缺乏这方面的明确记载,但只要深入孔子的思想体系,就能感觉并理解这一存在。孔子建构其天命思想体系,具有将"命"意义化的必然性,我们拟从以下几方面探究之。

其一,孔子认为"命"是上天针对贪欲而主宰社会秩序的方式。

孔子明确指出"命"是限制贪欲的堤防。《礼记·坊记》云:"子言之:君子之道,辟则坊与?……君子礼以坊德,刑以坊淫,命以坊欲。"这条材料对于我们理解孔子的天命学说应当弥足珍贵。郑玄将坊欲之"命"释为"教令",孔颖达从郑而释为"法令"①,南宋陆佃、应镛突破郑说,否定"命"为法令、教令而将其归之于天的意志②。陆、应之论虽然不尽完善,但其训释方向应当不误,可惜未能引起足够重视,所以郑、孔之说迄今依然流行。坊欲之"命",应当是"教令"之外的控制因素。先秦时期,一般的社会控制因素,时人习称礼、刑或德、刑。该条材料所涉的礼、刑则当涵盖了社会所有控制因素,坊民之教令或法令当分属此两类。而"命"当为礼、刑之外的其他控制、约束因素。《韩诗外传》曰:"障防而清,似知命者"③,以"水"的"障防而清"喻"知命者"因"知命而清"④,无疑表明"命"对欲有障防作用。上引材料之"命"当与此相类,皆为礼、刑之外约束贪欲者。如果我们对"命"的理解不误,那么《坊记》的材料还昭示了这样的信息:礼、刑对"欲"之约束力有限,才以"命"坊

---

① [汉]郑玄注、[唐]孔颖达等正义:《礼记正义》,《十三经注疏》,第1618页。

② 详见[宋]卫湜:《礼记集说》卷一百二十一,清通志堂经解本。

③ 《韩诗外传》卷三,《四部丛刊》景明沈氏野竹斋本。

④ 清,先秦、两汉时期,涉及人性、人心之"清",一般是与"寡欲"对应的概念,即所谓"清心寡欲"之类。

欲。然而孔子所谓能补礼、刑之不足而约束贪欲的"命"究竟是什么？

《论语》中充满了孔子对制度的焦虑，其毕身孜孜以求的便是怎样恢复社会良序。既要恢复社会良序，就必然会思考社会为什么失序。孔子关于"失序"的思考直指人性。孔子认为"富与贵，是人之所欲也……贫与贱，是人之所恶也"①，即趋富贵，避贫贱乃人之本性。此本性集中表现为对名利等外物的求得避失。而人对外物又往往具有求取无度的贪欲。从统治者与被统治者的角度讲，孔子认为当权者的贪欲对社会风气具有导向性影响，在下者疾贫、在上者贪富是春秋末年的普遍社会现象，而小民为财不惜为盗，则是因为权贵者的贪欲所导②。从一般的层面讲，孔子声称自己"未见过刚者"③，即没见过无贪欲的人。《论语·宪问》中，孔子亦认为人难以无贪欲。孔子不仅认识到人有贪欲，而且还指出受贪欲支配，人对外物的追求往往会不择手段，或"放于利而行"④，或患得患失而无所不为⑤。《论语》中，孔子关于人性贪的论述虽不多见，然而却如上所涉甚中肯綮。而孔子关于"做人"的主张，则无不围绕如何对待外物与内在精神这一中心。关于"做人"，从积极方面看，在人己关系层面上，"忠恕"是其一以贯之的为人之道⑥，坚持忠诚与宽容待人的"忠恕"之道，必然会自觉地将"谋利"置于义的规定中，不致以诈获利而损人利己；在"义利"层面，崇尚道义至上，主张"欲而不贪"⑦，自觉将对外物的求取置于社会秩序所允许的域界内；主张乐贫安道，"忧道不忧贫"⑧，以此昭示重视内在道德精神而淡泊外物的价值取向。从消极方面看，孔子最深恶痛绝的是追名逐利中的伪诈，因此，受名利欲支配的"巧言令色"成为孔子不厌其详的抨击对象⑨。为什么对贪欲的关注与对怎样"做人"的强调会成为孔子思想的中心，因为这些问题直接关系到社会良序的存亡。传统天命思想认为上天主宰人世秩序的主

---

① 《论语·里仁》。
② 《论语·颜渊》。
③ 《论语·公冶长》。
④ 《论语·里仁》。
⑤ 《论语·阳货》云："其未得之也，患得之。既得之，患失之。苟患失之，无所不至矣。"
⑥ 《论语·里仁》《论语·卫灵公》。
⑦ 《论语·尧曰》。
⑧ 《论语·卫灵公》。
⑨ 参见《论语·学而》《论语·公冶长》《论语·颜渊》《论语·卫灵公》《论语·阳货》。

要方式之一即是为人间制定秩序之则,所谓"天生烝民,有物有则"①,"天生民而制其度"②。然而由于人性的局限,人在对外物的追求中便具有难以避免的"毁则"冲动。春秋人对此点已有清醒认识,"欲败度,纵败礼"③,"厌纵其耳目心腹以乱百度"④,"贪欲无艺,略则行志"⑤,时人抨击"贪欲""毁则败度"的呼声不断。孔子"克己复礼"⑥的主张,即针对贪欲毁坏"礼则法度"的现实而言。这表明孔子已经颇为深刻地意识到要恢复社会良序,必须以克制贪欲为前提。传统天命思想认为上天为人间有序而制定礼则法度,而春秋时人却深刻地认识到人具有"毁则败度"的内在冲动。这一认识无疑彰明固有上天主宰人世秩序的理论不再完善,时代呼唤新的天命理论指导人们认知现实。新天命思想的理论预设,若仍然涉及上天主宰人世秩序,那么其主宰就理应针对导致社会失序的贪欲。春秋中后期,作为社会主流意识形态的天命学说,为了适应时代需要,在继承传统天命观的同时而有所发展,产生了"天假助不善""报及后世"类观点,并且还出现了与传统天命观有极大差异的"命定论",然而它们都无助于满足如上所涉的时代理论需求。在传统天命信仰下,人们因上天主宰人世祸福而敬畏上天。所谓人世祸福主要体现为外物之得失,其至高者为天下兴衰、政权得失,其最普遍者为每个社会成员的外物得失。对上天信仰、崇拜而造就出普遍的敬畏心理,曾推动社会成员不同程度地以遵守人世秩序规则而邀天福避天罚。虽然如此,西周传统天命观,以及春秋时期的"天假助不善""报及后世"类观点,在推动人们敬畏上天的同时,也引导人们执着于由天主宰的外物得失,人们为"求得"而趋善,为"避失"而弃恶,也就是说,人的善恶归根结底是被外物得失所左右,人们敬畏上天而弃恶向善,其执着的并非善恶本身,而是外物得失。这类理论显然无法回答上天怎样针对人的贪欲来主宰人世秩序。命定论认为人世一切皆由"命"主宰,而由命主宰的一切却与人力无关。如前所涉,这一理论或催生"听天由命"的无奈,或促成"为所欲为"的放纵,"听天由命"的无奈虽然内含了对物欲冲动的淡化,然而随之而来的却

---

① 《诗经·大雅·烝民》。
② 《逸周书·度训》。
③ 《左传·昭公十年》。
④ 《国语·周语中》,韦注:"耳目,声色;心腹,嗜欲也。"
⑤ 《国语·晋语八》。
⑥ 《论语·颜渊》《左传·昭公十二年》。

是人的能动性的全盘放弃,所以命定论同样缺乏上天对贪欲的有效主宰。孔子赋予"命"以意义,其必然性首先就在于回应时代的这一理论需求。

孔子当从更深层次上思考、领悟上天对人世秩序的主宰,认为"命"之手,正是上天针对人"毁则""败礼"的贪欲而运用的主宰方式。上天通过命,以"无常"的形式主宰人世外物得失,是让人明白个体在外物得失之域终究是无能为力的,从终极结果看,人不可能以任何主观能动"求得避失"。真正体悟到此点,便可以自觉淡化物欲冲动。若不能体悟追求外物得失的域界,执着于外物得失的追求,便会招致妄求之祸。对"妄求之祸",春秋时期的仁人志士已有不同程度的认识。晋臣里克以为"贪者,怨之本也……厚贪则怨生"①。楚令尹子常贪如"饿豺狼",楚臣斗且断言其"积货滋多,蓄怨滋厚,不亡何待"②。楚臣椒举则谓:"私欲弘侈,则德义鲜少;德义不行,则迩者骚离而远者距违。"③《国语·晋语八》载,韩宣子"忧贫",叔向却贺其贫,并劝诫其曰:"若不忧德之不建,而患货之不足,将弔不暇,何贺之有?"时人基于对现实的感知而形成"厚贪怨生"等妄求招祸的认知,同时又基于德与物欲此消彼长的现象主张以德避祸,提出"忧德不忧贫"的命题。时人的上述认知、主张虽然甚为中肯,然而却具有浓郁的感性色彩。孔子对类似问题的认知则深刻化了。其认知深化,一方面表现为从心身的双重角度认识"妄求"之弊。孔子认为若执着于外物得失,从心理方面看,势必"常戚戚"④,即陷入患得患失的浮躁与焦虑中;从身体的角度讲,"放于利而行,多怨"⑤,即妄求利则必积怨仇。另一方面,其认识深化更主要体现在孔子将"妄求致祸"与天命联系起来。对这一问题可从正反两方面探求。从反面看,"小人不知天命而不畏也,狎大人,侮圣人之言"⑥,孔子因小人"狎大人,侮圣人之言"而斥责小人放纵。在孔子眼中,"常戚戚"⑦"喻于利"⑧"下达"⑨等是小人的主要特征,这些特征无

---

① 《国语·晋语二》。
② 《国语·楚语下》。
③ 《国语·楚语上》。
④ 《论语·述而》。
⑤ 《论语·里仁》。
⑥ 《论语·季氏》。
⑦ 《论语·述而》。
⑧ 《论语·里仁》。
⑨ 《论语·宪问》。下达,程树德引皇侃《疏》曰:"谓达于财利。"(程树德:《论语集释》第三册,第1003页)

一例外地指向"求利"。那么,小人的放纵主要当围绕"求利"。求利而放纵则往往招致杀身之祸①。小人的"妄求致祸"正是基于其对天命的不知、不畏。从正面讲,知天命而畏的君子,对以名利为中心的外物,其态度与小人迥然有别,不仅不妄求外物,而且还能乐于由命决定的贫穷。孔子主张"贫而乐"②,其弟子颜渊"一箪食,一瓢饮,在陋巷,人不堪其忧,回也不改其乐",对世人而言,与"箪瓢陋巷"相随的必然是不堪的愁苦,对颜渊而言,相伴而至的却是矢志不改的愉悦。颜渊之乐,当是对"贫而乐"主张的实践。所以孔子由衷地赞赏曰:"贤哉,回也!"③我们认为,对由命主宰的贫穷之"乐",当是基于对命的意义之领悟。因为命是上天主宰人世秩序的方式之一,所以具有神圣的必然性。对于既信仰上天,又企盼人世良序的圣贤而言,愉悦地面对由命主宰的任何境遇也就顺理成章。

其二,孔子天命思想体系具有将"命"意义化的内在需求。这一需求主要表现在以下两方面。

首先,前文所涉孔子关于"上天主宰人世秩序"的理论尚面临两个不容回避的问题:其一,孔子等圣贤既然"替天弘道",为什么在弘道过程中还要遭遇种种由"命"主宰的困厄,自己根本无法把握弘道的外部环境?其二,离开了上天的"惩恶扬善",圣贤弘道的动力何在?将命意义化,则可在相当程度上回答这两个问题。在孟子的天命思想中,孟子也认为人世秩序由上天主宰,面对"替天弘道"的遇与不遇的困惑,孟子正是通过将"命"意义化而加以说明。对弘道之士所遭之困厄与磨难,孟子解释为:天降大任于人,为了令其堪当大任,便以种种磨难培养其意志品质④。荀子的天命思想虽然也涉及由天主宰的"命"⑤,但是却没有涉及上天对人世秩序的主宰,与此相应,也没有人"替天弘道"的内涵,所以也就毋须从天人关系的角

---

① 据《礼记·表记》,子曰:"狎侮死焉,而不畏也。"《正义》释曰:"小人递相轻狎侮慢相侵,虽有死焉祸害而不知畏惧也。"([汉]郑玄注、[唐]孔颖达等正义:《礼记正义》,《十三经注疏》下册,第1638页)

② 《论语·学而》。贫而乐,《史记》引作"贫而乐道"(《史记》卷六十七《仲尼弟子列传》,中华书局1959年版,第2196页)。"贫而乐"涉及个体对"贫"的态度;"贫而乐道"则指身处贫穷的个体对道的态度,在孔子的思想体系中,总是将"乐贫"作为"乐道""弘道"的前提加以强调,此点下文将涉及。

③ 《论语·雍也》。

④ 《孟子·告子下》曰:"故天将降大任于是人也,必先苦其心志,劳其筋骨,饿其体肤,空乏其身,行拂乱其所为,所以动心忍性,曾益其所不能。"

⑤ 关于荀子的"命"的思想,下文将涉及。

度回答弘道之士"遇"与"不遇"的问题。从这一角度讲,其天命思想体系没有将"命"意义化的内在需求,所以荀子关注的命,是一种不可理喻的盲目存在。孟子将"命"意义化,荀子天命思想中的"命"却是一种盲目存在,如此现象,当从不同角度证明了孔子的天命思想体系具有将"命"意义化的内在需求。当然,由于孔、孟的天命思想存在差异,二者所赋予"命"的意义不尽一致,孔子具有上文所涉的"意义"赋予,孟子则以"命"的意义化解释弘道中的困厄与磨难,尽管二者对"命"的意义赋予有差异,但二者将"命"意义化的基本思路当是一致的,而且此种致思方式在孔、孟间当有先后承袭关系。至于弘道的"动力"问题,由于命的意义化,弘道中的遇与不遇就成为上天主宰人世秩序的意志体现,因此具有积极意义,而对这一积极意义的领悟则有利于培养弘道之士的超越情怀。超越情怀以及下文将涉及的祸福观,便是弘道的动力所在。趋得避失,即欲富贵、恶贫贱乃人之本性,然而在孔子的思想体系中,却要求弘道者超越这一本性。为什么对弘道者有"超越"要求?因为在孔子时代,崇尚功利已成为极其普遍的价值取向,背义弃德而致见用、富贵,守义秉德而遭冷遇、贫贱,类似现象已屡见不鲜。在仁义道德的坚守与功利福禄的获得严重背离的时代,弘道就往往意味着贫穷,如此状况下,倘若缺乏超越精神,弘道势必流于空谈。在超越精神培养中,针对"恶贫穷"之人性与弘道的冲突,孔子特别注重弘道者对贫穷的态度,一方面强调这一态度与弘道的关系,指出"士志于道,而耻恶衣恶食者,未足与议也"①,其门生子路也认为一旦缺乏对贫穷的愉悦,也就无法做到"行义"②;另一方面则反复强调对贫穷的应有态度,主张"贫而乐"③、贫而"不改其乐"④、乐亦在其(贫穷)中⑤。孔子对超越精神的追求跃然两类强调之中。然而,超越精神当如何培养?在孔子看来,如果弘道者能体悟到"得失无常"的神圣性,以及其不可抗拒与战胜的必然性,也就能愉悦地接受"不遇",乐于贫穷,真正摆脱"好得恶失"之性对弘道的羁绊,抑制贪

---

① 《论语·里仁》。
② 《韩诗外传》卷二载,子路曰:"士不能勤苦,不能轻死亡,不能恬贫穷,而曰:'我行义。'吾不信也。"
③ 《论语·学而》。
④ 《论语·雍也》。
⑤ 《论语·述而》。

欲对弘道的左右,心无旁骛地致力于弘道。孔子主张"谋道不谋食"①,孔子始终热衷见用于世,然而其"见用"之志不在爵禄而在弘道。孔子强调"邦无道,谷,耻也"②,"邦无道,富且贵焉,耻也"③,即义利冲突之际,孔子认为应当就道弃利,否则就是人身耻辱。孔子一生,无论身陷贫穷,颠沛流离,抑或见用为官,都始终如一地践履着"弘道"的神圣使命。支撑其终身践德行义的当是其体悟"天命"而滋生的超越精神。

其次,在孔子的天命思想中,既然主宰人外在境遇的"命"与人的伦理精神及相关使命,以及人世秩序皆源出上天,那么从逻辑上讲,这些部分皆应体现上天的主宰意志而具有意义。联系上古时期中外思想领域的相关实际,我们的推论应当成立。从西方文化看,一方面虔诚地承认有"命"这样远比个体强大的存在者及其威力,另一方面坚信个体即使在整个宇宙的压力下也可以独对苍天,保持尊严④。"命"与个体尊严的这种关系构成了西方文化相辅相成的两个方面。这一文化精神的形成直接源于古希腊思想。古希腊时期,关注命运与个体关系的思想家,大多认为个体具有"抗命"的能动性,个体赖以抗命的,或凭借某种内在精神,或依靠"轻外物而重内在精神"的人生观的确立,通过抗命而体现人的尊严。在古希腊思想框架中,大多数时候,命运与个体尊严都是对立的,个体是以对"命"的抗争来保持人的尊严,只有在希腊化时期的斯多亚派那里,二者的关系才有所改观。从命运与个体的关系讲,斯多亚派也主张淡视外部存在,重视灵魂,认为那是人真正的价值所在,虽然如此,却将诸如"命运"之类的外部存在意义化⑤,因为"命运"的意义化,所以主张人们欣然"接受命",而不是"抗命"。尽管斯多亚派将"命"意义化的目的,以及其"命"意义化的内涵与孔子思想中的相关内容都有很大差异,然而有一点却是共同的,即"命"与个体的内在精神,以及人世秩序皆源出某一至上存在,而主张"抗命"的思想体系却不具备这一共同性。从先秦儒家孟、荀的相关思想看,孟、荀皆承认个体的外在境遇由体现天意的"命"

---

① 《论语·卫灵公》。
② 《论语·宪问》。
③ 《论语·泰伯》。
④ 参见包利民:《生命与逻各斯——希腊伦理思想史论》,东方出版社1996年版,第152页。
⑤ 参见包利民:《生命与逻各斯——希腊伦理思想史论》,第332、337页。

主宰①,但是"命"在孟子天命思想中被赋予了如前所涉的意义,而在荀子天命思想中,"命"却是一种外在于人的盲目存在,毫无意义可言。导致这种差异的原因可能有种种,然而一个明显的事实是:在孟子的思想体系中,主宰人生外在境遇的"命"与内在于人心的"善性",以及人世秩序都源自上天。既然几者都源自上天,所以几者必然从不同角度体现上天主宰人事的意志而具备某种意义。在荀子思想体系中,上天仅以"命"的形式主宰人的外在境遇,而内在于人的精神与人世秩序则与上天了无关系。应当与这一割裂相关,荀子思想体系中的"命"才是一种毫无意义的盲目存在。由上述比较可见,凡是承认"命"与内在精神,以及人世秩序都源出同一至上存在的思想体系,其"命"皆被赋予了意义,所以我们关于孔子天命思想体系有将"命"意义化的内在需求之推论应当成立②。

如果说孔子将"命"意义化的认知可引导人们自觉淡化物欲而避"妄求"之祸,那么其对上天赋予人能动性的认知则指导人们趋福。如上所言,从意义角度认知"命",可使人自觉淡化追求外物的冲动,有效地抑制贪欲,从而避免由贪欲所致的"妄求之祸"。当然,对如果对天命仅有此一维认知,人就无能动性可言,人生便只能由命主宰,随命沉浮,其积极意义至多也只能造就一份随命沉浮的心安理得。然而在孔子的天命思想中,天命毕竟还有另外一维,即上天对人世秩序的主宰是通过人的能动作用得以实现,由此,上天才可能将德与弘道使命赋予人。所以孔子主张,由对天德、天责的认知而敬畏、信仰上天,从而自觉追求内在精神的秉持和由内在精神支撑的弘道实践。孔子思想体系中,与体悟天命相关的人生追求可由其羞耻观、忧乐观、幸福观得见。孔子强

---

①　关于孟子的"命论",前文已涉及。至于荀子的"命论",《荀子·天论》中,以"君王后车千乘"而"君子啜菽饮水"为例,指出决定两者处境天壤之别的,并非人的聪明才智,而是"节遇"(《荀子·正名》曰"节遇之谓命"),《强国》《天论》则都强调"人之命在天"。

②　有关"命定"意义化的认知,先秦时期,有如前文所涉的孔子、孟子的相关思想,而宋、明时期儒学思想家(下文所涉王夫之乃明清之际人)的相关思想则臻至认知高峰。其一方面从宏观维度强调"命定"就是"天理"(参见《河南程氏遗书》,[宋]程颢、[宋]程颐:《河南程氏遗书》卷十八,《二程集》第 1 册,王孝鱼点校,中华书局 1981 年版,第 215 页;[宋]黎靖德:《朱子语类》卷二十九,明成化九年陈炜刻本;[清]王夫之:《读四书大全说》卷十,中华书局 1975 年版,第 723—725 页)。另一方面则具体而明确地强调"命定"的"抑贪"功能〔参见《河南程氏遗书》[宋]程颢、[宋]程颐,《二程集》第 1 册,王孝鱼点校,第 194 页)《四书章句集注》([宋]朱熹:《四书章句集注·论语集注》卷十〕。有关"命定"意义化的思想肇始于孔子,其随儒学天命思想的发展而发展,"天命思想内在联系的要求"则是其发展的学理动因。其发展应当能从"源流关系"的角度佐证我们的推论。

调"邦有道,贫且贱焉,耻也"①,"邦有道,谷"②,这里,孔子既强调"谷",又强调以"贫且贱"为"耻",然而其着眼点并不在"贫贱"与"谷"本身,而在以"谷"所标志的个体有所作为,以及以"贫贱"代表的不作为,即孔子以为耻的是当作为而不作为。在上天规定的"当为"之域,君子必须竭智尽力,这是其羞耻观着力彰显的价值取向。君子既知天命,其忧乐也就以在"当为之域"的尽力与否为转移,"内省不疚,夫何忧何惧"③,"德之不修,学之不讲,闻义不能徙,不善不能改,是吾忧也"④,"君子忧道不忧贫"⑤,孔子如此不厌其详强调的君子所忧,皆是"当为且可为"方面的欠缺。孔子的忧乐观表明对德义的追求才是有价值的,是真正的福所在。对德义的追求,是上天对人的本质规定,所以值得追求,同时上天又赋予了不依赖外物而实现追求的可能,所以只要追求,便会有所获。相关载籍反映孔子具有异于常人的鬼神观。据《论语》所载,尽管孔子对上天、鬼神不无敬畏,然而却没有向神灵邀福、避祸的祈求;《周易》历来是人们预测吉凶而趋福避祸的工具,可是孔子对《周易》的态度却与常人迥异,自谓:"《易》,我復其祝卜矣,吾观其德义耳也……吾与史巫同涂而殊归者也。"⑥即孔子不像常人那样关注《易》预测祸福及趋福避祸的功能,而是倾心其"德义",留意于其中的"古之遗言"⑦,其所以如此,当是因为孔子所谓的祸福并非外物之得失,并且其趋福避祸的方式也是自足性的,那是个体通过体悟天命而自控的。孔子曰:"君子德行焉求福,故祭祀而寡也;仁义焉求吉,故卜筮而希也。"⑧学者已指出《要》所涉孔子的鬼神思想"与其敬鬼神而远之的

---

① 《论语·泰伯》。

② 《论语·宪问》。

③ 《论语·颜渊》。

④ 《论语·述而》。

⑤ 《论语·卫灵公》。

⑥ 陈松长、廖名春:《帛书〈二三子问〉、〈易之义〉、〈要〉释文》,陈鼓应主编:《道家文化研究》第3辑,第435页。"復其祝卜"之"復",李学勤先生引作"后"(参见李学勤:《周易溯源》,巴蜀书社2006年版,第375页),似更妥,可从。

⑦ 陈松长、廖名春:《帛书〈二三子问〉、〈易之义〉、〈要〉释文》,陈鼓应主编:《道家文化研究》第3辑,第434页。

⑧ 陈松长、廖名春:《帛书〈二三子问〉、〈易之义〉、〈要〉释文》,陈鼓应主编:《道家文化研究》第3辑,第435页。孤立地看该条材料,可有两解:其一,既然上天"惩恶扬善",君子秉德行义而自有善报,也就不必以卜筮预测吉凶和以祭祀祈福,因此不看重卜筮、祭祀;其二,福就是秉持与践履德义本身,此福是自足性的,所以也就用不着以占筮、祭祀等手段获取。据《要》的篇章大义和《论语》的相关记载,似以第二种训解为妥。

精神一贯"①。然而其"远之"究竟何指？所谓"远之",当指孔子不热衷以筮占、祭祀趋福避祸。对鬼神"敬而远之"的根本原因则在于孔子的祸福观异于常人,其以德行的秉持为福,以仁义的拥有为吉,即所谓"欲仁而得仁,又焉贪?"②在孔子看来,仁外无福,义外无吉,而这样的福、吉是自足性的,毋须求助于鬼神,君子也就不致因世俗性的趋福避害而重视占筮与祭祀。

人具有"趋福避祸"之性,孔子所谓祸福皆与天命息息相关,因此天命足以令人敬畏。只是在孔子的天命思想中,与天命相关的祸福已由外物得失转化为节制贪欲与秉仁行义,所以孔子所主张的"知天命而畏"便成为圣贤君子经德秉义,以及弘道的根本内动力。

# 五、孔子天命思想的评说

孔子的天命学说是其思想体系的核心部分,两千多年来,其对中国社会的影响是巨大的。

孔子生存的春秋末期,一方面,固有的社会良序加速沦丧,社会的纷争与动乱日益深化,所谓"周室微,王道绝,诸侯力政;强劫弱,众暴寡,百姓靡安;莫之纪纲,礼仪废坏,人伦不理"③;另一方面,崇尚功利逐渐成为普遍的社会价值取向,人们以空前的热忱追功名逐利禄,然而尤其渴望得而恐惧失的人们却身处得失空前无常、命运格外多变的时代,人们由此承受着前所未有的心灵煎熬。孔子天命思想的意义在于一个特定时代的哲人对时代主要问题的回答。孔子希望通过对价值观的重塑,抚慰倍受煎熬的心灵,拯救病态的道德人心,最终以此恢复社会良序。虽然孔子的天命思想很大程度上无补于结束社会动乱、纷争而恢复社会良序,然而其对人类永恒精神的追求,以及随之而来的对个体生命意义的关注却具有极其重大的意义。

所谓永恒精神,应当是与人类文明相始终的,只要人类文明存在,那种精神便不可或缺。从社会的角度看,自人类步入文明社会以来,从古迄今,无论中外,物欲的无限与满足物欲的手段有限之矛盾便一直存在,而正是这一矛盾导致人际、族际、国际关系紧张而天下失序;就个体而论,物欲的无限与得

　　① 李学勤:《周易溯源》,第373页。
　　② 《论语·尧曰》。
　　③ 《韩诗外传》卷五。

失的无常,始终是导致个体身心失却和谐、心灵陷入病态的尤为重要的原因。因此,任何调控贪欲,缓解"有限"与"无限"矛盾的思想对人类文明的保存与发展皆具有永恒意义。孔子作为思想家,时人给予了至高的评价①。至高的评价当表明孔子在思想方面具有前所未有的建树。其建树是多方面的,然最具意义的建树当是其天命学说所蕴含的对永恒精神的追求。在天命信仰的框架内,面对贪欲这一"毁则败度"的人性弱点,孔子首创针对贪欲的天命信仰理论。其将天主宰的"命定"意义化,以此淡化人的物欲冲动;其两分天命的理论趋向,即将天命区分为可以理解与主动把握,以及可以理解,但自己无法把握的两部分,由此,使"知天命"之人既能自觉淡化物欲,同时又拥有不可或缺的能动性,不至走向消极、懈怠。

孔子的这一思想建树,通过孟、荀的传承而发扬光大。尽管孟、荀的天命学说各有特色,但是在"超越人生观"相涉的学说方面,孟、荀皆秉承孔子思想,并进一步从理论上明确地将人生所涉分为两部分:以名利为中心的外物得失与个体生死由命定,个体既无法改变,也不能抗拒;秉持、践履以仁义为中心的道,则是个体可以把握,并且必须把握者②。由此强调淡视外物,重视个人修养的必要性和可能性,从而促成超越人生观的形成。由于对具有终极依据的内在精神之重视,便开启了人对自身价值的自信与踏实。这种"自信与踏实"对已深刻意识到人作为存在的局限与脆弱的东周人而言,无疑十分重要。由于这种"自信与踏实",个体的生命韧性得以增强,具有高度自控性的人生努力奋斗方向也由此确立。尽管身处乱世,命运无常而历经坎坷,孔、孟、荀皆坦然地宣称"不怨天,不尤人"③,其底蕴即在于对自身价值的自信与踏实。

孔子学说虽然不为当朝者所用,然而其在拯救道德人心、抚慰受得失煎熬的心灵方面则具有莫大的积极意义。《韩诗外传》卷二载:孔门弟子闵子骞初入孔门时,既推崇道义至上的孔学,又倾慕世俗荣华富贵,由此,两

---

① 子贡认为:"他人之贤者,丘陵也,犹可逾也;仲尼日月也,无得而逾焉。……夫子之不可及也,犹天之不可阶而升也。"(《论语·子张》)《孟子·公孙丑上》载,有若认为,就"出类拔萃"而论:"自生民以来,未有盛于孔子也。"孟子亦曰:"自有生民以来,未有孔子也。"(《孟子·公孙丑上》)

② 参见《孟子·尽心上、下》《孟子·梁惠王下》《荀子·天论》《荀子·修身》等。

③ 孔子云:"不怨天,不尤人。"(《论语·宪问》)孟子亦强调:"君子不怨天,不尤人。"(《孟子·公孙丑下》)荀子则谓:"自知者不怨人,知命者不怨天。"(《荀子·荣辱》)

种不同的人生价值取向引发了强烈的内心冲突,于是心灵被"冲突"左右而面带"菜色"。然而随学业精进,"内明于去就之义",超越外物的人生观也得以逐渐形成,身心随之回归和谐,其面色也由"菜色"转变为"刍豢之色"。《韩非子·喻老》所载则反映孔门子夏也有类似经历。孔门弟子通过深明孔学"去就之义"而导致身心和谐,其彰显的当是孔子天命学说拯救病态心灵的时代意义。《吕氏春秋·当染》载:孔子去世以后,"从属弥众,弟子弥丰,充满天下",《吕氏春秋·不侵》则云:"万乘之主,千乘之君,不能与之争土。"春秋战国时期,孔子的思想学说既不为当权者所用,所以孔学也就不可能将世俗的名利带给热衷孔学者,那么孔学为何对世人具有如此大的吸引力? 深层次看,在任何时代,"永恒精神"的影响皆犹如航标灯,绝对不可或缺,更何况春秋战国时期是人急剧物化而沦丧其"本质"属性的时代,由此,很大程度上决定人及人类社会存亡的"永恒精神"更弥足珍贵;具体而论,孔学所追求的理想人格与当时人们改变现实之恶、人性之丑的愿望吻合[①];同时,如上所涉,通过培养孔学所追求的超越精神,可以拯救病态的心灵。以上三点,当是孔学吸引世人的根本原因所在。

　　当然,从人类史的宏观角度看,孔子的天命学说难免对"物欲"矫枉过正,虽然如此,其永恒意义仍不可低估。众所周知,在人类文明史上,贪欲始终是一柄双刃剑,一方面,贪欲是人类物资文明创造与发展的原动力,另一方面,在所有人为性灾难中,贪欲造成的灾难无疑是最根本的。为了淡化人之贪欲,避免人之物化,孔子的天命学说主张个体对身外之物听天由命,乐于接受由天主宰的任何境遇,而专心内在精神的秉持与实践,由此便不可避免地流于片面强调抑制贪欲。从理论上讲,抑制贪欲的同时也抑制了人们对物质文明的创造力,如果社会成员都缺乏追求外物的欲望与热情,那么便会造就社会停滞不前的灾难。然而从实践层面看,常态下,社会最不缺乏的,恰恰是人们无止境地追求外物的热忱,从古迄今,由中国到世界,最常见、最深刻的人为灾难应当是贪欲横扫一切。从这一角度讲,孔子天命学说对贪欲之抑制虽然过头,然而以此"平衡"实践层面"欲壑难填"的人性弱点,仍具有永恒意义。

---

　　① 在《左传》《国语》《吕氏春秋》及战国诸子等东周典籍中,人们改变现实之恶、人性之丑的愿望俯拾即是。

孔子天命学说的意义虽然巨大，然而从学理上看，其学说也不尽完善。这主要表现在以下两方面：其一，缺乏上天意志与政权存亡关系的思考。其天命学说之要旨在恢复社会良序，但其对天下兴衰、政权存亡的关注，主要限于强调为政者的行为有序，及其以德获民心，政权层面的"天人关系"思考则阙如。这一理论欠缺或许因为孔子对这一问题的思考尚未成熟。其二，孔子关于个体层面的"天人关系"理论深邃却语焉不详，对其理解、认知应当不易。孔子自叹："莫我知也夫！""知我者其天乎！"①其自叹中，应当透露出孔子及其学说，尤以天命学说不易为人理解的信息。有学者指出，孔子思想体系中，其天命、天道等超越层面的思想之所以语焉不详，是因为孔子认为"终极、超越"的境界，不是"中人以下"的凡俗心智所能理解，更不是有限度的人世语言文字所能表达②。该说对于理解孔子天命学说的"语焉不详"或许具有启迪意义。孔子去世以后，孔门弟子所持"命论"有的与前文所涉的一般"命定论"无别③，孔子天命学说的精髓在他们那里已荡然无存。导致如此变化的原因应当很多，然而因其不易被认知而导致后学不求其解则应是重要原因。弥补孔子天命学说以上理论不足，也就成为孟、荀相关学况发展的动因④。

---

① 《论语·宪问》。

② 参见陈启云：《中国古代思想文化的历史论析》，北京大学出版社 2001 年版，第 109、153—154 页。

③ 参见《墨子·非儒》《墨子·非命》。

④ 拟另专文论及。

# 第三章 西周金文政治伦理词语
# 与相关思想研究

所谓"政治伦理",主要指政治行为中应当遵守的道德规范与准则。本部分涉及的"德"观念,一般而论,其为西周社会伦理规范的总称,具有社会性。然而据现有材料反映,西周时期的"德"观念主要是在政治领域被强调,是该期政治领域的核心思想,所以本书将其置于此部分加以讨论。以下主要从起源与内涵的不同角度对西周时期"德"观念进行探研。

## 一、"德由天赋"观

战国时期,已形成系统的伦理起源观。郭店楚简《成之闻之》曰:"天仑大常,以理人伦,制为君臣之义,著为父子之亲,分为夫妇之辨。"[1]此记载既涉及具体人伦内涵,又明确提出人伦由天降,即人伦起源于天。其实伦理源于天的观念在西周已产生。

周人认为天下兴衰由上天主宰,而制定与赋予伦理规范则是天帝主宰人世秩序的主要方式之一。天帝赋予人们的伦理规范,西周人往往统称为"德"。在西周铭文中,涉及人、天、德的相互关系,有以下两类:

**引厌厥德**

毛公鼎:"皇天引猒(厌)厥德,配我有周,膺受大命。"(《殷周金文集成》2841)

上揭鼎铭的"皇天引厌厥德","厌"一般释为"满意"[2],即皇天很满意周人之德。若然,此条铭文材料与我们讨论的"伦理起源观"就毫不相干,然而,此解似非达诂。

---

① 荆门市博物馆编:《郭店楚墓竹简》,文物出版社 1998 年版,第 168 页。
② 洪家义:《金文选注绎》,第 459 页;孙稚雏:《毛公鼎铭今译》,《容庚先生百年诞辰纪念文集》(古文字研究专号),第 290 页。

　　白川静认为沈子它簋盖的"'见厌于公'与毛公鼎的'皇天引厌厥德'、叔尸镈的'余弘厌乃心',以及《尚书·洛诰》的'万年厌于乃德'语例相同",并认为厌是"厌足的意思"①,郭沫若也持类似的观点②。以下我们将比较白川静认为语例相同的几条材料。

　　a.毛公鼎:"皇天引厌厥德。"(《殷周金文集成》2841)

　　b.《尚书·洛诰》:"万年厌于乃德。"

　　c.沈子它簋盖:"(沈子)见厌于公休,沈子肇敦狃贮啬。"(《殷周金文集成》4330)

　　d.叔尸镈:"余引厌乃心,余命汝政于朕三军。"(《殷周金文集成》285.1)

　　厌也作猒。猒,《说文·甘部》:"饱也。从甘,从肰。"猒,金文作"""",高鸿缙释曰:"字意为饱足,从犬口含肉,会意。"③小篆变口为甘,取意相同。即"猒"字本义为饱,引申为满足。上揭铭文的"见厌于公",或释曰:"即沈子被公所厌足之意。"④郭沫若释"厌"亦谓:"如今人言满足。"⑤我们认为上揭史料的c、d条类似,其厌之义皆为"满足""厌足",句中受动者沈子、叔夷是被满足的对象,"休沈子敦狃贮啬""命汝政于朕三军",则指具体于某方面满足二人。《尚书·洛诰》的"厌于乃德",厌,《孔传》引《马注》曰:"饫也"⑥,即厌饱。从语法及所涉内容看,a、b两条既有相同点,也有差异。二者皆明示在"德"方面的满足,但a条表施动者使受动者满足,b条则表施动者自己的满足。"皇天引厌厥德",即皇天使文武有足够的德;"厌于乃德",即饱受您的德泽。将上揭史料中的"厌"释为厌饱、满足,文从句顺,若释为满意,则文义欠安,并且《诗经》《尚书》《左传》《国语》等先秦典籍中,厌或用作"足""满足""饫",或用作"合",却无用作"满意"者。将毛公鼎铭的"厌"释为"足够"不仅有上述类同材料的相同语例佐证,而且与周人的伦理起源观吻合。

　　西周人的伦理起源观由"天定人间秩序之则""周文武求德""天帝予

---

①　[日]白川静:《金文通释》卷二,第十五辑,第21页。

②　参见郭沫若:《两周金文辞大系图录考释》下册,"沈子簋"条。

③　周法高主编:《金文诂林》第六册,香港中文大学出版社1974年版,第2923页。

④　陈初生:《金文常用字典》卷八,陕西人民出版社1987年版,第835页。

⑤　郭沫若:《两周金文辞大系图录考释》下册,"沈子簋"条。

⑥　[汉]孔安国传、[唐]孔颖达等正义:《尚书正义》,《十三经注疏》上册,第217页。

德""明德与受命"等内容构成。

西周时人始终认为人间秩序之则由上天制定。

《逸周书·尝麦》:"以甲兵释怒,用大正顺天思①序。……不忘祗天之明典,令□我大治。"

《诗经·大雅·烝民》:"天生烝民,有物有则。"

《逸周书·尝麦》谓治理刑罚、诉讼的大正顺天意而使天下有序,即人间秩序的存在乃"天意";敬重"天制明典",成就周朝天下大治,也就是说"制法典"乃上天主宰人世秩序的重要手段。据《尚书·洪范》,上天以"洪范九畴"主宰人间秩序。所谓"洪范九畴"②,也就是治理天下的九种大法。"九畴"实包括了天象、人事、政治、经济、社会生产、民众生活、道德伦理等。上揭《诗经·大雅·烝民》所谓的"天生烝民,有物有则"③,即上天降生众人,便依照人世种种事物而创制了事物存在与发展的准则。其"有物有则"观与《尚书·洪范》的帝赐人间以"洪范九畴"的有关记载相符。"洪范九畴"的核心是天的意志为人间创立法则,王朝统治的运行之则、人们的日常生活与道德生活之则的终极依据皆在天意。在上天制定的人间秩序准则中,伦理准则是其重要组成部分。而周人往往将伦理之则称为德。因此,从本源的角度讲,"德"当属上天所有。既然如此,上天、周人与德之间存在何种联系?

《诗经·大雅·皇矣》:"维此王季④,帝度其心;貊其德音,其德克明。"

《逸周书·祭公》:"维皇皇上帝度其心,寘之明德。"

《左传·昭公二十八年》释《皇矣》的"帝度其心"之"度",曰:"心能制义曰度";朱右曾释《祭公》的"帝度其心"曰"天使之心能制义"⑤,也就是说,"帝度其心"指上帝使文武具备"度物制义"的能力。《皇矣》的"貊其德音",貊,《礼记·乐记》《左传》引《诗经》皆作"莫",《尔雅·释诂下》:

---

① 黄怀信认为"思"乃"卑"之误,见黄怀信:《逸周书校补注译》,西北大学出版社 1996 年版,第 316 页。

② 洪范九畴:五行;敬用五事;农用八政;协用五纪;建用皇极;乂用三德;明用稽疑;念用庶征;向用五福,威用六极。

③ 人皆生于父母,此处谓"天生烝民",这显然是周人追溯人的终极根源的观念。

④ 参见本书第二章中"从孔子'知命'视角的透视"部分的相关注释。

⑤ [清]朱右曾:《逸周书集训校释》,第 125 页。

"嘆(莫)①,定也。"定有奠定、安定、成就等义②。"莫其德音",即上帝定德音于文王。德音,一般指以德教化之音。《诗经》既言上帝所奠定的是"德音",就表明上帝赋予了文王"布德化民"之责。《逸周书》谓"寘之明德",即帝安放明德于文武③。据上述,在天帝、周文武与德的关系上,《诗经·大雅·皇矣》《逸周书·祭公》皆明示周文武之德或德音由上天赋予。《尚书·康诰》则谓"孝友"类伦常乃天赐之"民彝"。可见在周人看来,无论作为伦理准则概称的"德",还是"孝友"等具体伦常准则,皆由上天所赋。

联系《诗经·大雅·皇矣》《逸周书·祭公》的上述记载,我们将周铭的"皇天引厌厥德"释为"皇天使文武之德极大地充足"当不至有误。

周人明德,上天授命。涉及周人之德与天命的关系,一般认为"商失德""周有德"是周代商而膺受天命的根本原因④。周人有德而上天授命,相对殷商"失德而坠命"言,这种表述不成问题。然而,从伦理起源观的角度,这种表述并不妥帖。周人认为其德源于天帝,所以周人几乎不自称"有德",而是言自己"明德""敬德"。与天降大命相关,一般皆言"明德"。

《诗经·大雅·皇矣》:"帝谓文王,予怀明德。"

《尚书·康诰》:"惟乃丕显考文王,克明德慎罚……惟时怙冒,闻于上帝,帝休。天乃大命文王……"

《尚书·君奭》:"在昔上帝,割申劝宁王之德,其集大命于厥躬。"

《尚书·文侯之命》:"丕显文武,克慎明德,昭升于上,敷闻在下。惟时上帝,集厥命于文王。"

《逸周书·祭公》:"朕皇祖文王、烈祖武王,度下国,作陈周。维皇皇上帝度其心,寘之明德,付俾于四方,用应受天命,敷文在下。"

上揭史料之《皇矣》《康诰》《文侯之命》中,"明德者,受天命"的观念跃然可见。所谓"明德",当指文王、武王实践天赋之德,并发扬光大之。《诗

---

① 《尔雅·释诂》之"嘆",[唐]陆德明《经典释文·尔雅音义》作"莫"。

② 《经籍籑诂》下册,第843页。

③ "寘之明德"的解释,参见本书第二章"从孔子'知命'视角的透视"部分的相关内容。

④ 参见刘泽华:《中国政治思想史》(先秦卷),第20页;余敦康也认为,经过周人改造的天神"只保佑有德的君主"〔任继愈主编《中国哲学发展史》(先秦),第94页〕;许倬云认为西周人具有"天命靡常唯德是亲的历史观及政治观"(许倬云:《西周史》,第109页)。

经·大雅·皇矣》谓"貊其德音,其德克明",明,《左传·昭公二十八年》"照临四方曰明",即"德明"指德之光照临四方,亦即布德于四方。《诗经·周颂·时迈》"我求懿德,肆于时夏",谓武王将所求之美德布陈于中国。《尚书·君奭》曰:"兹迪彝教,文王蔑德降于国人。……冒闻于上帝。惟时受有殷命哉!"①蔑德,即美德②。谓施行常教,文王之美德赐予国人,上帝闻知文王所为,文王因此承受殷国大命。

上揭史料当中,除《逸周书·祭公》之外,皆谓文武实践、光大天赋之德,上天由此降大命于周王。《逸周书·祭公》则谓周人承受天命之后,才在下国光大、布陈上天所赋之德。联系周铭与《尚书·文侯之命》的有关记载,《逸周书·祭公》的上揭内容似有错简所致语序混乱。

周铭中,周文王、武王"抚有四方"与"天命"的关系如下:

大盂鼎:"受天有大命……四方。"(《殷周金文集成》2837)

师克盨:"膺受大命,抚有四方。"(《殷周金文集成》4467)

五祀㝬钟:"膺受大命。"(《殷周金文集成》358.1)

据上揭铭文,周文武"抚有四方"是"膺受天命"的结果,亦可谓是膺受天命的具体体现。而《逸周书·祭公》则将上帝"寘之明德""付俾于四方"作为周人"膺受天命"之因,显然有误。《尚书·文侯之命》的"敷闻在下"当与《逸周书·祭公》的"敷文在下"同,其"闻"乃"文"之假。《尚书·文侯之命》将文武"克慎明德,昭升于上,敷闻(文)在下"作为上帝降命文王的原因,此载与同期其他典籍的有关记载相符,所以,《逸周书·祭公》的"敷文在下"置于周人"膺受天命"之后欠妥。若将《逸周书·祭公》的"付俾于四方"与"敷文在下"的语序对调,则《逸周书·祭公》所载与上揭周铭、文献所载就完全吻合。《尚书·君奭》载上帝反复观察文王之德,然后才降大命于其身,联系上文所涉的相关记载,上帝反复观察者,当是周文王"明德",即实践而光大天赋之德的状况。上揭史料的时间涵盖整个西周时期,由此可见,"周人明德,上天授命"的观念终西周之世不曾动摇。

---

① 断句从皮锡瑞,见[清]皮锡瑞:《今文尚书考证》,中华书局1989年版,第389页。

② 蔑,孙星衍释曰:"缓读为敄……敄与嫩通,亦美也。"([清]孙星衍:《尚书今古文注疏》,第453页);《集韵·旨韵》:"嫩,善也,通作美";郭店楚简中,美作"敂""敄"(荆门市博物馆编:《郭店楚墓竹简》,第112、115页)。

### 上帝降懿德大屏

史墙盘:"曰古文王,初鳌和于政,上帝降懿德大屏。"(《殷周金文集成》10175)

西周金文习见"鄨王位"之语,故学者一般读"鄨"为"屏"。"大屏"即辅佐文王的重臣。对"上帝降懿德"之解,主要有三种观点:其一,上帝降赐美好文化①;其二,将懿德作为"大屏"的定语,释为上帝赐给具有美好道德的辅弼大臣②;其三,上帝降给他(文王)美德③。懿德,西周铭文与载籍中习见,皆指美德,因此,我们仅在上述解释之二、三中择善而从。我们认为第三种解释至确。

我们认为第二种训释有误,主要理由有三:其一,铭文与文献中,没有以"懿德"为定语的语例;其二,"上帝降赐美德(给文王)"的训解,与上文所涉的"皇天引厌厥德"、上帝"貊其德音"、上帝"寘之明德"具有一致性,皆为表达"德由天赋"的观念;其三,从语法上看,"懿德"与"大屏"乃并列关系,"懿"与"大"分别为中心词"德""屏"之修饰语。

天帝不仅通过创制规则、降赐德来主宰人世秩序,而且还干预周人实践秩序规则。

### 上天干预周人践德

西周时人在其天命观的支配下,认为各种自然物是依天意运行,而周人顺天时地利的生存方式,又致使其将自身行为与关系其生存、生活的自然物紧密联系,于是将自然物的运行有序视为上天对周人行为有序的肯定。在周人的观念中,物象所兆示天意,成为天帝干预周人实践伦理规范的主要方式。此种方式主要见于以下记载。

> 庶征:曰雨,曰旸,曰燠,曰寒,曰风。曰时五者来备,各以其叙,庶草繁庑。一极备,凶;一极无,凶。曰休征:曰肃,时寒若④;曰乂,时旸若;曰晢,时燠若;曰谋,时寒若;曰圣,时风若。曰咎征:曰狂,

---

① 徐中舒:《西周墙盘铭文笺释》,《考古学报》1978 年第 2 期。

② 洪家义:《金文选注绎》,第 221 页。洪先生曾在《墙盘铭文考释》〔《南京大学学报》(哲学社会科学版)1978 年第 1 期〕一文中,将"懿德"与"大屏"视为并列词,之后又改变了这一观点;连劭名:《金文所见西周初期的政治思想》,《文物》1992 年第 3 期。

③ 裘锡圭:《史墙盘铭解释》,《文物》1978 年第 3 期;唐兰:《略论西周微史家族窖藏铜器群的重要意义——陕西扶风新出墙盘铭文解释》,《文物》1978 年第 3 期。

④ 《十三经注疏》(上册,第 192 页)为"曰肃,时寒若",寒,据上下文及《孔传》,知乃"雨"之误。

恒雨若;日僭,恒旸若;日豫,恒燠若;日急,恒寒若;日蒙,恒风若。
日王省惟岁,卿士惟月,师尹惟日。岁月日时无易,百谷用成,乂用
明,俊民用章,家用平康。日月岁时既易,百谷用不成,乂用昏不明,
俊民用违,家用不宁。庶民惟星,星有好风,星有好雨。日月之行,
则有冬有夏。月之从星,则以风雨。①

　　秋,大熟,未获,天大雷电以风。禾尽偃,大木斯拔,邦人大恐。王
与大夫尽弁,以启金縢之书,乃得周公所自以为功代武王之说。二公
及王问诸史与百执事,对曰:"信。噫! 公命我勿敢言。"王执书以泣,
曰:"其勿穆卜。昔公勤劳王家,惟予冲人弗及知。今天动威,以彰周
公之德。惟朕小子其新逆,我国家礼亦宜之。"

　　王出郊,天乃雨,反风,禾则尽起。二公命邦人凡大木所偃,尽
起而筑之,岁则大熟。②

　　耇造德不降③,我则鸣鸟不闻,矧曰其有能格。④

　　惟天不享于殷,发之未生至于今六十年,夷羊在牧,飞鸿过野,天
自幽,不享于殷。⑤

　　上揭材料中,《尚书·洪范》认为,自然气象依序而致则草木繁盛,
人君的视听言动符合规范则风调顺,反之则导致气候反常。《尚书·
金縢》载周公勤劳王家而遭成王等人误解,上天便动威兴大雷电、风
雨,以警示周成王,以彰周公之德。《逸周书·度邑》谓天将结束殷商
大命,即有怪兽⑥见诸朝歌郊外、飞蝗满天遍野、天昏地暗等征兆。《国
语·周语上》谓"天事恒象",韦注:"恒,常也。事善象吉,事恶象凶。"
"天事恒象"虽系东周人的观念,但此观念的形成不可能一蹴而就,上
引西周典籍的有关记载,当是此类观念较早的材料来源。

────────────

① 《尚书·洪范》。
② 《尚书·金縢》。
③ 耇造德不降:耇造德,老成而有德者;降,曾运乾据《左传·哀公二十六年》"六卿三族降听
政"之杜注释为"和同也"(曾运乾:《尚书正读》,第232页)。
④ 《尚书·君奭》。
⑤ 《逸周书·度邑》。
⑥ 《国语·周语上》亦载殷商覆亡之际"夷羊在牧",夷羊,韦注"神兽";黄怀信释夷羊为"怪
兽"(黄怀信:《逸周书校补注译》,第234页)。

**伦理天赋观的意义**

周人对天帝主宰万物之伟力的崇拜,对其决定社会秩序与人间祸福的"天威"之敬畏,是西周伦理起源观的思想背景。由此,伦理源于天帝的观念为伦理的合理性提供了终极依据,从而使伦理获得了具有超越意义的权威性。这种伦理起源观的社会作用无疑是巨大的。在政治制度极不健全、法律制度极不完善的上古社会,君主及少数圣哲的观念、意志、行为是决定政治、法律及其运行的力量,因此,如何规约这少数人的行为便具有了特殊的社会价值①。西周伦理起源观中,一方面是周文王、武王等少数人被赋予直接承受"天德"的特权;另一方面,其在被赋予特权的同时,也被赋予了践履与光大"天德"的责任、义务。由此,使少数拥有统治特权的人不能不心存敬畏而遵循一定的准则,从而避免滥用统治特权,其行为遂获有效规范。对全体社会成员而言,因伦理的超越性、神圣性而造就的普遍敬畏心理,则势必强化世人对社会秩序规范的认同,有力地推动其践履社会秩序规范,并将秩序规范内化为自己的生活信条。

## 二、释德

研究西周金文伦理词语及相关思想,必须对"德"有相对深刻而正确的理解,才有利于从整体上把握西周金文伦理词语的内涵及相关思想。

德是西周伦理思想的核心概念。作为西周铭文中的伦理词语,德也最为习见。但对德观念内涵的解释则众说纷纭,迄今仍无定论。以下我们拟从文献学、古文字学角度,综合民族学资料,力求合理阐释其义。

### (一)从文献学的角度释德

从文献学的角度考释德义,主要观点有不含褒贬义的"行为说"(以

---

① 陈少峰:《中国伦理学史》导论,北京大学出版社 1996 年版,第 8 页。

下简称"行为说")①"图腾说"②"美德说"③"得说"④四种。

关于"图腾说",自李玄伯创立以来,虽不乏从者,然支持该说的材料主要是《国语·晋语四》所载:"异姓则异德,异德则异类。异类虽近,男女相及,以生民也。同姓则同德,同德则同心,同心则同志。同志虽远,男女不相及,畏黩敬也。"此外,缺乏其他文献和考古材料为依据,并且与商周甲骨文、西周铭文与文献所载不合。而申说李玄伯观点的学者,所用于佐证"德"有"属性"义的材料,皆为春秋战国的⑤。这就不能不令人深思,以德称"属性"的现象,究竟是"德"内涵的初生形态,还是其发展形态。此点,将在下文涉及。

关于"得说",晁福林先生认为德的基本含义是"得",在不同历史时期,"得"的内涵有别。殷商时期,"得"指得于上天和先祖;西周时期,指得之于以宗法与分封制为核心的制度;春秋战国时期,指得之于心。晁先生的"得说"似可商。主要理由有二:其一,从初形朔谊讲,得、德有本质差异。"从贝从手"之得,义为获得;德之初形朔谊将在下文详涉,这里仅指出德之本义中偏重强调的是"行为选择",而非行为的结果"得"。其二,西周初年,指称伦理行为规范及规范内化为"德"的现象已出现,而此现象不可能一蹴而

---

① 关于"行为说",以王德培先生论述为详,参见王德培:《西周封建制考实》,光明日报出版社1998年版,第149—150页;王健文在《有盛德者必有大业——"德"的古典含义》(《大陆杂志》第八十五卷第一期)一文中说:"'德'的最基本含义是'属性',是一种价值中立的形式名词。"对"德"的此解,糅合了"图腾说"与"行为说"的部分内容;巴新生的《试论先秦"德"的起源与流变》(《中国史研究》1997年第3期)一文,从发展的角度,将"德"内涵的演进过程概括为"图腾崇拜——祖先崇拜——统治者的政行——道德观念"四个阶段,置"图腾说""行为说""美德说"于其所构建的德的发展体系中。

② "图腾说"由李玄伯所创。李氏认为"德"之初必与"性"同,是同图腾的人与物所共有的性质,参见李玄伯:《中国古代社会新研》,开明书店1948年版,第129、184—185页;杜正胜认为西周的德不是善行惠政,是族群的某种特质,"为族群成员所共有,但最强有力、最显著者则体现在族长身上"(杜正胜:《从眉寿到长生——中国古代生命观念的转变》,《中研院历史语言研究所集刊》第六十六本第二分,第415—416页);斯维至也力主"图腾说",参见斯维至:《说德》,《人文杂志》1982年第6期。

③ 郭沫若认为"德字照字面上看来是从值(古直字)从心,意思是把心思放端正……德不仅包含着正心修身的工夫,而且还包含有治国平天下的作用"(《先秦天道观之进展》,《郭沫若全集·历史编》第一卷,第336—337页);刘泽华也持类似观点,参见刘泽华:《中国政治思想史》(先秦卷),第24页。

④ 晁福林:《先秦时期德观念的起源与发展》(《中国社会科学》,2005年第4期),该文也收入作者的《先秦社会思想研究》(商务印书馆2007年版)一书中,其主要观点在下文将涉及。

⑤ 杜正胜引用《礼记·月令》《楚辞·天问》的材料证"德"的初义为"属性",参见杜正胜:《从眉寿到长生——中国古代生命观念的转变》,《中研院历史语言研究所集刊》第六十六本第二分,第416页;王健文则以《晋语》《天问》所载申说此论,参见王健文:《有盛德者必有大业——"德"的古典义》,《大陆杂志》第八十五卷第一期。

就,所以殷商时期的"德"应当具备了规范之义。下文将涉及德的产生体现了人们依则行事的内在自觉。

关于"行为说",所持材料颇丰,近年来,从者尤众,并且该说与本书关系较大,所以欲辩说之。

从《诗经》《尚书》《逸周书》等西周文献看,涉及德,或单称德,或德前置元、明、懿等形容词,这两类情况中,绝大多数的德字皆为褒义。然而以下记载中的德字义与大多数记载的德字义似不符,正是这些例外的记载构成了"行为说"的依据。

《尚书·无逸》:"无若殷王受之迷乱,酗于酒德哉。"

《尚书·多方》:"尔尚不忌于凶德。"

《尚书·立政》:"桀德,惟乃弗作往任,是惟暴德罔后。……其在受德暋,惟羞刑暴德之人,同于厥邦;乃惟庶习逸德之人,同于厥政。"

《逸周书·克殷》:"殷末孙受,德迷先成汤之明,侮灭神祇不祀,昏暴商邑百姓,其彰显闻于昊天上帝。"

上揭史料的"酗于酒德哉",征之西周铭文与文献,有以下类同记载。

大盂鼎:"我闻殷坠命,唯殷边侯、甸与殷正百辟,率肆于酒,故丧师矣。"(《殷周金文集成》2837)

《尚书·酒诰》:"(成汤至帝乙时的侯甸邦伯及朝中百官)罔敢湎于酒……在今后嗣王(商纣)……惟荒腆于酒。"

《尚书·微子》:"我祖厎遂陈于上,我用沈酗于酒,用乱败厥德于下。"

《史记·宋世家》:"纣沈湎于酒,妇人是用,乱败汤德于下。"

上揭类同材料表明,西周时期,酗、沉、湎、腆等行为动词的宾词为"酒",故《尚书·无逸》以"酒德"为"酗"之宾语尤显文不成义。另据上揭《尚书·微子》与《史记·宋世家》所载,似乎可推知"酒德"为错简所致。若调整语序为"无若殷王受之酗于酒,迷乱德哉",既符合西周时期的用语习惯,又与《尚书·微子》《史记·宋世家》所载吻合。

《逸周书·克殷》的"殷末孙受,德迷先成汤之明",《史记·周本纪》作"殷之末孙季纣,殄废先王明德",泷川资言考证曰"《周书》德字错简"[1],殊为有

---

① [汉]司马迁撰、[日]泷川资言考证、[日]水泽利忠校补:《史记会注考证附校补》,上海古籍出版社1986年版,第81页。

见。《逸周书·克殷》之语序调整为"殷末孙受,迷先成汤之明德"不仅与《史记·周本纪》所载吻合,与上涉《尚书·微子》《史记·宋世家》的相关记载亦相同。

《尚书·立政》的受德、暴德、逸德,我们拟逐一辨析。"受德"或以为乃受之字①,或认为"受所为德"②。以"受德"为纣之字不足为凭,因《尚书·立政》中尚有"桀德"。"受德"与"桀德"的语言环境及语例皆相似,所以其"德"当作类同解释,德字既非桀之字,亦当不是纣之字。"受德"亦非马融所谓"受所为德"。德,《说文·彳部》:"升也。"周秉钧据此认为,《尚书·立政》中的"桀德""受德"之"德",其义为升、登,指桀、受登帝位③。我们认为周论不谬。《立政》乃周公晚年对成王的告诫文书,历数夏、商两朝及周文、武设官任人的经验、教训,以诫成王奉行设官理政之常法,以谋求长治久安。从《尚书·立政》的行文结构看,其以三并列层次阐述夏桀、商汤、商纣朝的选官任人,每一层次分别以"桀德""成汤陟""受德"开头。陟,《说文·阜部》"升也",此"升"当为"登帝位",《尚书·舜典》有"汝陟帝位"语,是为证。既然,陟、德皆有"升"义,而且又见于相同词境,语例亦类似,故德、陟皆当为"登帝位"之义。"暴德",或释为"暴行"④,或训为"暴虐为德"⑤,此两种训释似皆欠妥。"暴"有"乱"义⑥,"暴德"即"败乱德"⑦。"逸德",逸,《说文·辵部》"失也","逸德"即"失德"。训"暴德""逸德"为"乱德""失德"当不谬,不仅有上所涉的字义为据,而且有同时期其他文献的类似语例为证。"败乱德""丧德"等类似语例也见于《尚书·立政》以外的其他西周典籍。《尚书·微子》有"乱败厥德"之称,《尚书·酒诰》有"丧德"之谓。而"暴虐为德"类语例则不见于任何西周载籍。并且从《尚书·立政》本身的语境看,其使用"德",从肯定方面阐述设官任人,称"训德""训于德""有德""成德"等语;而将否定性方面的用语"暴

---

① 《吕氏春秋·当务》曰:"纣之同母三人,其长曰微子启,其次曰中衍,其次曰受德,受德乃纣也。"《孔传》认为"受德"乃纣之"字",释曰:"帝乙爱焉,为作善字。"(陈奇猷:《吕氏春秋新校释》上册,上海古籍出版社 2002 年版,第 610 页)

② [唐]陆德明:《经典释文·周易音义》引马融注。

③ 参见周秉钧:《尚书易解》,岳麓书社 1984 年版,第 265—266 页。

④ 江灏、钱宗武译注:《今古文尚书全译》(修订版),贵州人民出版社 2009 年版,第 298 页。

⑤ [清]孙星衍:《尚书今古文注疏》,第 471 页。

⑥ 《孟子·公孙丑上》"无暴其气",暴,赵岐注:"乱也。"

⑦ 曾运乾释"暴德"为"弃德"(曾运乾:《尚书正读》,第 251 页),乱、弃义近。

德""逸德"训为"乱德""失德",则恰好与正面的"训(循)德""训于德""成德"呼应。

据以上辨析,上揭史料中,仅存《多方》"凶德"之德,作为西周文献中唯一的中性词证据,我们却认为仅此一例,不足为凭。《多方》虽作于西周,然不排除有后人增效润色之处,古籍中常见这样的情况①。

据笔者所见,德用作不含褒贬义的中性词,当是春秋时期常见的用语特色。

《左传·庄公三十二年》:"虢多凉德,其何土之能得?"

《左传·僖公十五年》:"先君之败德,及可数乎?"

《左传·文公十八年》:"孝、敬、忠、信为吉德;盗、贼、藏、奸为凶德。"

《左传·宣公三年》:"桀有昏德,鼎迁于商……商纣暴虐,鼎迁于周。"

《左传·襄公十三年》:"是以上下有礼而谗慝黜远,由不争也,谓之懿德……是以上下无礼,乱虐并生,由争善也,谓之昏德。"

《左传·昭公二十六年》:"君无秽德,又何襄焉? 若德之秽,襄之何损?"

上揭史料中的德,显然不含褒贬之义,或表示一般可从道德上评价的行为状态,如昏德、凶德,从行文中,即可见其为昏行、凶行;而凉德、败德之德,或许指一般的行为,或许概指一般的行为与意识状态。《左传·成公十六年》曰"民生厚而德正",德,《孔疏》曰"谓人之性行"②,此"德"即指一般的行为与意识。

春秋时期,德作为中性词,还专用于称人的"属性""特性"。

《左传·定公四年》:"夷德无厌,若邻于君,疆场之患也。"

《左传·哀公十三年》:"且夷德轻,不忍久,请少待之。"

《国语·周语中》:"狄,豺狼之德也。"

《国语·晋语四》:"异姓则异德……同姓则同德。"

春秋时期,在戎狄蛮夷交侵的历史过程中,中原人逐渐对戎狄蛮夷等周边民族形成一些倾向性的消极看法,诸如"夫戎狄冒没轻儳,贪而不让。

---

① 参见李学勤:《对古书的反思》,《失落的文明》,上海文艺出版社 1997 年版,第 228—229 页。

② [晋]杜预注、[唐]孔颖达等正义:《春秋左传正义》,《十三经注疏》下册,第 1917 页。

其血气不治,若禽兽焉"①,"戎轻而不整,贪而无亲,胜不相让,败不相救,先者见获必务进,进而遇覆必速奔"②,"戎狄无亲而贪……戎,禽兽也"③,"戎狄,豺狼,不可厌也"④,贪婪、轻率、无退让之节、似禽兽,此类认识即春秋时期中原人心目中的戎狄蛮夷的特性。上揭史料,有关戎狄此类特性,皆以"德"名之。《国语·晋语四》的"同姓同德"之"德"也为"属性"义,即凡同姓者,便有相同属性。

　　综而论之,春秋时期,"德"用作中性词乃普遍现象,既可用于一般的行为与属性,亦可用于一般的行为或属性、特性。然而德的此类义项究竟是德的初义⑤,抑或引申义? 我们的答案是后者。其原因在于:第一,从时间上看,字的本义产生与运用一般应在其引申义之前,如果德之本义为中性的行为或属性,为什么其本义不见于较早时代的西周载籍与铭文,却普遍见于年代较晚的东周载籍;第二,就人们的认识能力言,西周时人对自身的认识水平相对较低,尚未形成从"特性""属性"角度认识人的"性"的观念。西周金文无性字,《周易》经文无性字,《诗经》中"性"字仅见于《诗经·大雅·卷阿》的"弥尔性"之"性",然"弥尔性"与周金中屡见的"弥厥生"为相同语例,性即生,"弥尔性"义为"长尔寿命"。《尚书·周书》中,性字仅见于《尚书·召诰》的"节性",傅斯年认为其本当为"节生"⑥,于省吾则认为其当为"人生"⑦,即傅、于二人皆以为此"性"本为"生"。春秋时期,随社会政治、经济、文化的发展,中原各国之间、中原各国与周边各族间的交往日益频繁,在与不同族群的频繁交往中,西周人认识自身的能力逐渐提高,能透过人的一般行为,抽象、概括地认识人的属性、特性,如上所涉,中原人关于戎狄蛮夷等族属性的认识,正是基于频仍的交往而形成;同时伴随人的认识能力的增强,人们也逐渐透过事物的一般现象,形成关于物的属性、特性

---

　　① 《国语·周语中》。
　　② 《左传·隐公九年》。
　　③ 《左传·襄公四年》。
　　④ 《左传·闵公元年》。
　　⑤ 王健文谓:"'德'的最基本含义是'属性'。"(王健文:《有盛德者必有大业——"德"的古典义》,《大陆杂志》第八十五卷第一期)毛远明认为德的"基本义是人的道德、品行、节操,是中性词。……引申之,义为美德、善德"(毛远明:《左传词汇研究》,西南师范大学出版社1999年版,第207页)。
　　⑥ 傅斯年:《性命古训辨证》上卷,商务印书馆1930年版。
　　⑦ 于省吾:《双剑誃尚书新证》卷三,"节性"条。

的认识。《左传》中"性"字共 9 见,其中"夫小人之性,衅于勇,啬于祸,以足其性而求名焉者"①;"'夫礼,天之经也,地之义也,民之行也。'天地之经,而民实则之。则天之明,因地之性②,生其六气,用其五行。气为五味,发为五色,章为五声。淫则昏乱,民失其性。是故为礼以奉之。……哀乐不失,乃能协于天地之性,是以长久"③,引文所涉之性,或指人的属性,或指自然天地的属性。迄今尚无材料表明,西周时期人们已经能够从特性、属性的角度认识事物,把握人自身,因此,以"德"称"属性""特性"的现象只能是后起的。上述两点,当从一定程度上表明了指称一般的行为或属性、特性,皆非德之朔谊,然而,要阐明究竟什么是"德"之本义,则必须从分析德字的形、音、义入手。

### (二)从古文字学的角度释德

德,《说文·彳部》:"升也,从彳,悳声。"又《说文·心部》释悳:"外得于人,内得于己也,从直从心。"其实德、悳、惪乃同字异体,惪字大量见于晚周金文与竹简文,许慎误为二字。

甲骨文有以下字符:

（《殷墟文字甲编》2304）　　　（《殷墟文字乙编》3537）

（《戬寿堂所藏殷墟文字》39.7）

金文"德"作:

（冏尊,《殷周金文集成》6014）　　　（大盂鼎,《殷周金文集成》2837）

（辛鼎,《殷周金文集成》2660）　　　（毛公鼎,《殷周金文集成》2841）

从字形上看,西周金文之"徝"字与甲骨文之"徝"字乃一脉相承。然而,

---

①　《左传·襄公二十六年》。

②　因地之性,杜注曰:"高下刚柔,地之性。"

③　《左传·昭公二十五年》。

甲骨文的"㣤"字,其释文有德、直、循、省、陟等说①。李孝定先生曾综合诸说并辨析之,辨析中,其从叶玉森说,释"㣤"为"循",并参照《说文》对循、盾之训解,认为卜辞之"㣤"当"从彳,𥄝(盾)声",或"从彳,盾省声也"②。释"㣤"为"循"之说,从者尤众。然甲骨文的盾字作"𦥑𦥑𦥑𦥑",均作长方形或方形。……商代金文和西周早期金文的盾字作𦥑𦥑𦥑𦥑等形……西周中叶师旟簋的'盾'字作𠂤,乃盾字构形的初文。以《说文》为例,则应释为'𠂤,所以扞身,从人𡆥,𡆥亦声。𡆥象盾有龈有文理形(并非从目)。'"③与"𥄝"形迥异,故其说不可从。

郭沫若释"㣤"为"直",其认为"陈侯因资敦'答扬厥悳'字作'𢜦',省彳,是知值与直古乃一字矣"④。我们认为晚周金文德字作悳,不能视为甲骨文之"值"即"直"的依据,因为晚周金文德字普遍作悳,并不是随意的简化现象,当是其时"心性观"发达在文字上的反映(下文将概论此点),同时,甲骨文中的"值"与"直"是不同的字。

徐中舒、李圃先生隶"㣤"为"值",认为值字从彳从直,是德字的初文⑤,其说可从。从彳的字往往与行走、行为有关;从目则与见、视相关,值之构形也当如此。"直"字目上之"丨"乃视线方向的指示。或认为直字会"以目视悬(悬,悬锤),测得直立之意"⑥,或认为取"目光凝注于一线直视之形"⑦,或认为其表"一目凝视上方"⑧。我们认为"丨"所指示的究竟是视前、视上、视悬或许并非本质的,本质者当为所视物的方向及其作用。直,《说文·人部》"正也",《广雅·释诂》训为"正也"。在甲骨卜辞中,直或用为"当"⑨。《尚书·洪范》曰"王道正直",《周易·坤卦·文言》谓"直其正也",即直字具有正当、正直之义。具有"正当""正直"之义的"直"与"彳"组成会意字,其"视"与"行"当

---

　　① 参见李孝定编述:《甲骨文字集释》第二册,《中研院历史语言研究所专刊》之五十,1970 年再版,第 563—569 页。

　　② 李孝定编述:《甲骨文字集释》第二册,第 568 页。

　　③ 于省吾:《释盾》,中华书局编辑部:《古文字研究》第三辑,中华书局 1980 年版,第 3 页。

　　④ 郭沫若:《卜辞通纂》,台湾大通书局 1976 年版,第 436 页(508 片释文)。

　　⑤ 徐中舒主编:《甲骨文字典》卷二,第 168—169 页;李圃:《甲骨文文字学》,学林出版社 1995 年版,第 116 页。

　　⑥ 徐中舒主编:《甲骨文字典》卷十二,第 1385 页。

　　⑦ 何新:《辨德》,《人文杂志》1983 年第 4 期。

　　⑧ 巴新生:《试论先秦"德"的起源与流变》,《中国史研究》1997 年第 3 期。

　　⑨ 徐中舒主编:《甲骨文字典》卷十二,第 1385 页。

有内在联系,即所谓"目以处义(韦注:义,宜也),足以步目"①,也就是说"徝"字会"视正而行直"之义②。徝之形构所表达的,其目所视,应当对行为具有指导作用,因此,目所视当是规范、准则之类。上古社会,人们赖以生存和发展的种种习俗、规范往往与神秘力量交织一体。如前所述,西周人将天帝视为伦理道德的终极依据。据学者研究,在原始民族与许多少数民族中,其有关事物起源的道理、为人处事的规范等,皆包含在本民族的神话之中,例如云南景颇族称蕴含其道理、法律、规矩、信念的神话为"通德拉",并认为谁若违背了这些"通德拉",神祖就会降灾害给全部族,"使庄稼歉收,牲畜瘟病,人口遭灾"③。由于神秘力量与习俗、规范的交织,世俗的道德伦理规范便具有了神圣性,而这些神圣的观念常常可以象征化,通过十字架、雕像、一块石头、一段木头来显示④。云南纳西族人信仰董神、色神,认为本民族传统的规矩、道德准则、行动规范皆为董、色制定。纳西族人家居大门的两边,一般竖有底边直径五六寸,高约半米的两锥形石头,分别称为董、色。这两块石头,既是董、色二神的象征,也是纳西族人社会习俗与规范的象征。其象征意为:必须遵照规范行事,否则人将不人,家将不家。东巴教举行祭祀而设置的祭坛上,也要放两块象征董、色的石头,其意为做仪式只有依照规矩,受祭的神才会显灵⑤。目前虽然尚未发现商周人将伦理规范象征化的直接材料,但据现有文献所载,我们可以推测汉族的先民们也曾有过将伦理规范象征化的历史。

　　孔子观于周庙⑥,有欹器焉。孔子问于守庙者曰:"此谓何器

---

　　① 《国语·周语下》。

　　② 《汉书》卷二十七《五行志》曰"目以处谊,足以步目",师古注曰:"视瞻得其宜,行步中其节也。"(第1354—1355页)《汉书·五行志》《国语·周语下》所载,或许与本书所谓的"视正而行直"的具体所涉有差异,但其基本精神,即强调人"所视"对其"所行"的导向作用则是一致的。

　　③ 邓启耀:《"神话式规范"心理探源》,张哲敏主编:《民族伦理研究》,云南民族出版社1990年版,第258页。

　　④ 有学者指出:"一块岩石,一棵树,一泓泉水,一枚卵石,一段木头,一座房子,简言之,任何事物都可以成为神圣的事物。"([法]爱弥尔·涂尔干著,渠东、汲喆译:《宗教生活的基本形式》,上海人民出版社1999年版,第43页)

　　⑤ 参见习煜华:《东巴教中的善恶观》,郭大烈、杨世光主编:《东巴文化论》,云南人民出版社1991年版,第408页;木丽春:《东巴文化揭秘》,云南人民出版社1995年版,第234—235页。按:对本书所涉的纳西族人信仰的同一神灵,习煜华之文称"董",木丽春之文则称"陆"。

　　⑥ 《荀子·宥坐》作"鲁桓公之庙",屈守元考证引《困学记闻》曰:"当以'周庙'为是。"(屈守元笺疏:《韩诗外传笺疏》,巴蜀书社1996年版,第315页)

也?"对曰:"此盖为宥座之器。"孔子曰:"闻宥座器满则覆,虚则敧,中则正。有之乎?"对曰:"然。"孔子使子路取水试之,满则覆,中则正,虚则敧。①

类似记载也见于《荀子》《淮南子》《说苑》等。《晋书》云:"周庙敧器,至汉东京犹在御座。"②所谓"敧器",可视为恰当、不偏不倚这一行为准则的象征物。《礼记·玉藻》有"君子于玉比德"之说,即统治层的不同身份者佩戴相应的玉饰,而玉的种种特质分别象征仁、义、礼、智等伦理之则。《礼记·大学》载:"汤之盘铭曰:'苟日新,日日新,又日新。'"③《大戴礼·武王践阼》载:武王于席之四端、机、鉴、盥盘等生活起居常涉之处皆作有铭,铭之内容即为种种行为规范。我们认为"敧器""佩玉比德"类现象当滥觞于更为古老的神圣的行为规范象征化,而人们将种种行为规范铭刻于起居生活常用器物之上的现象,也当由象征化、物化行为规范的历史演变而来。据此,"直"字的"丨"所指示的,当是象征化的准则、规范的方向,唯其如此,才可谓"正见"。由此,"徝"才可会"视正而行直"之义。即"徝"之朔谊为"视正而行直",引申之,凡正当行为皆称德,所视所循之则也称德。就"徝"字的语音而言,当由"直"符得音。"徝"属上古音端纽职部,"直"属定纽职部,二字职部叠韵,端定旁纽,据此,"徝"乃会意兼形声字④。

反对将"徝"字释为"德"的学者,其主要理由有二:其一,甲骨文中"徝"字"无一从心者,可证二者实非一字"⑤;其二,在"徝×方""徝伐×方"类卜辞中,徝释为德于义"似不可通"⑥。我们认为,从字形看,殷商至战国时期,德字的发展轨迹为:徝——德——惪,这一时期,也是带有"心"符的字不断增多的时期,支配德字发展过程与心符字增多的主要因素,是人们对自身内心世界、心

---

① 《韩诗外传》卷三。

② [唐]房玄龄等:《晋书》卷三十四《杜预传》,中华书局 1974 年版,第 1028 页。

③ 郭沫若认为此铭不足为据,并指出铭辞或出于后人伪托,或出于误读。关于"误读",郭氏设想是"兄日辛,祖日新,父日辛"类铭辞漶损而误成,参见郭沫若:《汤盘、孔鼎之扬榷》,《金文丛考》第一册,人民出版社 1954 年版。我们认为此"设想"似不能成立。至于"伪托",即便能成立,"伪托"之辞至少也可反映战国时人观念,与《大戴礼·武王践阼》的相关内容有同样的史料价值。

④ 李圃、刘志基皆认为"徝"之"直"符,兼表声义,参见李圃:《甲骨文文字学》,第 116 页;刘志基:《汉字文化综论》,广西教育出版社 1996 年版,第 29 页。

⑤ 李孝定编述:《甲骨文字集释》第二册,第 567 页。

⑥ 叶玉森:《殷虚书契前编集释》卷四,宋镇豪、段志洪主编:《甲骨文献集成》第七册,第 385 页。

性的认识不断深化。也就是说德字由値到德,是人们心理活动认识深化的产物,况且西周早期铭文中,値字并未绝迹①,所以德字之形演变脉络是清楚的。至于"値×方"之値当作何解,我们还必须从分析"値×方"与"値伐×方"入手。

释値为循者,或认为循之义为巡视,或以为乃征伐之义。然而,后世有巡视义的"循"与"𢔰"之形不符,而"値"义是否为征伐,可以比较征、伐二字的用例以说明。在一期卜辞中,征、伐、値皆为商王朝频繁作用于方国的行为动词,然在具体运用中,値与征、伐有三点至为明显的差异。第一,征、伐往往与呼、比连文,成"呼征"(或"呼伐")、"比征"(或"比伐")语。比征、比伐为"比××征(伐)"的略语,而征伐时所呼、所比,皆系征、伐所需的军事力量。値、値伐则无一例与呼、比连文或有关。这一差别似乎表明,"値"这一行为与军旅并无必然联系。刘钊先生的《卜辞所见殷代的军事活动》一文,至为翔实地讨论了卜辞中的种种军事行动②,却将数十见用于方国的"値"置之不论,是否刘氏也认为"値××方"之値并不等同征、伐类行为?第二,作为军事行动的征、伐几乎适用于所有方国,而値所涉对象并非如此。据粗略统计,卜辞中"値×方""値伐×方"类辞条近40,其中涉及土方的19,涉及方的11,余者涉×方4、舌方2、莞方2、𢆶方1③。据此可见。値主要是针对土方、方④的行动。第三,凡主语明确的"値×方""値伐×方",其施动者皆是商王,而征、伐×方的施动者,有的是商王,有的是其他人。这一差异则表明距商都不太远的土方、方,对殷商王朝而言,是很重要的。基于値与征、伐的上述差异,我们认为"値×方"之"値"当训为陟。値、陟上古音声韵皆同(端纽职部),因此假"値"为"陟"。"値×方"即"陟×方",其义为巡视×方⑤。値某方与征、伐某方相此,前者反映商王朝与値之方的

①　德,辛鼎作"𢔰"(《殷周金文集成》2660),德方鼎作"𢔰"(《殷周金文集成》2661)。

②　刘钊:《卜辞所见殷代的军事活动》,《古文字研究》第十六辑,中华书局1989年版,第93—133页。

③　姚孝遂主编、肖丁副主编:《殷墟甲骨刻辞类纂》中册,中华书局1989年版,第864页。

④　一期卜辞中,作为方国之方,有的是泛称,有的乃专称。陈梦家认为称"方"的方国,地处"沁阳之北、太行山以北的山西南部"(陈梦家:《殷虚卜辞综述》,第270页)。

⑤　唐兰先生指出,"《尧典》所说'陟方',就是甲骨文里的'德方'"(唐兰:《用青铜器铭文来研究西周史——综论宝鸡市近年发现的一批青铜器的重要历史价值》,《文物》1976年第6期,注⑨);刘桓专论论及甲骨文之"德方"即"陟方",其义为"巡守",德(陟)方是"一种对方国巡视的制度"(刘桓:《殷代"德方"说》,《中国史研究》1995年第4期)。

关系相对和睦、稳定;后者则反映双方为敌对关系。所谓"徝伐某方",即带有征讨性的巡守。徝伐某方与征、伐某方的区别在于,前者当是对臣而又叛者的兴师问罪,其目的在于以威服之;后者的主要目的则在于杀伐与掠获。我们对徝某方、徝伐某方的这一理解,亦可在卜辞中寻求内证。

> 癸巳卜,方其受祐,五月。(《甲骨文合集》8644)
> 己丑卜,王贞,惟方其受弜祐。(《甲骨文合集》20608)
> 方受有祐……受年,十三月。(《甲骨文合集》9814)
> 贞,我受土方祐。(《甲骨文合集》8478)
> 贞,弗其受土方祐。(《甲骨文合集》8481)
> 贞,王勿土方其受……(《甲骨文合集》8485)

上揭卜辞反映,商王朝关心方、土方的"受年""受祐"。武丁时期,在与商王朝频繁发生冲突、联系的主要方国中,商王朝关心其"受年""受祐"的,仅有土方、方、舌方,而此三者,恰恰是徝的对象,尤其是土方、方是徝的主要对象。这应当表明作为徝对象的方,对商王朝有臣服、亲善关系,同时也证明徝是用于臣服方国的巡守活动。

甲骨文中,"徝"字似有可释为"德"者。

> 卜王侯不若徝。(《甲骨文合集》20068)

此"若徝",似与《尚书·高宗肜日》"民有不若德"的"若德"、《尚书·酒诰》"亦惟天若元德"的"若元德",语例相同,"若德"即"顺德。"

> 辛卯卜,亘贞:父乙毛王,王固曰:"父毛,惟不徝。"(《甲骨文合集》766 正)

《尚书·伊训》曰:"尔惟不德,罔大,坠厥宗。"《尚书·太甲》谓:"德惟治,否德乱。""否德"即"不德"。上揭卜辞之"不徝",与《尚书·伊训》的"不德"、《尚书·太甲》的"否德"类同。卜辞谓父乙降灾,"惟不徝"。《尚书·盘庚》曰:"失于政,陈于兹,高后丕乃崇降罪疾,曰:'曷虐朕民?'汝万民乃不生生,暨予一人猷同心,先后丕降与汝罪疾,曰:'曷不暨朕幼孙有比?'故有爽德[①],自上其罚汝,汝罔能迪。"即在殷人的观念中,商王失政,或者臣

---

① 爽德:爽,《广雅·释诂三》"败也",爽德即败德。《尚书·微子》称酗酒而荒怠政务为"败乱厥德"。

民不与商王同心协力,皆有损于德,祖神便会因此降灾示罚。卜辞的"惟不
值"招致祖神降凶与此吻合。

　　囿于卜辞文体简约,而且材料过少,我们对卜辞的"惟不值"的分析难
免出于推测,然而联系《商书》《周书》关于商王之"德"的记载①,我们的推
测似不无道理②。

　　"值"字的产生,凝聚着人们依则行事的内在自觉。经历漫长的发展,
至殷商时,人们萌生出依则行事的内在自觉,并随之形成相应的观念,应属
可能。西周之德增添心符则彰显人们依则行事的内在自觉已经由重视"规
则"发展到"规则"与"内化规则"并重③。那么,就发生学的意义看,由殷商
甲骨文的"值"字与西周金文的"德"字所体现的相关认知具有合符逻辑的
发展。

　　西周初年,三代更替的历史经验,以及小邦周取代大邑商的强烈社会震
荡造就出西周统治者深重的忧患意识,翻检《诗经》《尚书》,其深重的忧患跃
然字里行间。"天命靡常"④"唯命不于常"⑤"惟王受命,无疆惟休,亦无疆惟
恤"⑥"我受命无疆惟休,亦大惟艰"⑦"休兹知恤,鲜哉!"⑧,此类饱含忧患的命

---

　　①　《尚书·盘庚》,数见涉及商王之德,且明言"肆上帝将复我高祖之德",《尚书·微子》谓商
纣等沈酗于酒,"乱败厥(成汤)德于下"。《尚书·康诰》载成王告诫卫康叔,治理卫地,当"绍闻衣
(于省吾谓:"衣、殷古并通。"见于省吾:《双剑誃尚书新证》卷二,"绍闻衣德言"条。即引文所涉之
"衣"当为"殷")德言",往敷求于殷先哲王,用保乂民",《尚书·多士》谓:"自成汤至于帝乙,罔不明
德恤祀",《尚书·君奭》曰:"天惟纯佑命,则商实百姓王人,罔不秉德明恤",《逸周书·商誓》曰:
"古商先哲王成汤,克辟上帝,保生商民,克用三德。"

　　②　学界也有类似观点。王守道认为"德的思想已经是殷人的政治思想和宗教思想的重要组
成部分"(王守道:《殷周之际宗教思想发生过巨大变革吗——与任继愈等同志商榷》,《学术月刊》
1985年第5期);饶宗颐认为卜辞之"值"字即"德",并联系文献与周金谓,"德的观念在殷代应该出
现,我们实在没有理由加以否认"(饶宗颐:《天神观与道德思想》,《中研院历史语文所集刊》第49
本,第一分,第80页);温少峰也认为卜辞之"值"即"德",参见温少峰:《殷周奴隶主阶级"德"的观
念》,《中国哲学》编委会编:《中国哲学》第八辑,三联书店1982年版,第44—45页。

　　③　西周时人并重"规则"与"规则内化",这一"并重"不仅反应在德字的形体变化上,而且文
献所载也有类似反映。《诗经·大雅·皇矣》曰"帝度其心,貊其德音"《逸周书·祭公》谓"维皇皇
上帝度其心,寔之明德"(这两条材料的训解参见本书第三章"德由天赋"观部分的相关论述),这类
材料显示,天帝将德赋予人君的同时,对人君尚有"度其心"之类的"心灵启迪"。作为人间秩序之
则的德与心灵相联系的信息由此而被彰显。这一"彰显"无疑是"并重"的证明。

　　④　《诗经·大雅·文王》。

　　⑤　《尚书·康诰》。

　　⑥　《尚书·召诰》。

　　⑦　《尚书·君奭》。

　　⑧　《尚书·立政》。

题,为周初统治者反复刻意强调。在强烈忧患意识推动下,德观念被进一步强化,如本书第一章所涉,周初统治者视"明德""敬德"为拥有天命与获取民心的决定性因素,统治的合法性与政权的稳固性皆系于德。伴随时人对德的强调,以及人们思维能力的发展,西周人们对德的认识逐渐深化,由注重"视则而行"发展为"视则而行"与"内化行为准则"并重。这一变化反映在文字上,即是"徝"字增加心符变为"德"。据笔者所见,最早的"德"字,见于成王时的㽙尊。西周金文与文献反映,德大部分体现于政治领域,其内涵主要涉及三个方面:其一,指伦理准则、规范,如"上帝降懿德"(墙盘,《殷周金文集成》10175)、"经德秉哲"①"勤用明德"②"夫循乃德"③等"德";其二,指为政者实践伦理准则、规范的行为与相关品质,即个人的美德,诸如"周公之德"④"秉德恭屯"(善鼎,《殷周金文集成》2820)、"肇对元德"(曆鼎,《殷周金文集成 2614)之德;其三,指实践政治伦理规范而产生的"德政",如"弗惟德馨香祀登闻于天"⑤"我古人之德"⑥。春秋时期以具体德目界说德的现象,在西周时期尚未出现,然而,在西周的"尚德"思潮中,时人也提出了可由德涵盖的种种具体伦理规范、准则。

## 三、西周金文具体政治伦理规范⑦词语研究

### (一)敬　恭　虔　肃

**1. 敬**

(1)敬

A.

大保簋:"克敬亡谴。"(《殷周金文集成》4140)

---

① 《尚书·酒诰》。
② 《尚书·梓材》。
③ 《逸周书·尝麦》。
④ 《尚书·金滕》。
⑤ 《尚书·酒诰》。
⑥ 《尚书·召诰》。
⑦ 所谓"政治伦理",主要指政治行为中应当遵守的道德规范与准则。本部分涉及的"允""孚""信"等观念,一般具有社会性。然而据现有材料反映,西周时期的此类观念主要是在政治领域被强调,所以本书将其置于该部分加以讨论。

叔𨟭父卣："敬辥乃身……敬哉①。"(《殷周金文集成》5428)

B.

《诗经·周颂·闵予小子》："夙夜敬止。"

《诗经·周颂·敬之》："敬之敬之,天维显思,命不易哉。"

《诗经·大雅·常武》："既敬②既戒,惠此南国。"

《尚书·康诰》："恫瘝乃身,敬哉。"

《尚书·君奭》："往敬用治。"

《尚书·洛诰》："敬哉。"

(2)敬××

A.

坷尊："彻命,敬享哉。"(《殷周金文集成》6014)

大克鼎："敬夙夜用事。"(《殷周金文集成》2836)

五年师旋簋："敬毋败绩。"(《殷周金文集成》4216)

𡏚盨："敬明乃心③。"(《殷周金文集成》4469)

B.

《诗经·大雅·民劳》："敬慎威仪④。"

《尚书·康诰》："敬明乃罚。……不克敬典。"

《尚书·洛诰》："敬天之休。"

《尚书·立政》："以敬事上帝。"

《尚书·顾命》："敬迓天威。……敬忌天威。"

《尚书·吕刑》："敬逆天命。……惟敬五刑。"

(3)敬德

A.

大盂鼎："敬雝德。"(《殷周金文集成》2837)

班簋："唯敬德,亡攸违。"(《殷周金文集成》4341)

---

① "敬哉"也见于《逸周书·皇门》,《逸周书·商誓》作"敬之哉"。
② 敬,《郑笺》云"敬之言警也",《孔疏》则释之为"恭敬"([汉]毛公传、[汉]郑玄笺、[唐]孔颖达等正义:《毛诗正义》,《十三经注疏》上册,第576页)。两说似以后者为优。
③ "敬明乃心"之用语,亦见诸师訇簋(《殷周金文集成》4342),此外师望鼎(《殷周金文集成》2812)、癲钟(《殷周金文集成》247)有"克明厥心"语。
④ 《诗经·大雅·抑》曰:"敬慎威仪""敬尔威仪"。

B.

《尚书·召诰》:"王其疾敬德①。"

敬,《说文·苟部》:"肃也,从攴、苟",《说文·聿部》:"肃,执事振敬也"。《说文》之外,其他先秦及汉代籍对"敬"义之训,主要有警②、慎③、尽心职守④等。而诸义项中,孰为其初义。早期金文敬字或作"𝕲"(大保簋,《殷周金文集成》4140)、"𝕲"(大盂鼎,《殷周金文集成》2837),与甲骨文中的字符"𝕲""𝕲"同。徐中舒先生认为"𝕲"即敬字初文,象狗蹲踞伺察、警惕之形⑤,其说可从。即以形溯义,敬之本义为"警",引申为谨慎、认真、严肃、努力、尽心等义。

敬,作为西周时期的政治伦理规范,主要从哪些方面规约为政者? 据上揭铭文与载籍所涉,在西周前后期,敬的具体运用有所不同。

西周前期,敬的主要用法为"敬""敬德""敬天之休"。凡单言敬,主要强调一种谨慎的、小心翼翼的精神、心态。这种谨慎以及对谨慎的强调,皆基于"天命靡常"的强烈忧患意识。敬德当指谨慎、认真地对待天赋之德。敬天之休命,即谨慎、小心翼翼地对待天降休命。西周前期,对于天休、天之休命,强调敬;而相对"天威"则言"畏",如"畏天威"(大盂鼎,《殷周金文集成》2837)"我其夙夜,畏天之威,于时保之"⑥"殷先哲王迪畏天显小民"⑦。"天休"指自己所获的天之休命;天威指天的威严,主要体现为上天降覆亡王朝之命。足见时人对"上天"的基本态度由敬畏构成,畏惧上天显威而大命坠失,便小心翼翼谨慎地对待自己所获之"大命"。西周晚期,"敬德"一词,已不见于铭文,文献中也极为少见,而多称"秉德""哲德"。这一时期,从敬观念所涉对象看,最明显的变化在于直接与心、威仪相关,并多涉及事功。西周中叶以后,铭文中"敬乃夙夜用事"类语习见,其义为"日夜专心致力于职守"。敬的谨慎、认真精神用于具体职责,便引申出"专心致

---

① 《尚书·召诰》中,"敬德"4 见,"敬厥德"2 见,《尚书·无逸》《尚书·君奭》中,"敬德"各 1 见。

② 《逸周书·谥法》:"夙夜警戒曰敬";《释名·释言语》:"敬,警也,恒自肃警也";《诗经·大雅·常武》"既敬既戒",敬,《郑笺》:"敬之言警也。"

③ 《诗经·周颂·闵予小子》"夙夜敬止",敬,《郑笺》:"慎也。"

④ 《逸周书·谥法》:"夙夜恭事曰敬";《周礼·天官·小宰》:"三曰廉敬",敬,《郑注》:"不解于位也"。

⑤ 参见徐中舒:《怎样考释古文字》,《徐中舒历史论文选辑》,中华书局 1998 年版,第 1434 页。

⑥ 《诗经·周颂·我将》。

⑦ 《尚书·酒诰》。

力"之义。"敬明乃心"类语例,仅见于西周晚期铭文,与此同时,文献中屡言"敬慎威仪",铭文谓"秉威仪",与心、威仪相涉之敬,义为谨慎、不敢懈怠。"敬明乃心""敬慎威仪"属伦理修养的范畴,敬作用于此方面,是西周晚期伦理修养观深化的表现(拟专文论及)。

综而论之,敬观念在西周前期、晚期的运用差异,既受不同时期伦理指导思想的影响,也受伦理发展规律的制约。西周前期,主要从王朝永保"天命"的角度言"敬",所以在敬的运用上具有宏观、概括的特点,这一特点主要表现为单独强调"敬";西周晚期,人们言敬主要从巩固宗族地位或个人职守的角度,因此,敬必然涉及相应的人、事,于是敬于事功、职守,敬于心与威仪等观念大量涌现。同时,伦理观由粗疏到具体、细化,是其发展的一般规律。

2. 恭

A.

𣄴尊:"惠王恭德,欲天训我不敏。"①(《殷周金文集成》6014)

善鼎:"秉德恭屯。"(《殷周金文集成》2820)

禹鼎:"惕恭朕辟之命。"(《殷周金文集成》2833)

叔向父禹簋:"恭明德,秉威仪。"(《殷周金文集成》4242)

大克鼎:"克恭保厥辟。"(《殷周金文集成》2836)

B.

《诗经·大雅·抑》:"温温恭人,维德之基。"

《诗经·大雅·云汉》:"敬恭明神,宜无悔怒。"

《诗经·小雅·小弁》:"维桑与梓,必恭敬止。"

《诗经·小雅·小宛》:"温温恭人,如集于木。"

《诗经·小雅·宾之初筵》:"宾之初筵,温温其恭。"

《尚书·洪范》:"貌曰恭……恭作肃。"

《尚书·牧誓》:"今予发,惟恭行天之罚。"

《尚书·康诰》:"恭厥兄。"

《尚书·召诰》:"惟恭奉币,用供王能祈天永命。"

《尚书·君奭》:"嗣前人,恭明德。"

《逸周书·皇门》:"助王恭明祀,敷明刑。"

---

① 该引文隶定从彭裕商(彭裕商:《西周青铜器年代综合研究》,第219页)。

《逸周书·祭公》:"亦先王茂绥厥心,敬恭承之。"

恭字,金文作"龏",甲骨文有"龏"字,用为地名或神祇名。龏也作龚。恭,高鸿缙认为龏、龚、恭乃一字的先后形体①,《说文》则将其分属三部。恭,《说文·心部》:"肃也。从心,共声";龏,《说文·収部》:"慤也,从廾,龙声";龚,《说文·共部》:"给也,从共,龙声"。虽然《说文》将本乃一字的龏、龚、恭分属三部,而所训之义,实唯敬谨、供给二义。此二义似为恭字的本义与引申义。恭之初形龏,象双手捧龙形物,当会"供奉"之义。龙于先民而言,乃神圣之物,所以其供奉对象当为神灵或尊者,而对神灵、尊者必心存敬畏,因此"龏"字最直接的引申义便是恭敬。

西周时期,恭作为政治伦理规范,其含义主要有两方面:其一,恭敬、恭顺,如"恭朕辟之命""恭保厥辟""恭厥兄"之类;其二,谨慎、认真,此义项主要涉及事,如"恭德""恭明祀"等。

西周时期,敬、恭是既有联系又有差异的观念。从字义上看,敬偏重"慎";恭则侧重"顺"。由于这一差异,敬更多表现为一种谨慎、小心翼翼的精神、心态;恭则主要表现为顺从、顺服等举止神态。所谓"貌曰恭"②"在貌为恭,在心为敬"③之类认识,当基于敬、恭的字义以及其运用中的差别而来。从敬、恭的适用范围讲,首先敬可宏观、笼统地运用,诸如"敬""敬之""敬哉"类;而恭仅则用于具体的人事方面,没有"恭""恭哉"类表现形式。其二,敬主要偏重临事;恭则主要用于对人。其三,敬的使用一般不别尊卑;而恭,主要是下对上的行为规范。其四,涉及职事,敬、恭皆有谨慎、认真之义,诸如"敬德""恭德""敬五刑""恭明祀"等。

西周晚期,在纷争不息、祸乱不已的大背景下,人们因厌倦争斗而渴望人际间的温恭谦让。应时代需要,作用人际间的"恭"规范,其"恭顺"义中又孳乳出"谦恭"义,于是"温温恭人""温温其恭"类用语习见于西周晚期作品中。恭与温连文的构词现象仅见于西周晚期。《诗经·小雅·小宛》谓

---

① 李孝定认为:"収、共古今字,龏、龚亦当为古今字。"(于省吾:《甲骨文字诂林》第二册,中华书局 1996 年版,第 1763 页)高鸿缙则认为:"恭字初原作𢙽,从廾龙声,后'廾'变'龏',故有𪚥字,音义不别,秦以后有𢙽字,从心共声,音义仍同。"(周法高主编:《金文诂林》第三册,第 1433 页)

② 《尚书·洪范》。

③ 《尚书·无逸》曰:"严恭寅畏。"郑玄注曰:"恭,在貌;敬,在心。"

"温温恭人",温温,《毛传》曰"和柔貌",与温连文的"恭",若以恭谨、恭敬为训[1],似不确切,而柔和与恭谦呼应,因此,训"恭"为恭谦、恭让方为达诂。所谓"尊贤敬让曰恭"[2]"谦接谓之恭"[3]类"谦接""谦让"之义,当是始于西周晚期的新义。

3. 虔

A.

师望鼎:"虔夙夜出内王命。"(《殷周金文集成》2812)

追簋:"追虔夙夕,恤厥尸事。"(《殷周金文集成》4219)

番生簋盖:"虔夙夕,溥求不朁德。"(《殷周金文集成》4326)

梁其钟:"虔夙夕,辟天子。"(《殷周金文集成》187)

癲钟:"癲夙夕虔敬,恤厥尸事。"(《殷周金文集成》252)

毛公鼎:"汝毋敢荒宁,虔夙夕,惠我一人。"(《殷周金文集成》2841)

B.

《诗经·大雅·韩奕》:"虔共[4]尔位,朕命不易。"

《逸周书·祭公》:"次予小子虔虔在位。"

虔,《说文·虍部》:"虎行貌。从虍,文声,读若矜。"虔有敬、恭义。周铭中,虔敬连文,《诗经》中,虔、恭连文,当属近义连文。《逸周书·祭公》"虔虔在位",虔,孔晁注曰:"敬也。"据上揭铭文,虔,仅见于"虔夙夕"类语例中,此类语例不见于西周中期以前的器铭、文献中,仅见于《逸周书·祭公》与《诗经·大雅·韩奕》,前者为穆王时作品,后者为西周晚期作品。因此,虔当为西周中期才开始流行的政治伦理规范。虔与敬虽然义近,但使用中却有差别。西周中期以降的册命语使用"敬夙夕",而"虔夙夕"一般为臣下自勉自励语,仅宣王时的毛公鼎铭的"虔夙夕"与同时的《韩奕》"虔恭尔位"属例外。因此,西周时,虔表虔敬、虔诚时,似有自谦义,一般当用于规范为臣者。

―――――――――――

① 袁愈荽、陈子展皆训与温连文之"恭"为恭谨(袁愈荽译诗、唐莫尧注释:《诗经全译》,第 301 页;陈子展撰述:《诗经直解》下册,范祥雍、杜月村校阅,复旦大学出版社 1983 年版,第684 页)。

② 《逸周书·谥法》。

③ 《论语·季氏》"貌思恭",《皇疏》:"谦接谓之恭。"(程树德:《论语集释》第四册,第1160 页)

④ 共,《郑笺》曰:"古之恭字或作共。"

4. 肃

A.

史墙盘："肃①哲康王。"(《殷周金文集成》10175)

禹鼎："于匡朕肃慕。"(《殷周金文集成》2833)

B.

《诗经·周颂·清庙》："於穆清庙,肃雝显相。"

《诗经·周颂·有瞽》："肃雝和鸣,先祖是听。"

《诗经·周颂·雝》："有来雝雝,至止肃肃。"

《诗经·大雅·思齐》："雝雝在宫,肃肃在庙。"

《诗经·大雅·烝民》："肃肃王命。"

《诗经·大雅·桑柔》："民有肃心。"

《尚书·洪范》："恭作肃。"

《尚书·洛诰》："公功肃将祗欢。"

《逸周书·皇门》："茂扬肃德。"

肃,《说文·聿部》："执事振敬也。从聿,在𣶒上,战战兢兢也。"即"肃"之本义为"小心谨慎"。《说文》肃、敬互训,当基于此义。肃,金文或从聿、从𣶒,或从竹、从𣶒,与小篆略同。肃之"敬"义,用于"执事",又引申为果敢、刚毅、进取等义。

肃作为西周的政治伦理规范,既规约为政者的职事行为,也规约其"仪容"。

上引《诗经·大雅·思齐》"肃肃在庙",肃肃,《毛传》"敬也",《孔疏》"其容肃肃然,能恭敬在于先祖之庙"②。祭礼中"肃肃"之"肃"有"敬"义,然而以"恭敬"训此"敬"则欠妥。两周时人强调祭祀者必须"齐肃恭敬致力于神"③"肃恭明神"④。《礼记·玉藻》谓:"庙中齐齐",《礼记·少仪》载:"祭礼之容",其曰:"祭祀之美⑤,齐齐皇皇",郭店楚简《性自命出》云:"祭

---

① 肃,或隶定为"渊",引文隶定从徐中舒(徐中舒:《西周墙盘铭文笺释》,《徐中舒历史论文选辑》下,第 1296 页)。

② [汉]毛公传、[汉]郑玄笺、[唐]孔颖达等正义:《毛诗正义》,《十三经注疏》上册,第 517 页。

③ 《国语·楚语下》。

④ 《国语·周语上》。

⑤ 美,《郑注》曰:"当为仪字之误也。"

祀之礼必有夫齐齐之敬"①,《左传·文公二年》曰:"子虽齐圣",齐,杜注:
"肃也"。由此可见,作为祭祀之容的"齐齐""肃肃",其义类同,皆有"敬"
义。正因为齐、肃之义的这种"类同",才有上文所涉的"齐肃"连文现象。
而以"齐肃"所指称的祭祀之"敬",即"肃"的"战战兢兢"之本义②。而与
"齐肃"并列的"恭敬",以及与"肃"并列的"恭",其义则另有所指,此点在下
文讨论"雖、穌"问题时将涉及。周人十分注重规范人的举止仪容,视其为
礼的重要组成部分。从心理学的角度讲,一般而论,仪容是内在精神的表
征,一个人的仪容既可反映其内心精神,而人的仪容又构成影响和感染他
人的场境。仪容与精神的这种关系,当是周人注重举止仪容的内在依据。
就礼书所载,迄至东周,周代贵族举止仪容之礼已成体系和规模。《周礼·
地官·保氏》载,保氏教国子以六仪:"一曰祭礼之容,二曰宾客之容,三曰
朝廷之容,四曰丧纪之容,五曰军旅之容,六曰车马之容。"此载表明,周代
贵族履行不同职责,身临不同场境,必须具备相应的仪容。《周礼·秋官·
司仪》"掌九仪之宾客摈相之礼,以诏仪容、辞令、揖让之礼",设官专司"举
止仪容"之礼,足见周人对举止仪容之重视。《周礼》有关贵族"举止仪容"
的记载难免杂有后人的理想与整理,但其所反映的周人重视"仪容"规范当
属史实。东周贵族的"仪容"规范,即后世所谓的仪容之礼,当由西周的相
关规范发展而来。上揭史料的"肃肃然"之貌,即西周贵族的"祭礼之容"。
可见西周时期规约贵族仪容的"肃肃"与《礼记》用于贵族仪容的"齐齐"类
同,皆为祭祀时所必备的敬之容。

　　肃用于实际的政治行为,则从果敢、刚毅、进取等方面规约为政者。禹
鼎铭曰:"于匡朕肃谟。"肃,义当为"刚毅、果敢"。《诗经·小雅·黍苗》"肃
肃谢功",肃肃,《郑笺》"严正之貌",即严正地治理谢地。《逸周书·谥法》
"执心决断曰肃"③,即"肃"有"果断"义。禹鼎之"谟"系军事谋略,故"肃
谟"当指威严、果敢的谋略,联系铭中"无遗寿幼"的严酷军令,将"肃"释为
果敢、威严当不至有误。

　　肃所蕴涵的严敬、刚强往往与事功、成就相关。史墙盘铭曰:"肃哲康

---

　　① 荆门市博物馆编:《郭店楚墓竹简》,第181页。

　　② 《国语·楚语下》载观射父对楚昭王讲述祭礼,其强调祭祀者必须"战战兢兢,以事百神",
而上文所涉的"齐肃"即指"战战兢兢"。

　　③ 孔晁释"肃"为"严果",即"肃"有"果敢""威严"之义。

王。"一般将其"肃哲"隶为"渊哲"①,徐中舒则隶为"肃哲"②,洪家义认为两种解释"以文意推之,均可通"③,然而,我们认为隶为"肃哲"更为恰当。因为肃、哲连文也见诸其他周铭。王孙遗者钟铭曰:"肃哲圣武,惠于政德。"④王孙诰钟铭则谓:"肃哲臧御,闻于四国。"⑤西周文献中,习见肃、乂互文,《尚书·洪范》:"曰肃,时雨若;曰乂,时旸若。"《诗经·小雅·小旻》:"或哲或谋,或肃或艾。"⑥习见的肃、乂互文,当表明二者有某种联系。"肃"即有上文所涉的"果敢""威严"之义,也有"刚强而有为"之义,《逸周书·谥法》"刚德克就曰肃"⑦;乂,《尔雅·释诂》曰"治也",先秦典籍中治、治理是"乂"最基本的含义。由此可见,先秦典籍中的肃、乂互文所体现的二者联系当在于,其"肃"往往指"刚强而有为",其乂所指称的"治理"则表"刚强有为"之效果。联系墙盘铭文义,则可见与"哲"连文的字隶为"肃"比隶为"渊"更妥帖。墙盘铭曰"肃哲康王,分尹葊疆",分尹,李学勤先生释为"服治"⑧,可从。此铭"肃哲"与"服治"互文,与《诗经》《尚书》肃、乂互文语例近似,其肃表"刚强而有为",其乂则表"有为"之果。《诗经·大雅·桑柔》"民有肃心",肃,《郑笺》"进也","肃心"即"进取之心"。"进取"之义与"刚毅而有为"乃肃的相近义项,皆由"肃敬"精神用于事功而引申。

综而论之,肃作为政治伦理规范,既规约为政者的"仪容",要求其在特定场景具有谨慎、小心翼翼的敬精神,又规约其职事行为,使其行为蕴含敬、刚毅、进取精神。

① 李学勤:《论史墙盘及其意义》,《考古学报》1978年第2期;裘锡圭:《史墙盘铭解释》,《文物》1978年第3期;唐兰:《略论西周微史家族窖藏铜器群的重要意义——陕西扶风新出墙盘铭文解释》,《文物》1978年第3期。

② 徐中舒:《西周墙盘铭文笺释》,《徐中舒历史论文选辑》下,第1296页;或认为墙盘之"肃"乃假"渊"为之(方述鑫等编著:《甲骨金文字典》,第240页)。

③ 洪家义:《金文选注绎》,第209页。

④ 《殷周金文集成》261。

⑤ 赵世纲:《淅川楚墓王孙诰钟的分析》,《江汉考古》1986年第3期。

⑥ 正文所引《诗经·小雅·小旻》之"艾"、《尚书·洪范》之"乂"为同一字("乂作艾",《经籍籑诂》下,第745页)。

⑦ 朱右曾释"严整不挠,成其刚德"([清]朱右曾:《逸周书集训校释》,第97页),即"肃"有"严整不挠""刚强有为"之义。

⑧ 李学勤:《论史墙盘及其意义》,《考古学报》1978年第2期。

## (二) 勤　敏　懋

### 1.勤

**A.**

　　钦钟:"王肇通省文武勤疆土。"①(《殷周金文集成》260.1)

　　单伯吴生钟:"徕②匹先③王,龏勤大命。"(《殷周金文集成》82)

　　毛公鼎:"唯先正罨燮厥辞,勋④勤大命。"(《殷周金文集成》2841)

　　勤,《说文·力部》:"劳也,从力,堇声。"勤字,金文多以堇字为之。《左传·僖公二十八年》曰:"令尹其不勤民。"勤,杜注:"尽心尽力、无所爱惜为勤。"勤之本义似为"尽心尽力",由"尽力"引申为操劳、辛勤不懈;由"尽心"引申为操心、忧恤、忧虑。西周时,勤这一政治伦理规范的要求,主要表现在辛勤、操劳与忧恤、操心两方面。勤之操劳、辛勤义,一般用于具体的劳作职事。

　　《尚书·梓材》:"既勤敷菑……既勤垣墉。"

　　《尚书·洛诰》:"惟公德明,光于上下,勤施于四方。"

　　《尚书·多方》:"尔惟克勤乃事。"

　　《逸周书·芮良夫》:"勤德以备难。"

　　上揭史料之"勤",其义与钦钟之"勤"义相同,皆指某具体事宜方面的操劳、辛劳、尽力不懈。"勤德"当指坚持不懈地遵循德。

　　涉及天命、社稷、王室王家,其"勤"往往有忧患、忧恤之义。

　　《尚书·金滕》:"昔公勤劳王家。"

　　《尚书·召诰》:"上下勤恤……欲王以小民受天永命。"

　　《逸周书·皇门》:"人斯既助厥勤劳王家……以家相厥室,弗恤王国王家。"

　　《尚书·金滕》载武王重病,周公忧虑其有不测而影响新生政权的统治稳固,从而作出了确保天降大命之事,谓"公勤劳王家"即此事。显然,此"勤劳"不当作辛勤、操劳解,而当释为"忧劳"。《逸周书·皇门》上文言"勤劳王家",下文谓"恤王国王家",此勤、恤当为同义互文。《尚书·召诰》的

---

　　① 该条引文隶定从彭裕商(彭裕商:《西周青铜器年代综合研究》,第390页)。

　　② 引文之"徕"读"仇",训为"匹",参见陈剑:《据郭店简释读西周金文一例》,《甲骨金文考释论集》,线装书局2007年版,第24—25页。

　　③ 引文之"先",《殷周金文集成》隶定为"之",彭裕商先生隶定为"先"(彭裕商:《西周青铜器年代综合研究》,第422页)。

　　④ 勋,《殷周金文集成》同时隶定为"龏"。

"勤恤"则属同义连文。中山王嚳鼎铭曰:"先祖趄王、昭考成王身勤社稷行四方,以忧劳邦家。"①此勤与忧互文,义当为忧,上引《逸周书·皇门》语例与此同。《吕氏春秋·古乐》"勤劳天下",《吕氏春秋·不广》"勤天子之难",勤,高诱并注:"忧。"②《法言·修身》曰:"或曰:'孔子之事多矣,不用,则亦勤且忧乎?'曰:'圣人乐天知命,乐天则不勤,知命则不忧。'"清汪荣宝谓此"勤"当训为"忧"③。

综而论之,上涉材料中,勤字以"忧"为义者,有两特点:其一,勤所涉皆非具体事宜,而是邦家、社稷、天下、天命等;其二,或勤劳连文,或勤忧互文,或勤忧连文。基于如此理解,我们再比校训释铭文中的"嚳勤大命"。

"嚳"字之释,分歧尤多,其释有劳、登、爵、奉、舁等。白川静综析诸说,从"熏"说④。李学勤比较诸说,将其字隶为"翯",认为与文献之"毖"通,"毖勤"即"勤劳"⑤。孙稚雏综析诸说,认为其形象两手奉爵,其义为古"奉",却将"嚳勤"释为"辛勤"⑥。比较诸说,似以李说为优,即"嚳勤"为"劳勤"。此"劳勤"与上揭史料中的"勤劳"相同,勤义为"忧",而劳与勤当属同义连文⑦,"勤劳""劳勤"即"忧恤",语例同《尚书·召诰》的"勤恤"。《尚书·召诰》所谓的"上下勤恤",其"勤恤"的对象即"天命"是否永久。铭中的"嚳勤大命"亦即对"天命"心存"忧恤"。对天命心存"忧恤",是《周书》中反复强调的命题,这一命题既有前文已涉的"受命无疆惟恤"类表现形式,也有"勤恤"天命是否久长的表现形式,"嚳勤大命"便是这一命题的金文表现形式。

2. 敏

A.

　何尊:"欲天训我不敏……敏谏罚讼。"⑧(《殷周金文集成》6014)

　大盂鼎:"敏朝夕入谏。"(《殷周金文集成》2837)

　�簋:"朕文母竞敏㝮行。"(《殷周金文集成》4322)

① 《殷周金文集成》2840。
② 陈奇猷校释:《吕氏春秋新校释》上册,第308、931页。
③ 汪荣宝:《法言义疏》上,陈仲夫点校,中华书局1987年版,第88页。
④ [日]白川静:《金文通释》卷三下,第三十辑,第652—653页。
⑤ 李学勤:《何尊新释》,《新出青铜器研究》(增订版),人民美术出版社2016年版,第38页。
⑥ 孙稚雏:《毛公鼎铭今译》,《容庚先生百年诞辰纪念文集》(古文字研究专号),第288、290页。
⑦ 《淮南鸿烈解·精神训》卷七载:大禹自谓"竭力而劳万民",劳,许注曰:"忧也。"
⑧ 引文隶定从彭裕商(彭裕商:《西周青铜器年代综合研究》,第219页)。

师嫠簋:"汝敏可使。"(《殷周金文集成》4324.2)

不嬰簋:"汝肈敏于戎功。"(《殷周金文集成》4328)

B.

《诗经·大雅·文王》:"殷士肤敏,祼将于京。"

《诗经·大雅·江汉》:"肈敏戎公,用锡尔祉。"

《尚书·康诰》:"丕则敏德。"

敏,《说文·攴部》:"疾也。从攴、每声。"敏字金文从每、从又攴。西周时期,作为伦理规范的敏,主要有勤勉、敏捷两义。作用于具体职事之敏,一般义为勤勉、勉力。《礼记·中庸》"人道敏政",敏,《郑注》"犹勉也"。上揭大盂鼎之敏,义为"勤勉"。《诗经·大雅·江汉》的"肈敏戎公"与不嬰簋的"肈诲戎工"当为相同语例,"诲"乃"敏"之假。《毛传》释"肈敏戎公"曰:"肈,谋;敏,疾;戎,大;公,事也。"《毛传》训释有误,王国维辨正曰:"戎工谓甲兵之事,《虢季子白盘》亦云:'丕显子白,甹武于戎工。'古武、敏音相近,则又借武为敏。"[1]郭沫若却认为"当以武为本字,有编钟残文曰'余武于戎攻'"可证[2]。周铭中,涉及"戎工",或作"武于戎工"[3],或作"肈敏于戎工"[4]。此两类句式义近,然而其敏、武似非假借关系,各用其义而已。细审这两类句式,虽然义近,却存在遣辞差异,肈、肇、敏一般连文,而武既不与肈连文,也不一定有其他前置辞。若为假借,两类句式的遣辞当不致有这种差异。"肈敏于戎工"之敏,其义当为"勉",即勉力、奋力于兵戎之事。

涉及才智、行动,敏所指一般为敏锐、敏捷。师嫠簋的"敏",可理解为才智敏锐及行动敏捷。《诗经·大雅·文王》的"殷士肤敏",敏,指殷士的才识敏锐。《尚书·康诰》所谓"敏德",即"因时制宜"之德[5]。"因时制宜"与"才识敏锐"义近。彧簋的"竞敏",唐兰释为"强干敏捷"[6]。

---

① 郭沫若:《两周金文辞大系图录考释》下册,"不嬰簋"条。

② 郭沫若:《两周金文辞大系图录考释》下册,"不嬰簋"条。

③ 除虢季子白盘、郭沫若文中所涉编钟残文外,王孙诰钟铭亦称"武于戎工"(赵世纲:《淅川楚墓王孙诰钟的分析》,《江汉考古》1986年第3期)。

④ 叔夷钟,《殷周金文集成》272、285。

⑤ 《周礼·地官·师氏》"以三德教国子……二曰敏德,以为行本",《郑注》曰:"敏德,仁顺时者也。"曾运乾释"顺时"为"因时制宜"(曾运乾:《尚书正读》,第171页)。

⑥ 唐兰:《用青铜器铭文来研究西周史·附录"伯彧三器铭文的释文和考释"》,《文物》1976年第6期。

3.懋

A.

帅佳鼎:"帅惟懋贶,念王母。"(《殷周金文集成》2774)

卯簋:"余懋再先公官。"(《殷周金文集成》4327)

癲钟:"王对癲身懋。"(《殷周金文集成》247)

懋字金文或作"㮇",《说文》分属两部。《说文·林部》:"㮇,木盛也,从林、柔声。"《说文·心部》:"懋,勉也。从心、㮇声。"㮇之形象"木盛",朔谊当为茂盛,借为勉。

文献中,懋或用本字,或假冒、勖①、茂为之。

《尚书·康诰》:"懋不懋。"

《尚书·君奭》:"惟兹四人昭武王,惟冒,丕单称德。"

《逸周书·皇门》:"茂扬肃德……百姓兆民,用罔不茂在王庭。"

《尚书·牧誓》:"勖哉夫子。"

《尚书·康诰》:"乃寡兄勖。"

《尚书·君奭》:"罔勖不及……汝明勖偶王。"

西周时期,为政者尤重勤勉、懋勉,周初诰书,专篇论"无逸",可见为政者对勤勉重视之一斑。《尚书·牧誓》中,"夫子勖哉"类似句式3见②,对"弗勖"者,则施行戮杀。《尚书·君奭》谓:惟有勖勉,天下才会盛赞周王之德。《逸周书·祭公》载:祭公称自己"免没我世",即勤勉终身,并力诫朝臣勉力辅佐周王。西周统治者之所以高度重视"懋",其原因在于敬、恭等规范最终必须落实到勤政勉德的层面,才不至流于空谈。

**(三)惠　勿侮鳏寡　柔远能迩**

1.惠

A.

珂尊:"惠王恭德。"③(《殷周金文集成》6014)

㽙簋:"康惠朕皇文烈祖考。"(《殷周金文集成》4317)

---

① 《说文·力部》"勖,勉也",段玉裁注:"勖,古读如茂,与懋音义皆同。"([清]段玉裁:《说文解字注》卷十三篇下)

② 其类似句式,"夫子勖哉"一例,"勖哉夫子"两例。

③ 引文隶定从彭裕商(彭裕商:《西周青铜器年代综合研究》,第219页)。

大克鼎："惠于万民。"(《殷周金文集成》2836)

毛公鼎："惠我一人。"(《殷周金文集成》2841)

B.

《诗经·大雅·思齐》："惠于宗公。"

《诗经·大雅·民劳》："惠此中国,以绥四方;……惠此中国,以为民逑;……惠此中国,俾民忧泄;……惠此中国,国无有残。"

《诗经·大雅·板》："丧乱蔑资,曾莫惠我师。"

《诗经·大雅·桑柔》："维此惠君,民人所瞻。"

《诗经·大雅·崧高》："申伯之德,柔惠且直。"

《诗经·大雅·瞻卬》："瞻卬昊天,则不我惠。"

《尚书·康诰》："惠不惠。"

《尚书·无逸》："爰知小人之依,能保惠于庶民……惠鲜鳏寡。"

《尚书·多方》："尔曷不惠王熙天之命。"

《尚书·文侯之命》："惠康小民"。

《周易·益卦》："有孚惠心……有孚惠我德。"

惠,《说文·叀部》："仁也。从心、从叀。"惠字,早期金文作"🌿"(何尊,《殷周金文集成》6014),晚期或增心符作"惠"(猷簋,《殷周金文集成》4317),其"🌿"形,或以为象纺砖上有线缗之形①,即"惠"之朔谊当为"纺线",纺线必顺,故又引申为"顺""柔顺"。《崧高》曰"柔惠",《逸周书·谥法》"柔质受课曰'惠'"②,此类"惠"字之义,似皆为惠的最直接引申义。

西周前期,作为政治伦理规范的"惠"主要强调"顺"。何尊的"惠王恭德"即指"顺王敬德",《尚书·多方》的"惠王熙天之命"、《尚书·康诰》的"惠不惠",其惠,亦指顺从、顺。惠观念所作用的对象范围,一方面是统治层的下对上,尤以臣属对周王的居多;另一方面是指为政者对小民,如《尚书·无逸》的"保惠于庶民"、《周易·益卦》的"有孚惠心",为政者对民之惠,主要指顺民心。

---

① 参见方述鑫、林小安等编著:《甲骨金文字典》,第249、310页。

② 《逸周书·谥法》作"柔质受课",黄怀信勘误曰:"《正义》《前编》并作'柔质慈民曰惠'。"(黄怀信:《逸周书校补注译》,第295页)

　　西周晚期,作为政治伦理规范的"惠"有两点明显变化:其一,运用频繁,这表明此期惠观念的发达;其二,惠的含义变化,惠之"顺"义往往被具体化为"施恩"与"爱",在这一层面上的惠,其作用对象主要为民。《诗经·大雅·民劳》的"惠此中国"、《诗经·大雅·瞻卬》的"则不我惠",惠,《郑笺》并释:"爱也。"《诗经·大雅·板》的"曾莫惠我师",即"不曾施恩解众庶之难"。就"爱"与"施恩"而言,总是以为政者为施予方,而庶众则是承受者。上揭史料正好反映出,爱、施恩这一层面的惠,主要是为政者对民的行为。《逸周书·谥法》的"爱民好与曰惠",应是对西周晚期以来的"惠"观念相关内涵的总结。上文已涉及,开国以来,西周统治者为了"永命"的终极目的,高度重视上合天心、下顺民意。其"顺民"的规范要求一般表达为"相民"①"保乂民""用康保民"②"保民"③。保、康、乂,其义近,或安,或养④,即西周早、中期的"顺民"着重安民、养民。为政者的安养庶众当包括了对安养对象的爱与施恩,但是尚未形成概括这类事实的观念。西周晚期内忧外患踵至,天灾人祸交织,生灵涂炭,民众对被爱与恩赐的渴求由此骤增。《诗经·大雅·民劳》反映,众庶强烈要求为政者施予惠爱,以利安定与休养生息,以避祸乱、残害,以排忧泄愤。《诗经·大雅·板》则明示下民亟须为政者施恩解民于倒悬。正是在这一背景下,发出"维此惠君,民人所瞻"⑤的时代呼声。大克鼎铭中,为政者自身也以"惠于万民"为值得夸耀的政绩。"惠君"与"惠于万民"之惠,其义皆为"顺",然而,是时为政者之惠顺,既以民为对象,又以施与爱、恩惠为具体内容。

　　西周晚期,"惠"这一政治伦理规范逐渐细化为"爱""施恩"等具体内容,既与时代需求对"惠"观念的强烈刺激有关,也符合观念由宽泛、粗疏到具体、细化的发展规律。随着"惠"观念含义的变化,原本既适用于统治层内部,又适用于为政者对民的规范,逐渐变为为政者对民,尤其是人君对民的规范,"惠君"这一用语出现于西周晚期,正反映出是时社会对人君的独特的道德价值期许。春秋以降,惠作为政治行为规范,已主要是指以爱民、

---

① 《尚书·大诰》《尚书·吕刑》。
② 《尚书·康诰》。
③ 《尚书·梓材》。
④ 保,《说文·人部》"养也";《诗经·小雅·天保》"天保定尔",保,《郑笺》曰:"安也。"乂,或作艾,《尔雅·释诂》"治也",又"养也"。康,《尔雅·释诂》:"安也。"
⑤ 《诗经·大雅·桑柔》。

施恩于民为内涵的君德。

2.勿侮鳏寡

A.

毛公鼎:"毋敢龚橐,龚橐乃侮鳏寡。"①(《殷周金文集成》2841)

B.

《诗经·大雅·烝民》:"不侮矜寡②。"

《尚书·康诰》:"明德慎罚,不敢侮鳏寡。"

《尚书·无逸》:"不敢侮鳏寡。……惠鲜鳏寡。"

《逸周书·尝麦》:"无或刑于鳏寡。"

自进入文明社会以来,"同情与保护弱小"便成为人类的社会通则。在漫长的人类史中,这一"通则"的形成殊为不易,因为它是作为对"弱肉强食"的"丛林原则"之反动而出现。人源于丛林,其生存曾经也受"丛林原则"所支配。从生存法则的角度看,在人与人类社会形成的漫长过程中,应当通过艰难而痛苦的反复试错,逐渐克服受生存法则规约而成的"弱肉强食"的动物性,与此同时才逐渐涵养成"同情与保护弱小"的人性。西周载籍与周金所反复强调的"不侮鳏寡",既是那一时期人性光辉的体现,也是那一时代的伦理底线。

侮,即欺负、凌辱、伤害之义。鳏寡,"老而无妻谓之鳏,老而无夫谓之寡"③,或指代孤独穷困无助者,属社会弱势群体。《诗经·大雅·烝民》"不侮鳏寡,不畏强御",鳏寡与强御④互文,即以鳏寡代柔弱。《尚书·无逸》谓"保惠于庶民,不敢侮鳏寡","怀保小民,惠鲜鳏寡",皆保民与善待鳏寡互文,当昭示"善待鳏寡"乃"保民"的具体表现,而且应当是保民的最起码的体现。正因为如此,终西周之世,"不侮鳏寡"一直被为政者强调、重视。

据现有材料,西周为政者"不侮鳏寡",一方面体现在经济上,另一方面体现在刑罚上。《尚书·梓材》曰:"王启监,厥乱为民。曰:无胥戕,无胥

---

① 引文隶定从洪家义(洪家义:《金文选注绎》,第442页)。

② 矜,《集韵》鳏"通作矜"(《经籍籑诂》上册,第220页)。

③ 《太平御览》卷四百七十七,中华书局1960年版,第2187页引《尚书大传》。

④ 强御即强暴。《史记》卷四《周本纪》引《尚书·牧誓》"不御克犇",御,《集解》引《郑注》曰"御,强御,谓强暴也"(第124页)。

虐。至于敬寡①,至于属妇②,合由以容③。"至于敬寡条,其意为:对于鳏寡,对于孕妇,即使犯罪,皆当教导而宽容之。对鳏寡类穷而无助者,予以刑罚上的宽宥,可征之其他载籍。《逸周书·尝麦》曰:"勿畏多宠,无爱乃罾,亦无或刑于鳏寡。"据上述可见,"不侮鳏寡"的主要内容之一就是刑不及鳏寡。鳏寡作为社会弱势群体,最穷苦无告、孤立无援,即便犯下罪过,也不至酿成危及统治秩序的祸患,由此,周统治者才可能从刑罚上宽容之。而在经济上对鳏寡的优抚,当主要体现在税赋征课方面。关于西周赋税制,所载甚少,我们的分析主要据《国语》的有关记载。《国语·鲁语下》载孔子论西周赋税制:"先王制土,籍田以力,而砥其远迩;赋里以入,而量其有无;任力以夫,而议其老幼。于是乎有鳏、寡、孤、疾,有军旅之出则征之,无则已。其岁收,田一井,出稷禾、秉刍、缶米,不是过也。"孔子去西周不远,所言西周赋税制当大致可信。此载明示常年免征鳏寡之赋,逢征伐之岁才赋及鳏寡。西周初年,王朝将兴师平定管蔡、武庚之叛,成王哀叹:"呜呼! 允蠢鳏寡,哀哉。"④王朝将兴平叛之师,唯独哀叹"扰动鳏寡",当基于本无军赋之忧的鳏寡,因平叛不得不承受"军赋"之累。西周晚期,由于种种原因,官场中贪残之风盛行(此点本章第三部分将详涉),毛公鼎铭的"龏橐乃侮鳏寡",反映出官场中的横征暴敛已到"鳏寡"也不得幸免的地步,足见贪风之烈! "不侮鳏寡"曾为保惠庶民的最起码体现,西周晚期,这一起码规定也被破坏了,由此可见王朝统治危机之一斑。

3. 柔远能迩

A.

番生簋:"屏王位,虔夙夜,溥求不潜德,用谏四方,揉远能迩。"(《殷周金文集成》4326)

大克鼎:"惠于万民,柔远能迩。"⑤(《殷周金文集成》2836)

B.

《诗经·大雅·民劳》:"柔远能迩,以定我王。"

---

① "敬寡"之敬与矜、鳏音近相通。

② 《说文·女部》引《周书》作"至于嫡妇",并释"嫡"曰"妇人妊身也","属妇"即"孕妇"。

③ 合由以容:合,共同;由,《方言》"道也";容,《广雅·释诂》"宽也",孙星衍释之曰:"言穷民无告,有罪宽之。"(〔清〕孙星衍:《尚书今古文注疏》,第387页)

④ 《尚书·大诰》。

⑤ 引文隶定从彭裕商(彭裕商:《西周青铜器年代综合研究》,第453页)。

《尚书·顾命》:"柔远能迩,安劝小大庶邦。"

《尚书·文侯之命》:"柔远能迩,惠康小民,无荒宁。"

柔,《尔雅·释诂》"安也",即安定、安抚。能,有亲善、和睦义[①]。"柔远能迩"之远、迩,当指相对周王朝而言的远邦、近邦。西周时期,近邦,指周王朝分封的大小诸侯邦国;远邦,指臣服于周王朝的戎狄蛮夷等周边民族之邦。诸侯国由西周王朝"授民授疆土"的分封而产生,并且多为周王朝的宗亲或姻亲之邦国。所以对周王朝而言,远邦、近邦既有政治、经济、血缘关系上的远近,也有地理位置上的远近。周人的统治思维具有由近及远的特色,因此,其"柔远"与"能迩"应当不是一种平行、并列的伦理规范,而是"睦近"以推动"安远""抚远"。《诗经·大雅·民劳》上文言"惠此中国,以绥四方",下文谓"柔远能迩"。"惠中国"即"能迩";"绥四方"即"柔远"。《论语·子路》所谓的"近者悦,远者来"的精神与此相类。从实际统治效果看,只有王朝直接统治下的近邦和睦、安稳,才可能对远方之邦具有感召力和威慑力,从而安定远邦。因此,从终极目的的角度讲,"柔远能迩"当是西周王朝处理周边民族关系的行为准则。

西周王朝"柔远能迩"的主要手段是"行德"。毛公鼎铭曰:"(文武)膺受大命,衡怀不廷方,亡不闬于文、武耿光。"[②]所谓"不廷方",廷,《说文·廴部》"朝中也",不廷与不朝同义,当指不甘称臣纳贡之邦国[③]。所谓"耿光",当指文武"明德"之光。鼎铭昭示,文武以"明德"怀柔"不廷方"使其归顺,承受文武德光普照。类似记载也见诸文献。《国语·周语上》称周先王有训"有不王则修德",韦注:"远人不服,则修文德以来之。"《国语·鲁语下》载:"武王克商,通道于九夷、百蛮,使各以其方贿来贡。"而蛮夷之邦之所以来周朝纳贡称臣,则在于王朝的"令德以致远"。《诗经·大雅·江汉》亦云:"矢其文德,洽此四国。"因史料阙如,无法得知西周王朝睦近安远之德具体所指,然我们可以推测,德当以

---

① 《汉书》卷一百下《叙传》曰"柔远能迩",能,颜师古注云"善也"(第 4238 页)。此"善",即指亲善。毛公鼎铭谓"康能四国"(《殷周金文集成》2841),《史记》卷五十三《萧相国世家》曰"(萧)何素不与曹参相能"(第 2019 页),两者所涉"能",皆亲善、和睦义。

② 《殷周金文集成》2841。

③ 杨宽认为,戎狄之首领来周王的朝廷定期进贡,不经过宴会招待,坐在朝廷门外,使"舌人"通报,就来到中廷朝见而进献贡品。这种朝见方式称"来廷"或"来庭"。"又称不定期朝见的方国叫'不庭方'。"(杨宽:《西周史》,上海人民出版社 1999 年版,第 458—459 页)

笼络、感召为主。《诗经·大雅·崧高》"申伯之德，柔惠且直。揉此万邦，闻于四国"，即申伯以柔顺、正直之德使万邦归顺而名扬四方。

　　西周晚期，乃"柔远能迩"观盛行期，周铭中，此观念及类似观念仅见于厉宣时期；文献中类似观念也主要见于西周晚期。"无论什么时代，政治家和思想家集中讨论的问题，也就是当时社会最突出的社会矛盾问题。"①"柔远能迩"观盛行期，恰恰是实践这一规范的危机期。西周王朝顺利实践"柔远能迩"必须切实保证两大前提：其一，王朝国势强盛，对周边邦国极具威慑力；其二，王朝政治清明，从而切实保证践德于异族，由此对远邦形成强大感召力。两前提具备，周边蛮夷之邦因畏威、感德而至。西周晚期，王朝内政日趋衰败，与周边民族的矛盾日渐尖锐，西北边患不已②，东南蛮夷也叛服无常③。内忧外患致使王朝统治危机四伏，所以西周王朝迫切需求以"柔远能迩"来缓解统治危机，稳定王朝统治，即《诗经·大雅·民劳》所谓"柔远能迩，以定我王"。毛公鼎铭通过回顾文武"率怀不廷方"来昭示周王迫切要求其臣属"康能四国"④的信息。西周王朝既迫切需要安抚、稳定周边邦国，同时其对周边邦国，尤其对东南蛮夷之邦尚有控制力⑤，因此，"柔远能迩"才可能被统治者反复强调并付诸实践。除上揭材料所涉的"柔远能迩"外，毛公鼎铭称"康能四国"⑥，五祀㝬钟谓"用䠶不廷方"⑦，《诗经·大雅·韩奕》曰"榦不廷方"，《诗经·大雅·崧高》谓"揉此万邦"，《诗经·大雅·江汉》云"洽此四国"，此类记载俯拾即是，足见在与周边民族关系日益紧张的背景下，为了缓解统治危机，周王朝稳定周边民族的强烈愿望及为之付出的努力。

　　①　常金仓：《重新认识殷周天命与民本思想的关系》，《文史哲》2000 年第 3 期。

　　②　参见李峰著、徐峰译：《西周的灭亡——中国早期国家的地理和政治危机》，上海古籍出版社 2007 年版，第 169—184 页。

　　③　参见周书灿：《中国早期四土经营与民族整合》，合肥工业大学出版社 2011 年版，第 175—179、209—212 页。

　　④　参见毛公鼎，《殷周金文集成》2841。

　　⑤　鄂侯鼎、禹鼎、㝬钟、敔簋、驹父盨盖（诸器分别见《殷周金文集成》2810、2833、260、4323、4464）、《诗经·大雅·常武》《诗经·大雅·江汉》《诗经·大雅·崧高》等铭文、文献的相关记载涉及厉宣朝对东南地区的经营。

　　⑥　《殷周金文集成》2841。

　　⑦　《殷周金文集成》358.2。引文隶定从穆海亭（穆海亭、朱捷元：《新发现的西周王室重器五祀㝬钟考》，《人文杂志》1983 年第 2 期）。

春秋时期,周边戎狄蛮夷交侵中原,中原各国与其时常兵戎相见,由此,中原各国已无"柔远能迩"的需要;这一时期,中原各国内乱纷争不已,任何中原诸侯国以及衰败不堪的东周王朝,对日益强大的戎狄蛮夷而言,皆不具备昔日西周王朝那样的威慑力,因此,中原各国也失却了"柔远能迩"的能力。"柔远能迩"的呼声也随之消失殆尽;同时伴随中原人对戎狄等周边民族的所谓"贪婪""若禽兽"的认识形成,"德以柔中国,刑以威四夷"[1]的观念得以问世。在这一观念中,"四夷"已不复为"以德安抚"的对象。

### (四)亶 忱 允 孚 信

#### 1.亶

A.

帅佳鼎:"乃鹯子。"[2](《殷周金文集成》2774)

沈子它簋:"乃鹏(嬗)沈子。"(《殷周金文集成》4330)

B.

《诗经·小雅·天保》:"俾尔单厚。"[3]

《诗经·大雅·板》:"不实于亶。"

《诗经·周颂·昊天有成命》:"单(亶)厥心。"

《尚书·君奭》:"在亶乘兹大命。"

上揭铭文的鹯、鹏、沈,陈梦家认为沈是形容词,为"子"的修饰语[4],李学勤从陈说并进一步指出"鹯""鹏沈"或"沈",都是形容词,同时也阐释曰:"'鹯'字所从的'亶',从'亶'省,即'嬗'字。金文从'亶'的字多从此……而'鹯'字或作从'旃',可推知,(沈子)它簋的'鹏'也是'鹯'字异构。这个字在器铭中应读为'亶','沈'字应读为'谌'。两字《尔雅·释诂》都训为诚、信,是同义字,因而可分用,也可连用。"[5]联系文献所载,西周时的确已有"亶"观念,故李先生释"鹯"为"亶",殊为有见。

---

①　《左传·僖公二十五年》。

②　引文隶定从李学勤(李学勤:《鲁器帅鼎》,《缀古集》,第89页)。

③　《诗经·周颂·昊天有成命》的"单厥心",《国语·周语下》作"亶厥心",所以单即亶。

④　参见陈梦家:《西周青铜器断代》(五),《考古学报》1956年第3期。

⑤　李学勤:《鲁器帅鼎》,《缀古集》,第90页。

亶,《说文·亶部》"多谷也,从亶、旦声",段注:"亶之本义为多谷,故其字从亶,引申之义为厚也。"①《诗经·小雅·十月之交》"亶侯多藏",即以"亶"的"多谷"之义描述"多藏"②,乃用亶之本义。亶之本义为"多谷在仓",故引申为厚、实等义。《天保》的"亶厚",属同义连文。由厚、实引申为伦理规范方面的诚实、厚道。

2.沈

A.

沈子它簋:"乃鹏(嬗)沈子。"(《殷周金文集成》4330)

壴卣:"乃沈子。"③(《殷周金文集成》5401.1)

B.

《诗经·大雅·荡》:"天生烝民,其命匪谌。"

《诗经·大雅·大明》:"天难忱斯。"

《尚书·大诰》:"天棐忱辞。……越天棐忱。"

《尚书·康诰》:"天畏棐忱。……蔽时忱。"

《尚书·君奭》:"若天棐忱。"

上文已涉,李学勤认为上揭铭文之沈应读为"谌"。谌、忱义同音近,古通用。《诗经·大雅·荡》的"其命匪谌",谌,《说文·心部》作"忱"。谌,《说文·言部》"诚谛也,从言甚声",《尔雅·释诂》"谌,诚也"。谌之"诚"义当与其声符"甚"有关。甚,《说文·甘部》:"尤安乐也,从甘从匹。"或认为甚字的"从甘、从匹","甘"表饮食,"匹"表衣,以衣食会人所"大安乐"④。由甚表程度之"大"义,引申为厚、重之义⑤。因此,谌字之"诚"义,当由其声符"甚"的厚重义引申。

①　[清]段玉裁:《说文解字注》卷五篇下。

②　《毛传》释"亶侯多藏"为"信维贪淫多藏之人",杨树达认为"亶侯"者,犹言"亶兮","亶"乃训为"多谷",见杨树达:《积微居小学金石论丛》(增订本),中华书局1983年版,第208页。两说似以杨说为优。

③　引文之"沈",《殷周金文集成》隶定为"戍(戚)",陈梦家隶定为"沈"〔陈梦家:《西周青铜器断代》(五),《考古学报》1956年第3期〕,可从。

④　[清]朱骏声:《说文通训定声》,武汉古籍书店1983年影印版,第86页。

⑤　《吕氏春秋·观表》"甚欢",甚,高注曰"厚也"(陈奇猷校释:《吕氏春秋新校释》下册,第1426页)。《淮南子·修务训》"圣人之忧劳百姓甚",甚,许注曰"重也"(《淮南鸿烈解》卷十九)。小篆从甚之字有一系皆有厚、重之义,参见姜亮夫:《楚辞通故》第四辑,齐鲁书社1985年版,第162页。

3.允

A.

班簋:"允哉,显,唯敬德,亡攸违。"(《殷周金文集成》4341)

B.

《周书》佚篇:"允师凄德。"①

《诗经·小雅·湛露》:"显允君子,莫不令德。"

《诗经·小雅·车攻》:"允矣君子,展也大成。"

《尚书·君奭》:"朕允保奭。"

《逸周书·皇门》:"苟克有常,罔不允通,咸献言在于王所。"

允,《说文·儿部》:"信也。从儿,㠯声。"允字的初形朔谊,众说纷纭,如"象从头顶有标志之形"②"象人回顾形""象人鞠躬低头双手向后下垂"③。赵平安专文考释"允"字,认为其"是手被反剪的侧面人形","允的本义当为顺从,手被反剪,故可表示顺从义"④。诸说似以赵说为优。允字本义为顺从,引申为"听从""答应",再引申为"诚信"。甲骨文中,允之义为"果然",用作验辞。

上揭西周出土材料与传世文献材料中,允字的用法大致可分为三类:第一类,义为确实、果然,如班簋"允哉"之允;第二类,义为信任、相信,如《尚书·君奭》的"朕允保奭"之允;第三类,义为诚信,如《成之闻之》引《书》"允师济德"、《诗经·小雅·湛露》的"显允"、《逸周书·皇门》的"允通",此类"允"皆为伦理规范。

4.孚

《周易·益卦》:"有孚惠心……有孚惠我德。"

《诗经·大雅·文王》:"仪刑文王,万邦作孚。"

《诗经·大雅·下武》:"永言配命,成王之孚。成王之孚,下土之式。"

《尚书·洛诰》:"作周,孚先。"

《逸周书·皇门》:"茂扬肃德,讫亦有孚。"

---

① 《成之闻之》引《诒命》(荆门市博物馆编:《郭店楚墓竹简》,第168页)。凄,或认为"当读为济"(荆门市博物馆编:《郭店楚墓竹简》,第170页)。

② 徐中舒主编:《甲骨文字典》卷八,第958页。

③ 于省吾主编:《甲骨文字诂林》第一册,第39—40页。

④ 赵平安:《"允""羋"形义考》,《古汉语研究》1996年第2期。

孚，《尔雅·释诂》"信也"，《说文·爪部》"卵孚也。从爪从子。一曰信也"。按许说未确。甲骨文俘字作""，象以手俘人之形。金文孚字则从爪、从子，"爪"与"又"同义。一般认为"孚"乃俘之初文。萧良琼认为，通观卜辞，从彳的"得"字，"是专指商王方面的人被敌人抓走的动词，凡是战争中商王方面得胜，并抓来敌人作俘虏，均言获××人……已经驯服并充作奴隶的俘虏，则称之为俘，分别写成、、(此字隶定为妥，或是表示女性俘虏之意)……这些俘字，都是在不同情况下的俘虏，所以后来就不加区别地都称之为俘"①。若然，则孚字本有驯服、顺从之义，再引申为老实、诚实、诚信。

周铭中，孚字用作"俘"，或用作人名，或通"敷"。上揭文献材料之"孚"字，皆为伦理规范之孚，义为诚实、诚信。

综而论之，亶、谌本义与厚、重、实相关，遂引申为诚实、厚道之义；允、孚之本义与顺从、驯服相关，由此引申为诚实、实在。

《周书》屡言"天棐忱"②，《诗经·大雅·下武》则谓"永言配命，成王之孚"，即以王者之诚，配合天命。"天辅诚信"与"以诚配天命"，是从不同角度表明"诚信"与天命息息相关，因此，西周统治者高度重视允、孚、亶、忱等诚信原则。《尚书·洛诰》曰："作周，恭先……作周，孚先"即营建周城，当以恭敬为先导，以诚信为先导。《诗经·小雅·湛露》《诗经·小雅·采芑》皆视"允"为君子的美德，佚《书》则言"允师济德"，即取信于众可以成就德。《诗经·大雅·下武》盛赞周统治者"成王之孚，下土之式"，即周统治者成就王者之诚信，为天下所效法。然而，周统治者如此重视的具有诚信之义的亶、允、忱、孚等规范，其内涵究竟是什么？试以"忱"为例而剖析之。据《尚书·康诰》所载，用善谋、行常法，安民、顺民，即为"忱"③。《周易·益卦》曰"有孚惠心……有孚惠我德"，王引之释曰："有孚惠心者，言我信于民，顺民之心也。有孚惠我德者，言民信于我，顺我之德也。"④佚《书》谓"允师济众"，并释曰"言信于众之可以济德也"⑤，此与王引之对《益卦》

　　① 于省吾主编：《甲骨文字诂林》第一册，第 543 页。
　　② 对"天棐忱"类句式，长久以来有"天不可信"与"天辅诚信"两种迥异的训释，笔者认同后者，参见本书第一章"'天棐忱'辨析"部分的相关论述。
　　③ 详参本书第一章"'天棐忱'辨析"部分的相关论述。
　　④ ［清］王引之：《经义述闻》，第 27 页。
　　⑤ 《成之闻之》，荆门市博物馆编：《郭店楚墓竹简》，第 168 页。

"有孚惠心"条的解释相副。据上述,西周亶、忱、允、孚等诚信观的内涵,主要指诚实、厚道的内在精神及相应的行为。以至诚之心,将行为纳入德的范畴,上合天心,下顺民意,即为"忱"。

5.信

A.

�叔鼎:"𢼊(胡)叔罦信姬。"(《殷周金文集成》2767)

B.

《诗经·小雅·小弁》:"君子信谗,如或酬之。"

《诗经·小雅·巧言》:"乱之又生,君子信谗。……君子信盗,乱是用暴。"

《诗经·小雅·巷伯》:"慎而言也,谓尔不信。"

《诗经·小雅·青蝇》:"岂弟君子,无信谗言。"

《逸周书·芮良夫》:"治乱信乎其行。"

"信"观念究竟产生于何时?《周书》中,信字见于《尚书·无逸》《尚书·君奭》《尚书·吕刑》,然而,不能据此认为西周初、中期,信观念已产生。顾颉刚先生在《论〈今文尚书〉著作时代书》一文中,认为《周书》20篇,其中《秦誓》属东周作品,余者19篇,其成书时间可分为两类:第一类成书于西周;第二类或经过东周史官追记或翻译,或是东周作品①。《尚书·君奭》《尚书·无逸》则属第二类作品,故其"信"字不足证明西周早期已产生信观念。《尚书·吕刑》虽然属第一类作品,然其"信"字,仍不足表明西周中期已产生信观念,因为既缺乏《尚书·吕刑》之外的其他相关材料证明,同时西周中期尚不具备信观念产生的时代土壤。西周晚期的𢼊叔鼎有"𐤉ᵛ"字,器铭之"信"字为人名。联系文献的有关记载,西周晚期信观念当已出现。

信,《说文·言部》:"诚也。从人从言,会意。𐤉𐤉,古文,从言省。𣍈,古文信。"信字金文或从口、人声,或从言、身声,或从心、人声。人、身义同音近,故信字乃会意兼形声字。《说文》信字的古文"𐤉𐤉"与𢼊叔鼎之"𐤉ᵛ"同。从字形看,信字"从人、从言",当表明其义与人言相关;其"从言、从心",则表明其义与言、心相关。《说文》诚、信互训,而联系其字形,信字所蕴的诚实往往与言、心相关。与言、心相关的诚实,一方面表现为"言必由衷"①"言合于意"②,即心口一致;另一方面表现为"口以庇信"③,即言行一致。信字所蕴含的"心口一致"或"言行一致"之义,表明信观念从这两方面规约人们。在人们的伦理实践中,此二者以"言行一致"最为重要,它往往以外在的形式涵盖"心口一致",为人们直接感受,所以概括"言行一致"的"信"字最终流传下来。

"诚信"观的载体由孚、允、亶、忱发展到信的直接动因,是人们"言行不一""口是心非"等现实行为与固有"诚信"观的冲突。《诗经·大雅·板》抨击为政者"出话不然""不实于亶"④,即言行相违。《逸周书·芮良夫》载,厉王朝的执政大臣"饰言事王""面相诬蒙",即执政大臣以巧言辅佐周王,官场上互相欺骗、蒙蔽之风盛。《诗经·小雅·巧言》则谓"君子屡盟,乱是用长",《郑笺》曰:"屡,数也。盟之所以数者,由世衰乱多相背违。"《诗经·小雅·巧言》所谓"盟",是对与盟双方在权利、义务方面有约束作用的盟会⑤,"屡盟",一方面表明"君子"间的诚信危机;另一方面则表明"君子"又迫切需要诚信而不得不赖"盟"约束,然"盟而无信"导致人际诚信关系进一步遭践踏,所以"屡盟"的结果反而更添祸乱。春秋早期,时人即清醒地认识到,若盟约缺乏诚信支撑,则"盟无益",并引《诗经》论证云:"'君子屡盟,乱是用长',无信也。"⑥春秋早期,时人论讨盟、信关系,即引用《诗经·小雅·巧言》,证明是时《诗经·小雅·巧言》已流传开来,为人们所用。以《诗经·小雅·巧言》所载论说西周晚末之事,当不为过。

西周晚期,信观念刚开始出现。所以其应用不广泛,并且涉及"言行一致"类诚信,人们也用"实""亶"表达⑦。然而在《国语》《左传》等载籍中,

---

①　[清]段玉裁:《说文解字注》卷三篇上。

②　《墨子·经上》。

③　《国语·周语下》谓"口以庇信",韦注:"庇,覆也。言行相覆为信也。"

④　出话不然,《郑笺》"其出善言而不行之也";不实于亶,《郑笺》"不能用实于诚信之言,言行相违也"。

⑤　《毛传》"凡国有疑,会同则用盟而相要也",《正义》"言凡国有疑,谓于诸侯群臣有疑不相协,则在会同之上用盟礼,告盟而相要束"([汉]毛公传、[汉]郑玄笺、[唐]孔颖达等正义:《毛诗正义》,《十三经注疏》上册,第454页)。

⑥　《左传·桓公十二年》。

⑦　西周早、中期,作为伦理规范的"亶"所要求者,主要是一种诚实、厚道的精神。作为西周晚期作品的《诗经·大雅·板》谓"出话不然""不实于亶",其"亶",则指"言行相符"。

"信"字则俯拾即是,并且具有丰富的内涵,这表明,信观念发达、丰富于春秋时期。

### (五)雝 龢

雝、龢[①]作为西周伦理观词语,虽然具有相似性,其差异也是非常明显的,然而今天对它们的理解却往往混为一谈。以下我们对"雝"的考察仅涉及其作为"礼容"规范的部分。至于其他方面的伦理内涵,我们将在后面讨论。

#### 1. 雝

西周时期作为"礼容"规范的"雝"仅见于《诗经》中。《诗经》的雝字,除却篇名、水泽名,涉及"礼容"的有以下 5 见:

《诗经·大雅·思齐》:"雝雝在宫,肃肃在庙。"

《诗经·周颂·雝》:"有来雝雝,至止肃肃。"

《诗经·召南·何彼秾矣》:"曷不肃雝,王姬之车。"

《诗经·周颂·清庙》:"於穆清庙,肃雝显相。"

《诗经·周颂·有瞽》:"喤喤厥声,肃雝和鸣。"

上引《诗经》中的"雝"字语例皆与肃有关,或"肃雝"连文,或"雝雝""肃肃"互文。

对《诗经》中与肃相关的雝,《毛传》以"和"训,今人则以"和睦""谦和""和谐"释上揭之雝[②]。对《雝》,《郑笺》释曰"雝雝,和也。肃肃,敬也。有是来时雝雝然,既至止而肃肃然",《孔疏》曰"从彼本国而来,其颜色雝雝然而柔和;既至止于此,则容貌肃肃然而恭敬"[③],据《郑笺》《孔疏》,知"雝雝""肃肃"皆为容色,然此容色,既非和睦、谦和、和谐,也非柔和。《汉书》卷三十六《刘向传》引《诗经·周颂·雝》的"有来雝雝",释为"四方皆以和来"。上引《诗经·周颂·雝》之雝雝而来者,指四方诸侯雝雝然来周室助祭,所彰显的是四方诸侯对周室的"向心力",故诸侯们所致之"和",当不是指四

---

① 金文之"龢",在传世文献中与和通用无别,而以和居多。本书所涉之龢,凡不作字形讨论者,皆用"和"。

② 高亨:《诗经今注》(上海古籍出版社 1980 年版,第 386 页)释为"态度和睦";祝敏彻、赵浚等译注:《诗经译注》(甘肃人民出版社 1984 年版,第 591 页)训为"谦和";袁梅:《诗经译注(雅、颂部分)》(齐鲁书社 1982 年版,第 342 页)训为"和谐貌"。

③ [汉]毛公传、[汉]郑玄笺、[唐]孔颖达等正义:《毛诗正义》,《十三经注疏》上册,第 596 页。

方诸侯彼此的和睦、和谐，也不应指诸侯与周室的和睦、和谐，而是指四方诸侯应和、顺服王朝之"雍和"，与周铭的"雝不廷方"、《尚书·尧典》的黎民"时雍"之雍义类同（对《尚书》之"雍"、周铭之"雝"，以下将专文讨论），只是在《诗经·周颂·雝》中，雝具体表现为和顺之容色而已。《后汉书》卷三十二《樊准传》曰："朝者进而思政，罢者退而备问，小大随化，雍雍可嘉。"此"雍雍"即指顺服、应和朝廷之教化。由此亦可证以应和、和顺、顺服释上揭之"雝雝"不至有误。

至于"肃雝"，《尚书大传·皋繇谟》引《诗经·周颂·清庙》的"肃雝显相"，郑玄注曰"四海敬和，明德来助祭"，即"肃雝"指四方助祭诸侯的"敬和"。或释《诗经·召南·何彼秾矣》的"肃雝"为车马之行的"肃整和谐"[1]；或认为《诗经·周颂·有瞽》的"肃雝"指乐声之"恭敬和谐"[2]。关于"肃雝"的诸训解，郑说可从，而对《诗经·召南·何彼秾矣》《诗经·周颂·有瞽》的"肃雝"之解，其雝之所训，以及肃雝之所指，皆欠妥。下文将涉及，指称乐之和声，当以和谐之"和"，所以不能以应和之"雝"为训。而"肃雝"所涉，明姚舜牧曰："'和鸣'上曷着'肃雝'二字？在庭者皆肃雝以趋事，即声奏中也此肃雝之宣越也。"[3]即"肃雝"并非指乐之和鸣声，而是在和鸣的声奏中宣越的一种气氛。清方玉润则认为《诗经·召南·何彼秾矣》的"肃雝"指王姬所乘车的"肃雝气象"[4]。姚、方之论殊为有见。

上涉之"肃雝"之雝，无论涉及助祭者，或作为车行、乐鸣气氛，其义皆和顺、顺服。而"肃雝"之肃，有以"战战兢兢"所指称的"敬"义，"肃肃"为祭祀时所必备的敬之容[5]。《诗经》中，雝多与肃相关，或连文，或互文。这种构词现象，当表明肃、雝两者有紧密的联系。那么，肃、雝究竟有什么联系？前文探讨"敬、恭"规范时指出，从字义上看，敬偏重"慎"；恭则侧重

---

[1] 《辞源》〔（修订本），第三册，商务印书馆1983年，第2541页〕"肃雝"条，释为"整齐和谐"，并引"曷不肃雝"，以"肃雝"为"车行貌"；高亨：《诗经今注》（第32页）释为车马行动"肃整和谐"。

[2] 《诗经·周颂·有瞽》"肃雝和鸣"，《孔疏》曰"此等诸声皆恭敬和谐而鸣"（［汉］毛公传、［汉］郑玄笺、［唐］孔颖达撰：《毛诗正义》，《十三经注疏》上册，第595页）。［宋］吕祖谦：《吕氏家塾读诗记》（卷二十九，《四部丛刊》续编景宋本）、［宋］严粲：《诗缉》（卷三十三，明味经堂刻本）皆引孔说而从之，今人从者更众。

[3] ［明］姚舜牧：《重订诗经疑问》卷十一，文渊阁《四库全书》本。

[4] ［清］方玉润：《诗经原始》上册，李先耕点校，中华书局1986年版，第116页。

[5] 参见本书第三章"敬　恭　虔　肃"部分的相关论述。

"顺"。由于这一差异,敬更多表现为一种谨慎、小心翼翼的精神、心态;恭则主要表现为顺从、顺服等举止神态。敬、恭的这一义涵特征也表现在祭祀礼仪规范中。贾谊谓祭祀之容"敬而婉"①,"婉"有"顺""和顺"之义②。前文所涉祭祀者的"齐肃""恭敬"③当与此类同,其"恭敬"有"恭顺""敬顺"之义。由此可见,以"齐肃"指称的"敬"与以"恭敬"指称的"顺"乃"祭祀之容"的两基本要素④。这两基本要素是相辅相成的。扬雄《太玄经·玄数》谓"事貌用恭扲肃"⑤,即"肃"用以佐助"恭"。而此"肃"主要指谨慎、小心翼翼的精神、心态;恭则主要指顺从、顺服等举止神态。"肃敬"对"恭顺"的佐助,实为内在精神对外在行为的支撑。由以上讨论可见,与肃、雝对应的当是"敬""顺"。由这一"对应",也可见雝和与和谐之别。下文将涉及,和谐所涉是一种相互配合关系,相和谐的各方,毋须特别强调某方对某方之敬;而涉及顺应、应和、顺服,则往往伴随顺服、应和方对主导方的尊崇、敬重,所以《诗经》中,屡见肃与表应和、顺服义的雝连文、互文,而绝无一例肃、和连文、互文者。此类构词现象,亦当成为我们立论的力证。

《诗经》中,与肃连文、互文之雝,其义皆为和顺、顺服。其肃肃、雝雝类,用于具体表现人的容色。作为具体的容色,或肃肃,或雝雝,不同场所当有所侧重,所以其在表现形式上,有时空的区别,或宫,或庙,或来,或止。而肃雝类,则为笼统的表现形式,主要指一种恭敬、和顺之气氛、气象。这种气象由小心翼翼的内在精神与恭顺的外在举止共同构成。

2.龢

A.

史墙盘:"敄(瞀)龢于政。"(《殷周金文集成》10175)

师訇簋:"瞀龢于政。"(《殷周金文集成》4342)

---

① 贾谊:《新书·容经》,董治安主编:《两汉全书》第一册,山东大学出版社2009年版,第283页。

② 《经籍籑诂》下册,第531页。

③ 即本章第三部分中"敬　恭　虔　肃"的论述中,涉及"肃"指称的"祭祀之容",两周时人强调"齐肃恭敬致力于神"(《国语·楚语下》)、"肃恭明神"(《国语·周语上》)。

④ 由《国语·楚语下》所涉祭祀之礼可见,其"齐肃"指事奉神灵的"战战兢兢",而其"恭敬"则主要指昭祀神灵的"顺辞"。

⑤ 范望注曰:"扲,犹佐也。……肃,敬以佐恭也。"([汉]扬雄撰、[晋]范望注:《太玄经》卷八,《四部丛刊》景明翻宋本)

B.

《尚书·梓材》:"和怿先后迷民。"

《尚书·康诰》:"有叙时,乃大明服,惟民其敕懋和。"

《尚书·洛诰》:"和恒四方民。"

《尚书·无逸》:"咸和万民。"

《尚书·多方》:"自作不和,尔惟和哉! 尔室不睦,尔惟和哉!"

《尚书·顾命》:"爕和天下。"

《逸周书·祭公》:"我亦维有若祖祭公之执和周国,保乂王家。"

龢,《说文·龠部》"调也。从龠,禾声,读与同",段玉裁曰:"此于口部和音同义别,经传多假和为龢。"①龢所从之"龠",甲骨文作ⅲ、ⅲ,象编竹而成的管乐器形,金文作ⅲ、ⅲ,ⅲ乃管竹之端孔,加ⅲ者,为人口象向下之变形,实为从口吹龠之象。龢,本义指乐声的调和、相谐,引申为协和、融洽、和睦等义。

史墙盘的"敆龢"之敆,师訇簋的"盩龢"之盩,皆盩字的简体。《说文·弦部》"盩,弨戾也",段玉裁认为:"此乖戾正字,今则戾行而盩废矣。"②戾,有安、安定义③。盩龢,即安定和协。从上揭史料看,为政者所追求的"和",一般指人际关系的和协、融洽。

西周时期,"和"既是社会伦理规范,如《尚书·多方》要求殷遗实践之和,又是政治伦理准则,而被为政者着重强调的主要是作为政治伦理准则之和。作为政治伦理的"和",主要从施政目标上规约为政者。周铭称"盩和于政",《尚书》谓"爕和天下""咸和万民",即为政者必须使政局安定,万民和协。为实现"和"这一施政目标,西周统治者一方面以"政通"促"人和",即以"明德慎罚"作为"致和"的主要手段。上引《尚书·康诰》所载,就从"慎罚"这一角度涉及"政通"与"人和"的关系。周初统治者强调通过"慎罚",使庶众明白为政者之安民意图,使其心悦诚服接受统治,从而自相教诫而勉于和睦。另一方面,为政者也通过自身实践和而促成万民之和,这表现为其强调自身与家人、族人的和谐、亲睦,并将此"和"推及为政者之

① [清]段玉裁:《说文解字注》卷二篇下。

② [清]段玉裁:《说文解字注》卷十二篇下。

③ 《诗经·大雅·桑柔》"民之未戾",《诗经·大雅·云汉》"以戾庶正",戾,《毛传》并释为"定也"。

间,再推衍至天下(此点在本书的"孝道"部分将涉及),从这一角度言,"和"又是为政者的政治伦理行为准则。

作为政治伦理规范,西周人既言雝,也称龢,而旧训释一般将二者皆训为"和",今人探索周代政治领域的"和",也将"雝""龢"混为一谈①。据以上粗略分析,可见西周之雝、龢虽都有"和"义,但前者侧重"应和""顺应";后者则重"协和""融洽"。以下,拟深入探讨"雝""龢"之别。

### (六)《尚书》"雍"与金文"雝"义新解

《尚书》之"雍",周铭作"雝",《尔雅》或作"噰"。《礼记·乐记》曰:"雍雍,和也。"《诗经》之"雝",除篇名与水泽名外,《毛传》皆以"和"训。即先秦至西汉,时人以"和"训传世文献的"雝(雍)"。郑玄注《尚书·无逸》"言乃雍"曰:"有所言,群臣皆和谐。"自是以后,以"和谐"释《尚书》之"雍"者,屡见不鲜。对于周铭之雝,一般释为"和谐""协和"。固然"雍"有"和"义,然以"和谐"释周铭与《尚书》之"雍",却非达诂。

《尚书》中,雍字共 2 见:

> 克明俊德,以亲九族。九族既睦,平章百姓。百姓昭明,协和万邦,黎民於变时雍。②
> 其惟不言,言乃雍。③

从上揭史料可见,《尚书》的雍字出现频率低,应用类型少,故难以通过对比分析而求其达诂。而周铭中,具有《尚书》所缺乏的雍字语例,同时其"雝"与"和谐"之"和"的适用范围具有明显差别。因此,本书拟由分析周铭相关语例入手,以资寻求"雍"义达诂。

周铭中,"和"作"龢",其可资比较的雝④、龢语例有以下:

大盂鼎:"敬雝德。"(《殷周金文集成》2837)

辛鼎:"厥家雝德。"(《殷周金文集成》2660)

---

① 赵世超:《周人对"和"的重视与运用》,《陕西师范大学学报》1991 年第 4 期。

② 《尚书·尧典》。

③ 《尚书·无逸》。

④ 以下所涉 5 条金文资料的"雝"字,《殷周金文集成》将晋姜鼎的隶定为"雍",其他皆隶定为"擁(雝)",据《金文编》(容庚编著:《金文编》,中华书局 1985 年版,第 257—258 页),可知"雍"即"雝"。

晋姜鼎:"经雝明德。"(《殷周金文集成》2826)

敔簋:"经雝先王①。"(《殷周金文集成》4317)

毛公鼎:"惠余一人,雝我邦大小猷。"(《殷周金文集成》2841)

秦公钟(一):"鼇龢胤士。"(《殷周金文集成》267)

秦公钟(二):"协龢万民。"(《殷周金文集成》270)

叔夷镈:"龢协尔有事。"(《殷周金文集成》285.8)

对于周铭中"雝"之训释,人们习惯从已有文献训释中寻求依据,因此,一般亦训为和谐、协和②。然而,习以为常的训解未必成立,所以有必要重新考释周铭"雝"字之义。细审上揭周铭诸语例,可见龢与雝的适用范围有明显差异。"龢"皆用于人际间,多与"协"连文;"雝"则不用于人际间,且无一例与"协"连文。"雝"可涉德、猷等对象;"龢"则绝对与德、猷无涉。上揭周铭之"龢",文献多作"和",其和谐、协和义甚明。和谐、协和所体现的是双边或多边的相互配合关系,故周铭中,"和谐""协和"之和,仅用于人际间。传世文献中和谐、调谐所涉亦也是指称各方相互配合适当的状况。而上揭周铭之"雝",用作动词,所涉对象无论是什么,其与施动者皆非相互配合关系。上揭周铭的雝字所涉对象有德、猷两类,人相对于德、猷,并非和谐、协和关系,而应为顺应、遵从关系。

周铭的"雝我邦小大猷",除上揭语例外,也见诸师訇簋③。对此类"雝",或训为"维护"④,或释为"对"⑤,似皆欠妥。其"雝"之训,可比较《尚

---

　　①　敔簋铭曰"经雝先王,用配皇天"(《殷周金文集成》260),其"经雝先王",当是"经雝先王德"之省略,理由有二:其一,西周时期,"以德配天"的观念习见,如《诗经·大雅·文王》"无念尔祖,聿修厥德,永言配命",《诗经·大雅·下武》"世德作求,永言配命","配命",即"配天命",与"配天"相同;其二,周铭中,雝、敬雝、经雝与德成固定搭配,如大盂鼎铭"敬雝德"(《殷周金文集成》2837),晋姜鼎铭"经雝明德"(《殷周金文集成》2826)。

　　②　《甲骨金文字典》卷四(方述鑫、林小安等编著,第291页)"雝"字条,引毛公鼎"雝我邦小大猷",训"雝"为"和谐"。《商周青铜器铭文选》(马承源主编,第三册,文物出版社1988年版,第40页)谓:"雝,和、协和或调谐。"(穆海亭、朱捷元:《新发现的西周王室重器五祀敔钟考》,《人文杂志》1983年第2期)或释五祀敔钟"用雝不廷方"曰:"此句言协和不来朝之邦国。"(按:五祀敔钟铭的"雝不廷方"之"雝"字残损,与历宣时期其他周铭的"雝"字形构差异甚大,故本书未采用此条作为"雝"字语例)

　　③　《殷周金文集成》4342。

　　④　洪家义:《金文选注绎》(第449页),将"雝"隶为"護",释为"维护"。其隶定与训解皆误。

　　⑤　马承源主编:《商周青铜器铭文选》第三册(第318页),毛公鼎铭"雝我邦小大猷"条,"雝"字无注,释为"对邦国各种谋划"。

书·文侯之命》①的类同语句。毛公鼎、师訇簋为宣王时器，与《尚书·文侯之命》时代相近，其类同语句当有甚大可比性。《尚书·文侯之命》曰"越小大谋猷罔不率从"，《孔传》以"循从"释"率从"，综合其他相关训释，"率从"即遵循、顺从②。"雗我邦小大猷"之雗，其义当与"率从"类同。以下对"雗德"之雗的考释，将进而证明训"雗"为遵循、顺从不误。

"雗德"一词，不见于传世文献，然而传世文献中不乏与"雗德"类似的词语，所以我们对"雗德"一词的理解，必须联系传世文献的类似词语。涉及德的行为动词，周铭的"经雗"与文献的"经"最为近似，可是有些学者未曾注意到这一点，所以对周铭的"经雗"多有误释③。周铭有"经雗明德""经雗先王（德）"类语例，先秦文献中的类似语例，《尚书·酒诰》有"经德秉哲"，《孟子·尽心下》作"经德不回"。赵岐注"经德不回"曰："经，行也。"陈初生则认为"经，行也，引申为遵循"④。证以《左传》，陈说可信。《左传·哀公二年》载"二三子顺天明，从君命，经德义"，其"经"与"顺""从"显然属近义互文，"经德义"即为"顺从德义"。而"经德"与"经德义"为相同词语，因此"经德"即遵循德、顺从德。《诗经·小雅·小旻》曰"匪大犹是经"，此"经大犹"与《尚书·文侯之命》的"率从谋犹"、周铭的"雗我邦小大猷"为类似语例，其"经""率""雗"皆有遵循、顺从之义。由此可见，周铭之"经雗"当属近义连文，这一构词现象无疑表明"雗"有遵循、顺从之义。既然如此，那么"雗德"即遵循德、顺从德。两周时人表达对德的遵循、顺从，传世文献一般作"顺德""帅德""经德"，《国语·晋语九》谓"顺德以学子"，《逸周书·小开武》云"顺德以谋"，《国语·周语中》曰"懋帅其德"，《左传·定公四年》载"改行帅德"，帅有遵循、顺从义⑤；"雗德""经雗德"则是"循德""顺德"的周铭常见表达形式。

───────────

①　关于《尚书·文侯之命》的成书年代，历来有"平王时代"与"襄王时代"两说。近年蒋善国先生的《尚书综述》专章重申"襄王时代"说，彭裕商先生在其《金文研究与古代典籍》[《四川大学学报》(哲学社会科学版)1993年第1期]中对蒋说予以辨正，力主"平王时代"说，可从。

②　率，《尔雅·释诂》"循也"。《礼记·乐记》曰"率神而从天"，从，《郑注》曰："顺也。"《礼记·乐记》之率、从，属义近互文；《尚书·文侯之命》的"率从"则为义近连文。

③　参见郭沫若：《两周金文辞大系图录考释》下册，"晋姜鼎"条；于省吾《双剑誃吉金文选》卷上之二，"晋姜鼎"条；[日]白川静《金文通释》卷一下，第十二辑，第663页；卷四，第三十五辑，第85页；洪家义《金文选注绎》，第522页。

④　陈初生编纂：《金文常用字典》卷十一，第968页。

⑤　《国语·周语上》曰"帅旧德"，韦注："帅，循也。"

　　“雝”之顺应、应和之义，“龢”之和谐、协和之义，皆为其引申义。二者引申义的差别当源于其本义。龢，《说文·龠部》“调也。从龠禾声。读与和同”，段注：“经传多假和为龢。”①龢所从之“龠”，甲骨文作 ᚨ、ᚋᚋ、ᚋᚋᚋ，象编竹而成的管乐器形，金文作“ᚋ”“ᚋᚋᚋ”。“金文之口乃管竹之端孔，加‘Ａ’者为人口向下之变形（倒置），实为以口吹龠之象。”②郭沫若认为“龢之本义必当为乐器，由乐声之谐和始能引出调义”③，即龢之调和、相谐义，由乐声而来。《说文·龠部》：“龤，乐和龤也。从龠皆声。《尚书·虞书》曰：‘八音克龤。’”可见从龠之龢、龤，其义皆与乐声相关，由此二字，亦可见乐声之“和”，侧重表达“配合允当”。唯其如此，人们涉及“和谐”“协和”，总以乐声之和谐比拟，叔夷钟铭曰“和协尔有事，俾若钟鼓”④，《左传·襄公十一年》载“八年之中，九合诸侯，如乐之和，无所不谐”，《尚书·舜典》曰“八音克谐，无相夺伦，神人以和”。乐声之和所体现的是音调配合的适当而匀称，而雝声之和所体现的则是鸟的应和声。雝，《说文·隹部》：“雝，雝渠也。从隹，邕声。”郝懿行云：“雝，本鸟名，借为鸟声。”⑤“雝”训为“和”当由鸟声和鸣引申而来⑥。而鸟的“和鸣”往往在于回应同类传递的某种信息，《周易·中孚卦》曰“鸣鹤在阴，其子和之”，此“和”即指鹤子鸣以应和。因此，鸟声之和体现的是鸟鸣以应和。《尔雅·释训》曰“噰噰，民协服也”，郭注曰“百姓怀附兴颂歌”，即郭璞认为“噰噰”喻百姓怀附之声。“噰噰”即“雝雝”⑦。《尔雅·释训》以鸟和鸣之“噰噰”喻民之归附、顺服，“雝”之“应和”“顺服”义当蕴含其中。由“雝”的应和、应答之义，再引申为遵循、顺应、顺从。“和谐”之“和”体现各方相互配合关系；以“雝”“噰”所指称的“应和”之“和”则体现一方对另一方的顺应、遵从关系。正由于雝、龢之义的侧重点泾渭分明，所以在周铭中，二者的适用范围绝无混淆。

　　我们对周铭的“雝”字之训，是否也适用于《尚书》之“雝”？

---

①　［清］段玉裁：《说文解字注》卷二篇下。

②　陈初生编纂：《金文常用字典》卷二，第 220 页。

③　郭沫若：《释龢言》，《甲骨文字研究》，第 92 页。

④　《殷周金文集成》277.2。

⑤　［清］郝懿行：《尔雅义疏》上之一，“噰噰”条疏，中国书店 1982 年版。

⑥　高田忠周曰“雝字为鸟名，其声相和，故雝亦训和也”（《金文诂林》第五册，第 2310 页）。王先谦曰“‘雝’之训‘和’，盖自鸟声和鸣引申之”（［清］王先谦：《诗三家义集疏》上册，中华书局 1987 年版，第 117 页）。

⑦　郝懿行：《尔雅义疏》，“雝雝”条疏曰：雝“省作雝，又省作邕，或作雝，又别作噰”。

"黎民于变时雍"，《孔传》曰："雍，和也。言众民皆变化化上，是以风俗大和。"《正义》曰："尧民之变，明其变恶从善。人之所和，惟风俗耳，故知谓天下众人皆变化化上，是以风俗大和，人俗大和。"①孔颖达所谓的"风俗大和"即指随德化而来的移风易俗，即民风、民俗顺应尧之德化，那么"雍"义则为顺应、应和。然其下文又言："此经三事相类，古史交互立文，以亲言既睦，平章言昭明，协和言时雍，睦，亲也，章即明也，雍即和也。"②遑论孔氏将文义解为如此的"交互立文"是否正确，其将"雍和"与"协和"等同则显而易见。对《尚书·尧典》"雍"义之训，《孔传》语焉不详，《孔疏》则将协和与雍和等同，后世的有关训解多歧义，当与此相关。今人训此"雍"，或以"和谐"③，或以"和善"④，然而，此"雍"既非指黎众的和善，也非指黎众之间的和谐，而是指黎众对德化的应和、顺应。我们的训解可从以下几方面得到证明。首先，从思想背景的角度看，"黎众顺应德化"的解释与两周流行的类似观念吻合。前引《尚书·尧典》文体现了尧"以德服民"的主旨。其"以德服民"具有如下模式：始于自身明德，然后将德化施于其亲族，再逐层推衍至天下万邦，终成黎众应和德化之势。"以德服民"乃两周逐渐流行开来的观念。《尚书·立政》载周人"方行天下，至于海表，罔有不服。以觐文王之耿光，以扬武王之大烈"。《逸周书·芮良夫》谓："民归于德。"毛公鼎铭谓："率怀不廷方，亡不闬于文武耿光。"⑤此"耿光"与《尚书·立政》之"耿光"，皆指周先王明德之光。《尚书·立政》谓文王明德之光通过"海内归服"得以彰显；毛公鼎铭则谓使"不廷方顺服归来"以承受文武德光普照。二者所表主旨，前者为"以德服海内"，后者为"以德服远"。《左传》《国语》中，"以德服民""以德服远"的观念俯拾即是，中山王

---

① 〔汉〕孔安国传、〔唐〕孔颖达等正义：《尚书正义》，《十三经注疏》上册，第119页。
② 〔汉〕孔安国传、〔唐〕孔颖达等正义：《尚书正义》，《十三经注疏》上册，第119页。
③ 金景芳、吕绍纲：《〈尚书·虞夏书〉新解》（辽宁古籍出版社1996年版，第21页）释为"融洽合和"，《辞源》（第四册，第3308页）"雍"字条，释为"和谐"。
④ 曾运乾、屈万里、周秉钧等，皆训为"和善"（曾运乾：《尚书正读》，第4页；屈万里：《尚书今注今译》，台湾商务印书馆1969年版，第4页；周秉钧：《尚书易解》，第3页）。
⑤ 闬，《说文·门部》："门也。"于省吾认为毛公鼎之"闬"犹言"域也，限也，言无不限于文武光明普及之内"（于省吉：《双剑誃吉金文选》卷上之二，"毛公厝鼎"条）。耿光，即明光。此明光当指文武明德之光。《诗经·大雅·皇矣》"莫其德音，其德克明"，此"明"，《左传·昭公二十八年》释曰"照临四方曰明"，即"德明"指德光照临四方。

礜壶则谓"唯德附民"①。《尚书·尧典》成书于战国时期,其"使黎众雍和德化"的观念与时代思潮相副。其次,从字义的角度讲,雍本有顺应、归附之义。如上文所涉,对德、谋犹的遵循、顺从,既可用行为动词"率",亦可用"雍"。同理,对德、德化的应和、归服,既可用"率怀"②,当亦可用"雍"。再次,从语义的传承角度看,汉代时人尚以"雍"表对德化的应和、顺应。《论衡·艺增》曰:"言尧之德大,所化者众,诸夏夷狄,莫不雍和。"③此"雍和"正与《尚书·尧典》之"雍"同,其"应和德化"之义甚明。《后汉书》卷三十二《樊准传》曰:"朝者进而思政,罢者退而备问,小大随化,雍雍可嘉。"此"雍雍"即指顺服、应和朝廷之教化。由此亦可证以应和、顺服释《尚书·尧典》之"雍"不至有误。

　　《尚书·无逸》载高宗"其唯不言,言乃雍",此"雍",《孔传》以"和"训,《郑注》则释为"和谐",《孔疏》对两者皆认同④,这无疑表明孔颖达在此处仍将"雍和"与"和谐"等同。后人释此"雍",或以"和雍"⑤,或以"和顺合理"⑥,或以"和谐"⑦。以"和谐"训雍,或许缘于《郑注》影响,欠妥;"和雍"之训,虽近文义,然语焉不详;"和顺合理"之解也非达诂。我们认为此"雍"义当为顺应、应和。据《国语·楚语》,知所谓"言"乃指高宗发布政令⑧。《孔传》释"言乃雍"曰:"发言,则天下和。"此"和",当为"应和",即一旦发布政令,则天下应和。《淮南子·泰族训》曰:"高宗谅阇,三年不言,四海之内寂然无声,一言声然,大动天下。"⑨"言"与"动"的呼应关系跃然可见,接着以"一动其本而百枝皆应"喻此呼应。此载可证,训雍为"应和"不误。《礼记·檀弓下》《礼记·坊记》《史记·鲁世家》引此皆作"言乃谨"。《荀子·

　　① 《殷周金文集成》9735.4B。
　　② 怀,《尔雅·释诂》曰:"来也。"《释名·释姿容》曰:"怀,回也,本有去意,回来就已也。亦言归也,来归己也。"《甲骨金文字典》卷十三(方述鑫、林小安等编著,第1023页)释"率怀不廷方"之"率怀"为"顺服归来",可从。
　　③ 郑文:《论衡析诂》卷八,巴蜀书社1999年版,第455页。
　　④ [汉]孔安国传、[唐]孔颖达等正义:《尚书正义》,《十三经注疏》上册,第221页。
　　⑤ 曾运乾:《尚书正读》,第221页。
　　⑥ 江灏、钱宗武译注:《今古文尚书全译》(修订版),第269页。
　　⑦ 黄怀信:《尚书注训》,齐鲁书社2002年版,第311页。
　　⑧ 《国语·楚语上》载:高宗武丁三年不言,"默以思道。卿士患之,曰:'王言以出令也,若不言,是无所禀令也。'"
　　⑨ 《淮南鸿烈解·精神训》卷二十。

儒效》曰"通于四海，则天下应之如讙"，杨倞注曰："讙，喧也。言齐声应之也。""言乃讙"之讙，当与此同，亦表达应和声之"喧"状。"言乃雍"与"言乃讙"，皆谓"言"而引起反响，区别在于，前者以"雍"直接表应和，后者则以"应和声"之状——讙，表应和。

　　由上涉考释可见，不仅《尚书》"雍"的适用范围与周铭的"雝"相同，皆不用于人际之间，而且其义亦类同，或"遵从"，或"应和"，或"顺应"。

# 第四章　西周金文血缘伦理词语
## 与相关思想研究

西周时期,见诸金文与传世文献的关于血缘伦理思想的材料主要有以下:

A.

厤方鼎:"孝友惟型。"(《殷周金文集成》2614)

史墙盘:"唯辟孝友。"(《殷周金文集成》10175)

毛公辈鼎:"其用舀(友),亦引唯孝。"①

B.

《诗经·小雅·六月》:"张仲孝友。"

《诗经·大雅·下武》:"永言孝思,孝思维则。……永言孝思,昭哉嗣服。"

《诗经·大雅·既醉》:"威仪孔时,君子有孝子,孝子不匮,永锡尔类。"

《诗经·大雅·卷阿》:"有孝有德。"

《尚书·康诰》:"元恶大憝,矧惟不孝不友。"

《尚书·酒诰》:"用孝养厥父母。"

据上揭材料,西周的血缘伦理观主要指孝、友。我们认为"孝"是一切血缘伦常关系的基础,也是西周血缘伦理思想的核心,所以我们对西周血缘伦理思想的研究主要以"孝"为主,兼及"友"观念。

在西周伦理思想的研究中,孝道的研究是一个较为成熟的领域,涉及西周孝道的文章较为多见,然而由于史料的阙如,以及学者对史料理解的差异,因此在西周孝道所涉对象及其内涵等问题上的学术分歧仍颇大。正由于此,对西周孝道的研究才有待深化与完善。

---

① 学界对毛公辈鼎铭的隶定、断句素有分歧,本书的隶定与断句从张振林〔张振林:《〈毛公辈鼎〉考释》,《容庚先生百年诞辰纪念文集》(古文字研究专号),第302页〕。

## 一、西周孝道所涉对象

如果说春秋以降，孝乃子女对父母的伦理规范，应当不会有疑义，而在西周孝道所涉对象这一问题上，分歧却很大，主要观点有三：其一，认为孝对象为父母，这一观点最为常见；其二，认为孝对象为父母、兄弟、朋友、婚媾①；其三，认为孝对象为“神祖考妣”②。我们基本倾向第一种观点，认为西周孝道为血缘晚辈对长辈的伦常。第二种观点与本书的分歧仅涉及“享孝”类铭文，因此将在本章的第三部分辨析第二种观点。西周金文中，“孝的对象为神祖、考妣，非生人”③，此乃第三种观点的主要依据。第三种观点既否认孝为西周之人伦，便将“友”作为西周规范父子兄弟等所有族人的伦常④。这里，我们主要针对第三种观点，阐明西周孝道所涉对象。

西周彝铭中，追孝、享孝所涉对象的确为神祖考妣，然而以此否定“孝”为人伦却有失偏颇。因铭文体裁特殊，且多祝嘏之词，它所反映的历史内容应当有限。《左传》《国语》等春秋文献中，屡见“父慈子孝”之类孝父母的记载，然春秋铭文中，仍没有“孝父母”的内容。因此，绝不可仅以彝铭的有无而定西周史的有无。

西周早期的曆方鼎铭曰：“孝友惟型。”共王时的史墙盘铭称“唯辟孝友”，系“孝友惟辟”的倒装句⑤。辟，《尔雅·释诂》“法也”，此铭中，辟当指法则、法规。《尚书·康诰》称“孝友”为“民彝”。民彝，“犹言民则”⑥，即众人遵循的常规、法则。“孝友”被周人视为规范、法则，然而其对象究竟为谁？

孝，金文作“”，篆文作“”，《尔雅·释训》“善父母为孝”，《说文·老部》“孝，善事父母者。从老省，从子，子承老也”。“孝”作为会意字，其体现“子”与“老”关系之义甚明。不过，在孝字产生的上古，老并非父母之专称，

① 参见李裕民：《殷周金文中的“孝”和孔丘“孝道”的反动本质》，《考古学报》1974年第2期；刘宝才：《西周宗教思想特点试议》，《人文杂志》1981年第2期；王慎行：《试论西周孝道观的形成及其特点》，《社会科学战线》1989年第1期。

② 查昌国：《西周“孝”义试探》，《中国史研究》1993年第2期。

③ 查昌国：《西周“孝”义试探》，《中国史研究》1993年第2期。

④ 参见查昌国：《“友”与两周君臣关系的演变》，《历史研究》1998年第5期。

⑤ 史墙盘铭文的断句，或将“孝友”二字下属，此断句及解释从于省吾，参见于省吾：《墙盘铭文十二解》，《古文字研究》第五辑，中华书局1981年版，第13—14页。

⑥ 杨筠如：《尚书核诂》，陕西人民出版社1959年版，第179页。

子也不是子女的定名,故孝的"善事父母"之训,未必是孝的朔谊。虽然如此,就字形溯义,谓孝体现长辈与晚辈的关系当不成问题。

　　　　妹土嗣尔股肱,纯其艺黍稷,奔走事厥考厥长。肇牵车牛,远服贾,用孝养厥父母。厥父母庆,自洗腆,致用酒。①

上文所涉的"用孝养厥父母",即用"牵车牛,远服贾"之所获,尽孝道,赡养父母。此"孝"以父母为对象。

　　　　元恶大憝,矧惟不孝不友。子弗祗服厥父事,大伤厥考心;于父不能字厥子,乃疾厥子;于弟弗念天显,乃弗克恭厥兄;兄亦不念鞠子哀,大不友于弟。惟吊兹,不于我政人得罪,天惟与我民彝大泯乱。②

上揭史料中的"字",通"慈"③,《左传·僖公三十三年》引《尚书·康诰》此文为:"父不慈,子不祗,兄不友,弟不恭。"此"子不祗"是对《康诰》的"子弗祗服厥父事"的隐括。涉及父子兄弟伦常,《左传》或作"父慈、子孝、兄爱、弟敬"④,或作"父义、母慈、兄友、弟共、子孝"⑤,比较类同的几条材料可见,《左传》所谓的"子祗"即"子孝","兄爱"即"兄友"。据《左传》所载,既可知《尚书·康诰》的"孝友"是对"父慈、子孝、兄友、弟恭"的总括,也可知西周孝为子对父辈之伦常,而友则是兄对弟的伦常。兄弟为同辈,所以正如下文将涉及的那样,"友"这一伦常也常用于兄弟间。

　　因为"西周孝对象仅为神祖、考妣"与"西周友道规范所有族人"乃相辅相成的观点,所以为了进一步表明西周时期的父子与兄弟各有其伦常,我们还必须着墨于人称之"友"与"友道"。

　　童书业、钱宗范、朱凤瀚等人皆考证过"朋友"的古义,童认为其古义为"族人",钱、朱则进一步指出其为同族或同宗兄弟⑥。

　　《说文·又部》:"同志为友,从二又,相交友也。𦫵,古文友。"甲骨文友

---

　　①　《尚书·酒诰》。

　　②　《尚书·康诰》。

　　③　余䁖遽儿钟(《殷周金文集成》184.1)将"慈父"作"字父"。

　　④　《左传·隐公三年》《左传·昭公二十六年》。

　　⑤　《左传·文公十八年》。

　　⑥　童书业:《春秋左传研究》,上海人民出版社1980年版,第122页;参见钱宗范:《朋友考》,《中华文史论丛》第八辑,上海古籍出版社1978年版,第272、282页;朱凤瀚:《商周家族形态研究》(增订本),天津古籍出版社2004年版,第296—297页。

作"䏿"或"䓊"，后者与《说文》古文"䓊"略同。金文友作"䇂"。商承祚分析
"䇂"字曰："象两手相联助，与䇂象二人相并，义一也。"①或认为"䇂"当是"一
人手之外加另一人之手，谓协助为友"②。即以形溯义，"友"之本义当为"协
助"。上古时代，族群是生产活动的基本单位，而族群内部一般都曾按年龄形
成自然的劳作分工，在劳作中相协助者往往是年龄相当的同辈人，称族内兄
弟为友，不过是以具有"协助"之义的"友"称呼协助者而已。本书从不同角度
考证西周"友"的内涵而获得与钱、朱二氏一致的结论，当不是巧合，而是从不
同角度反映了同一历史实际。族内同辈人以兄弟相称，其侧重的是血缘关系
中的长幼之序；以友相称则着眼于同辈人的协作与互助。《尚书》的《周书》部
分，作为人称之友和"友邦君"的"友"，其义与友的本义吻合。沈长云先生认
为《尚书》中的"友邦君"或"友邦冢君"是"周王兄弟之邦的大君或周族同姓之
邦的大君"③。然进一步分析，则可见"友"不论与邦君联称或单称，其义似
皆为兄弟。试以《尚书·大诰》有关内容为例。

> 肆予告我友邦君越尹氏、庶士、御事，曰："予得吉卜，予惟以尔庶
> 邦于伐殷逋播臣。"尔庶邦君越庶士、御事罔不反曰："艰大，民不静，亦
> 惟在王宫、邦君室、越予小子考翼，不可征，王害不违卜？"
> ……
> 王曰："……若考作室，既厎法，厥子乃弗肯堂，矧肯构？厥父菑，厥
> 子乃弗肯播，矧肯获？厥考翼其肯曰：'予有后，弗弃基？'肆予曷敢不越卬
> 敉宁王大命？若兄考，乃有友伐厥子，民养其劝弗救？"

《尚书·大诰》乃成王向平叛之师发布的诰令④。既然友邦君称发动
叛乱的管、蔡是自己的长辈（考翼），则友邦君与成王为兄弟辈，乃兄弟邦国
之君。"'兄考'与上文的'考''厥父''厥考翼'同义，指武王。"⑤"乃有友伐

---

① 商承祚：《说文中之古文考》，上海古籍出版社1983年版，第25页。
② 方述鑫、林小安等编著：《甲骨金文字典》卷三，第236页。
③ 沈长云：《〈书·牧誓〉"友邦冢君"释议——兼说西周宗法社会中的善兄弟原则》，《人文杂志》1986年第3期。
④ 历来注家多以为《尚书·大诰》乃周公所作，彭裕商在《周公摄政考》（《文史》第四十五辑，中华书局1998年）一文中，已予辨正。
⑤ 沈长云：《〈书·牧誓〉"友邦冢君"释义——兼说西周宗法社会中的善兄弟原则》，《人文杂志》1986年第3期；于省吾：《双剑誃尚书新证》卷二，"若兄考，乃有友伐厥子"条谓："兄考即皇考……皇考谓武王也。"

厥子",友,即指武王的兄弟管、蔡,子则指成王。《尚书·大诰》中,称兄弟之邦为友邦,称兄弟为友,似有强调兄弟协作互助之义,以从正面敦促友邦君与成王同心协力,从反面谴责本有协助之谊的兄弟同室操戈。当然,兄弟属族人范畴,以族人释"友邦君"与"友",于文意亦顺,然就文中明涉的人物看,释友为兄弟似更为妥帖。

西周铭文中,尚存朋友为族内同辈的痕迹。

伯康簋:"伯康作宝簋,用飨朋友,用馈王父、王母①……"(《殷周金文集成》4161)

杨树达释伯康簋铭曰:"此铭馈字与飨字为对文,用为动字,乃燕享之义。"②即朋友、父母皆为飨对象。朋友与父母并列,足见朋友不包括父母辈。

后世文献所载,尚可佐证我们关于人称之"友"内涵的观点。《论语·公冶长》"老者安之,朋友信之,少者怀之",朋友与老、少并称,足见朋友乃不包括长辈与晚辈的同辈。《韩诗外传》:"遇长老则修弟子之义,遇等夷则修朋友之义。"③等夷即同辈,朋友之礼节、规范行用于同辈间,亦表明同辈乃朋友关系。尽管上述史料所涉朋友已非族人,然其同辈人称朋友,当源于西周时期的族内同辈称朋友。

族内同辈称"友"或"朋友",同辈间的伦常也就以"友"名之。《尔雅·释训》谓:"善兄弟为友。"遍检西周载籍,"友道"所涉对象皆为友。《论语·为政》引《书》"孝乎惟孝,友于兄弟"④,《尚书·康诰》谴责罪大恶极者"不友于弟",《诗经·大雅·皇矣》称:"因心则友,则友其兄。"以上材料昭示"友道"仅用于兄弟间,与长辈、晚辈绝对无涉。

明确"友道"仅涉兄弟,而血缘长辈与晚辈间又绝对不会无伦常,因此从这一角度讲,"孝道"也只能是长、晚辈间的伦常,其所涉对象包括父母在内的长辈。

---

① 《尔雅·释亲》谓"父之考为王父,父之妣为王母",李学勤先生在《鲁器帅鼎》一文指出:"'王父'的'王'和'皇考'的'皇'同义,都是美称。"(李学勤:《缀古集》,第89页)故王父王母即皇父皇母。西周金文中,王父王母既可称已故父母,亦可称生父母。仲叔父簋铭曰:"仲叔父作朕皇考遟伯、王母遟姬尊簋……"(《殷周金文集成》4102)此皇考、王母已故。毳簋铭称:"毳作王母媿氏馈簋,媿其眉寿,迟年用。"(《殷周金文集成》3931)毳为其王母祈寿,可见此王母为生称。

② 杨树达:《积微居金文说》(增订本),中华书局1997年版,第148页。

③ 《韩诗外传》卷六。

④ 程树德经详尽考证认为:"'孝乎惟孝'四字为句,汉魏六朝相沿如是。……'孝乎'为句始于伊川,朱子《集注》因之。"(程树德:《论语集释》第一册,第122页)

## 二、西周孝道的内涵

前文已言及,就"孝"之形溯义,谓孝体现长辈与晚辈的关系,而欲探究孝究竟蕴含了何种长幼关系,将"孝"置于其产生和发展的历史文化背景中,或许更能说明问题。

### (一)奉养长辈谓之孝

长辈与晚辈最为基本的关系当是生育与赡养的关系。《郑注》释《周礼·地官·师氏》的"孝德"谓:"孝德,尊祖爱亲,守其所以生者也。"其对孝德作如此解,即从生命来源的角度涉及孝产生的原因,并顺理成章地涉及创造生命的父祖。《诗经·小雅·蓼莪》一方面咏叹父母生养之恩,"哀哀父母,生我劬劳""生我劳瘁""拊我畜我,长我育我",另一方面则悲叹"我独不卒",即因故不得终养父母。在上古时代,人由父精母血孕育而生,又因父母及族内长辈养育成长,这种生命创造及养护的客观现实,促使人产生基于血缘义务的报恩意识,即在自己有能力谋生之后,必须自觉奉养谋生能力渐衰之老人。类似现象也见于我国少数民族中,云南沧源佤族每逢过年,要专为老人设"木考括"(敬老宴),设"木考括"时,人们还要念诵或吟唱祝辞:

> 祖父、祖母、母亲、父亲,
> 你们裤子的口口,
> 你们裙子的门窗。
> 是生莲花的水,
> 是出后人的井。
> 是你们造出我们的手脚,
> 是你们制成我们的身子,
> 我们的魂是你们给的,
> 我们的命是你们赐的。
> 你们艰难地生育我们,
> 你们辛苦地抚养我们,
> 我们托你们的福,

我们感你们的恩。

喝水要想源头，

生火要拜石头。

今天，我们为你们摆酒……①

《诗经·小雅·蓼莪》所谓的"民莫不穀"②，即民莫不赡养父母，正是基于强烈的"报本反始"意识。《诗经·小雅·蓼莪》虽系西周晚期作品，但其浓郁的"奉养父母"观，既为时势使然，又蕴含了深厚的历史积淀。因此，就"孝"的形训而言，"子承老"的基本内涵之一当是作为子的晚辈对族内长辈的奉养。

"孝"之奉养内涵随社会生活共同体的变化而变化。在上古时代，人类社会生活共同体以族群为基本单位，晚辈所奉养者，当是包括父母在内的所有族老。西周时期，由于贵族、庶民家庭结构与经济状况的差异，其"奉养"内涵亦不尽相同。

西周时期，庶民以父母为主要奉养对象。由于生产力水平所限，西周时期作为农业生产承担者的庶民尚不具备独立从事农业生产的能力，因此在庶民层，尚存劳动协作组织③。然而庶民的个体家庭在消费上却具有相对独立性，虽然缺乏能直接说明这一问题的材料，但西周文献与铭文中屡见的"鳏寡"及其相关内容，却能在一定程度上表明庶民个体家庭消费上的独立性。"鳏寡"本指老年无偶的男女，在西周文献与铭文中，其往往是统治者强调的"不侮""不刑"对象，即他们是需要社会忧恤的人，当是老年穷困而无依靠者的代名词，而孤弱者只能属于庶民阶层。倘若庶民阶层的生产组织与消费组织皆以宗族、家族或其他群体为单位，就不致有孤弱者产生。《诗经·周颂·良耜》谓"百室盈止，妇子宁止"，粮食丰收，便庆幸妻室儿女有了安宁，这或许能在一定程度上反映庶民的个体家庭是消费单位。孔子所追溯的西周赋税制④，似乎亦能从一定程度上反映西周庶民的个体家庭在消费上的独立。由于庶民个体小家庭消费上的相对独立，晚辈奉养

① 周凯模：《云南少数民族乐舞中的伦理色彩》，张哲敏主编：《民族伦理研究》，第99页。

② 穀，《郑笺》："养也。"

③ 参见朱凤瀚：《商周家族形态研究》，第416—418页。

④ 《国语·鲁语下》："先王制土，籍田以力，而砥其远迩；赋里以入，而量其有无；任力以夫，而议其老幼。于是乎有鳏、寡、孤、疾，有军旅之出则征之，无则已。"

的对象就主要是父母。《尚书·酒诰》中的"用孝养厥父母",是对专务"艺黍稷""牵车牛,远服贾"的劳作者的要求。《诗经·小雅·杕杜》"忧我父母"、《诗经·小雅·蓼莪》"民莫不穀……我独不卒",此类西周晚期诗,皆叹息"王事靡盬"、征调失常,因而忧父母无人奉养。足见终西周之世,对于从事劳作的庶民而言,奉养父母,尽孝道,实属责无旁贷。

西周贵族奉养的长辈一般为族老,而且其养老具有鲜明的礼仪化倾向。西周时期,"每一个相对独立的贵族家族都不仅是几代同居的亲族组织,同时亦是一个政治经济的综合体"①,"贵族家族以宗族形式存在……聚居共处的宗族成员是不分财的"②。正由于贵族阶层的宗族存在,其"孝"所涉对象应是包括父母在内的所有族内长辈。《国语·周语上》载:周宣王欲从弟子中寻求能为诸侯楷模者,樊穆仲认为以"孝"闻名的鲁侯最合适,而鲁侯"孝"的重要依据之一是其"敬事耇老"。孝所涉的"耇老"当是本族长辈。现有史料中,尚乏西周贵族层奉养族老的具体记载,然而,反映贵族层养老礼仪化的材料却史不绝书。《礼记·文王世子》《礼记·月令》《礼记·乐记》《礼记·内则》《周礼·天官·外饔》《周礼·地官·槁人》等篇,皆散见周代养老之礼。《礼记·乐记》称周天子"食三老五更于大学",《礼记·乡饮酒》谓"六十者三豆,七十者四豆,八十者五豆,九十者六豆,所以明养老也",《大戴礼·保傅》载三代养老之礼,天子"春秋入学,坐国老,执酱而亲馈之,所以明有孝也"。上引史料虽系晚出,然也非凿空之论,尚可征诸其他典籍。《孟子·离娄上》称"西伯善养老者"。《尚书·酒诰》云:"尔大克羞耇惟君,尔乃饮食醉饱。"对该句之解,虽有"惟君"上属与下属的断句差异,但注家皆认为此涉及西周的"养老之礼"③。下文将涉及的"享孝"则是贵族养老礼仪化的特殊表现。《诗经》中,涉及礼仪性飨宴的必定是贵族层的"诸父""耇老",而与具体奉养相关的几乎皆为庶民层的父母。这种明显的区别,似能在某种程度上表明二者"奉养"内涵的差异。

庶民对父母之孝强调实际的"奉养",一方面是基于血缘关系的基本义务,另一方面则由其个体家庭经济所决定。如果子女对父母不尽具有实际

---

① 朱凤瀚:《商周家族形态研究》,第304页。
② 朱凤瀚:《商周家族形态研究》,第328页。
③ [清]孙星衍:《尚书今古文注疏》,第377页;[清]皮锡瑞:《今文尚书考证》,第324页;曾运乾:《尚书正读》,第175页。

意义的奉养之责,年迈体衰的父母便会因生计无着而面临生存危机。"养老"作为最基本的血缘义务,之所以能在贵族层礼仪化,最主要的原因当在于"养老"已不具有实际的"生计"意义。贵族层不劳而获,其养老育小的物质基础皆由庶民及其他劳动者提供,而"衣食"等养老的具体事宜,也有相应的家臣为之操办①。由此西周贵族才可能超脱于具体的"养老",更注重从精神上敬老、爱老,以"养老之礼""享祭之礼"昭示"报本反始"与"敬老"精神。

### (二)继承长辈经验谓之孝

如果仅从"报本反始"、血缘义务的角度理解孝道的产生及其内涵,似并不全面,因为有的民族,或同一民族在不同的历史时期,就根本没有"报本反始"的意识。

从世界范围看,有的原始族群非但不敬老,且有食、杀老人之俗②。显然,从血缘关系及报恩的角度,无法解释这类现象。

云南沧源佤族的传说,则反映佤族人经历过由"弃老"到"孝老"的历史。

很早以前,佤族地区发生了饥荒,为了避免全家或全族人饿死,人们把一些不能劳动的老人送到深山野外,把他们托付给山神,让他们自行去死。有一年遭了灾,有两兄弟照旧俗把老父亲背上山去,却没按惯例给父亲饱餐一顿。老人死前没沾一点米饭,很是委屈。本来按习惯,灾荒年头饿死的老人,他的灵魂到山神那儿决不会诉苦,为的是让自己的族姓能够延续下去。可是这位老人却去山神处,诉说儿子的不孝。神灵震怒,连旱九月,又连涝九月。人们害怕了,从巫师那儿了解到原因,这才将遗弃老人的恶习,改为敬老爱老的美俗,逢年过节,遭灾遇祸,"都要给在世或去世的前辈设'敬老宴',以求神灵宽恕和保佑"③。

为什么不同民族的"老人观"迥异?即便是同一民族,在不同的历史时期会有不同的"老人观"?心理学的"需要层次"理论④告诉我们,"生存"需

---

① 参见朱凤瀚:《商周家族形态研究》,第 320—321 页。
② 参见李安民:《试论史前食人习俗》,《考古与文物》1988 年第 2 期。
③ 周凯模:《云南少数民族乐舞中的伦理色彩》,张哲敏主编:《民族伦理研究》,第 99 页。
④ "需要层次"理论由心理学家马斯洛提出。马斯洛将人的需要分为生存(涉及食、性等)、安全、情感(爱与被爱)、尊重(他尊与自尊)、自我实现等五个层次,并认为,一般情况下,需求的产生依层次而有序地由低层到高层,参见[美]马斯洛著、成明编译:《马斯洛人本哲学》,九州出版社2003 年版,第 52—62 页。

要是人的最基本的需要,只有在最基本的需要满足之后,才可能产生情感及其他较高层次的需要。以上所述表明,"报本反始""血缘义务"作为孝观念产生的原因,是有前提的;以下的论述将涉及,孝观念的产生必然与一个民族的生产方式息息相关。

秦汉时的匈奴人,其"老人观"也与华夏族大相异趣。《史记》载:匈奴人"随畜牧而转移。……逐水草迁徙,毋城郭常处耕田之业……其俗,宽则随畜,因射猎禽兽为生业,急则人习攻战以侵伐。……壮者食肥美,老者食其余。贵壮健,贱老弱"①。匈奴人逐水草而居的游牧生活,以及其作为生活重要补充手段的"侵伐",客观上需要族群成员体魄健壮,勇猛善斗,而年老体迈的老人于游牧与攻战,不仅功效甚微,甚至成为拖累。匈奴人对其族群成员的或贵或贱,与其生存方式的客观需求的一致性甚明。在传统的农业社会,经验对农耕民族的重要性远远超过其成员的体魄。老人一生中不仅获得了前辈所传授的知识,而且拥有自身积累的生活经验和生产知识,利用长者所积累的经验,可避免或减少摸索的艰难曲折,从而提高农作成效。而生产与生活经验的获取尤其耗费时日,与人的年龄增长几可成正比,所以长者在传统农业社会往往成"权威"的象征。同时,传统农业民族与游牧民族相比,生活资源相对丰富与稳定,老人一般不至因乏食而成累赘。正是生产方式的这一特性,决定了在周人长辈与晚辈的关系中,必定有经验传承的内涵。《尚书·无逸》开篇即曰:"相小人:厥父母勤劳稼穑,厥子乃不知稼穑之艰难,乃逸乃谚,既诞否则,侮厥父母,曰:'昔之人无闻知。'"②既谴责不知稼穑之艰的小人好逸恶劳,亦谴责不务正业的小人怠慢父母,轻视老人的知识。这类谴责出自最高统治层,可见周人对老人经验的重视。周统治者更将对一般老人的敬重上升到对具有统治经验的长者之敬重。《逸周书·皇门》载周初统治者自谓其成功的重要原因之一乃"有耇老据屏位"。敬重"耇老",让其身居屏藩之位,当本诸"耇老"之统治经验。武王曾谆谆告诫康叔,必须寻求殷先哲王安治人民之道,而"惟商耇成人,宅心知训"③,即唯有殷遗老成人度量民心而知所训导之方,当求教于殷老成人。《礼记·内则》谓"养老而后乞言",即行养老礼之后,向老人

———————————

① 〔汉〕司马迁:《史记》卷一百十《匈奴列传》,第 2879 页。
② 此处引文断句从孙星衍(〔清〕孙星衍:《尚书今古文注疏》下册,第 434 页)。
③ 《尚书·康诰》。

乞求善言可行者①。据上述,可见周人之所以敬重老者,重要原因之一即在于其经验丰富。正是从这一角度,周人赋予孝以"继承长辈经验"的内涵。《国语·周语上》称:"敬事耇老"为孝,其"敬事耇老"的具体所指,乃"赋事行刑,必问于遗训而咨于故实,不干所问,不犯所知",即向"耇老"请教先人遗训和前朝惯例,并在处理政事时恪守不违长者所教,如此便是"孝"。《逸周书·谥法》谓:"秉德不回曰'孝'。"回,违背②,即秉承先辈与长辈之美德不违背,就是孝。西周时期,统治者所倡之德的主要内容即指其修身、治国的行为准则,从某种程度上讲,德即统治经验之积淀,因此,《逸周书·谥法》对孝的这一界定,亦表明继承先人、长辈经验是孝的内涵。

### (三)致力于父业、承继父祖之业谓之孝

周人对老人知识与经验的重视,归根结底是为了业有所成。因此,与承继长者的经验息息相关,周人又赋予孝以"致力于父业、承继父祖之业"的内涵。《尚书·康诰》视"子弗祗服厥父事,大伤厥考心"为"不孝",反之,"祗服父事"即为"孝"。"祗服父事",即恭敬地致力于父业。不仅致力于在世父辈之业为孝,承继父祖之业也谓孝。《诗经·大雅·下武》上文盛赞周人子孙善继祖业,使王业世代相传,接着称"永言孝思,孝思维则……永言孝思,昭哉嗣服"③,文中反复强调的孝,即指效法先王,继承祖考之业。《诗经·周颂·闵予小子》载周成王称其父武王"永世克孝",从而自勉当"继序思不忘",《郑笺》:"我继其绪,思其所行不忘也。"可见,此孝亦涉继承父祖之业。类似的观念也见于周铭。大克鼎器主克在鼎铭中,首先自述其祖师华父敬事共王,成为共王所赖以治国的重臣,接着称自己所臣事的时王"天子明哲,显孝于神"④,"天子明哲"是"显孝于神"的表现⑤,"经念厥圣

---

① 《礼记·文王世子》亦曰"养老乞言",郑玄注曰:"养老人之贤者,因从乞善言可行者也。"

② 《诗经·大雅·大明》"其德不回",《毛传》曰:"回,违也。"

③ 孝思维则,《郑笺》"所思者,其维则三后之所行";昭哉嗣服,《郑笺》"服,事也。明哉,武王嗣行祖考之事"。

④ 《殷周金文集成》2836。"显孝"之"显",《殷周金文集成》隶定为"覭(景)"。覭,周铭数见而《说文解字》无,故后世对其训释多歧义。郭沫若谓"用例率与显字同"(郭沫若:《两周金文辞大系图录考释》下册,"麦尊"条),可从。

⑤ 参见[日]白川静:《金文通释》卷三下,第二十八辑,第499页。

保祖师华父,勔克王服,出入王命,多赐宝休"①,则是时王显孝于先王的具体表现,即时王能经常顾念先王的有功之臣师华父,从而擢用其孙克,委克以重任,以此显孝于先王。由此可见,大克鼎所涉之孝,是指时王遵循先王所行。《尚书·文侯之命》"追孝于前文人",《孔传》曰:"继先祖之志为孝。"《礼记·中庸》对"孝"也有类似界说,其曰:"夫孝者,善继人之志,善述人之事。"述,《说文·辵部》"循也",即善于继承先人之志,从而遵循、成就前人之业就是孝。《礼记·中庸》对孝的界定与上涉《诗经》《尚书》、铭文所载相一致。

孝之初谊,体现的本是族内长辈与晚辈的伦常关系,然而西周王朝建立之后,在世袭与世官制下,统治阶级的承业往往首先表现为子孙承其父祖之王位或官职,故其承业一般是子孙对已故父祖而言,从承业的角度,孝的对象便常涉及已故父祖。孝对象的这一变化,当是孝之初谊在特定历史条件下的引申。"孝祖考"这一内涵直接涉及统治大业的传承,故统治阶级尤为重视。

综上所述,西周孝观念的基本内涵是奉养长辈;传承长辈的知识与经验;致力于长辈之业与承继父祖之业。庶民阶层的孝行主要体现为奉养父母,贵族层的奉养老人则更倾向礼仪化;承继父祖之业主要为统治阶层所提倡与实践。《礼记·祭义》谓:"大孝尊亲,其次弗辱,其下能养。"《正义》认为,"大孝"属周天子的孝行,所谓"尊亲",乃"严父配天地也";"其次"属诸侯、卿大夫及士的孝行,"弗辱",指"保社稷、宗庙祭祀,不使倾危以辱亲也";"其下"属庶人之孝行,他们凭借劳作所获奉养父母②。从某种程度上讲,《礼记·祭义》所载,当反映了西周时期不同阶层的孝行差异。

## 三、金文"享孝""追孝"析

"享孝""追孝"是西周晚期铭文中最为常见的用语。前文已涉及,认为西周孝对象仅仅是"神祖考妣"者,其主要依据正是彝铭中的"享孝""追孝"所涉对象是"祖考"。然而,铭文中盛行的"享孝""追孝"是否能成为上述论

---

① 《殷周金文集成》2836。

② [汉]郑玄注、[唐]孔颖达等正义:《礼记正义》,《十三经注疏》下册,第 1598 页。另外《孝经》则分别详细论说天子、诸侯、卿大夫、士、庶人之孝。二者所述当是对西周孝道的总结。

点的依据,以下的分析将明确之。

有学者在探索孝义时,认为西周时期的孝对象是已故父祖,到春秋,"按'事生如事死'模式,孝对象下移到健在的君"①。此论全然忽略了先民的思维特点。远古先民相信灵魂的存在与不灭,认为死去的人不过是去了另一世界。在后世子孙心目中,存在于另一世界的已故父祖即为鬼神。此外,先民们还具有"以己度物"的思维特点,即先民们面对错综复杂的种种现象,无法进行科学、合理解释时,往往根据自己的经验,用关于人的属性去看待、去解释。先民们认为鬼神既然存在,也就会有种种需求。人们所构筑的鬼神需求,往往是以人的需求为蓝本。在族群普遍存在的时代,人们尤重血缘网络关系,以为"非我族类,其心必异"②,与此相应的观念是"鬼神非其族类,不歆其祀"③,即人们认为鬼神和人一样离不开宗族关系。在古汉语中,有关死人墓葬的种种事物名称,往往与活人生活起居的种种事物名称相同或相近。究其所以,在于人们认为死者也需要活人一样的生活起居,并由此创造出与活人生活起居相关的种种丧葬礼仪④。正是基于人们的上述思维特点及相应的实践,先民才提炼出"事死如事生"⑤"事亡如事存"⑥的观念。因此,"事生如事死"之论既有悖先民的思维特征,又与历史实际不副。

孝本为人世血缘晚辈对长辈的伦常,既然活人需要子孙尽孝,先民便认为虽逝而灵存的父祖也同样需要子孙尽孝,人世奉养父祖的孝行便通过"祭礼"推及冥世的父祖。《说文·亯部》"享,献也",《诗经·小雅·天保》"是用孝享",《诗经·周颂·载见》"以孝以享",《毛传》并谓:"享,献也。"然而,享之朔谊并非一般意义之献。享,甲骨文作"合",王慎行认为"象营建在堂上的一座庑殿式建筑"⑦,吴大澂认为"象宗庙之形"⑧。金文形承甲骨文作"合""合"。宗庙为祭祀鬼神之所,故其"献"义当专指宗庙的"祭献",金

---

① 查昌国:《论孔子孝观念的革命性》,祝总斌、郑家馨主编:《北大史学》第 3 辑,北京大学出版社 1996 年版,第 133 页。
② 《左传·成公四年》。
③ 《左传·僖公三十一年》。
④ 参见刘志基:《汉字与古代人生风俗》,华东师范大学出版社 1995 年版,第 124—144 页。
⑤ 《左传·哀公十五年》《礼记·中庸》。
⑥ 《礼记·中庸》。
⑦ 王慎行:《商代建筑技术考》,《殷都学刊》1986 年第 2 期。
⑧ [清]吴大澂:《说文古籀补》,中华书局 1988 年版,第 21 页。

文中的"享"即主要对鬼神而言。享孝,即通过献祭品以尽孝道。《诗经·小雅·楚茨》"苾芬孝祀,神嗜饮食",《诗经·小雅·天保》"吉蠲为饎,是用孝享",饎、饮食分别与孝享、孝祀对应,表明向鬼神祭献美酒佳肴即为孝。为什么称向父祖之灵祭献物品为孝?"享神而神飨"的有关记载,或许能说明此点。享,是本着鬼神也需要饮食的观念,通过祭祀将鬼神所需之物品连绵不断地供奉。因此从活人的角度,祭祀就是向鬼神祭献物品,即所谓"享神";而从鬼神的角度,承受后人祭祀则为饮食事。《逸周书·作雒》载周人之郊祭,称受祭的"日月星辰、先王皆与食",即表明祭祀对鬼神而言,实乃饮食之事。《诗经·周颂·我将》上言"我将我享",下言"即右飨之";《诗经·鲁颂·閟宫》上言"享祀不忒""享以骍牺",下言"是飨是宜",此两则材料中,与"享"相对之"飨"皆指神飨。《礼记·祭义》"祭之日,乐与哀半,飨之必乐",此飨也指鬼神飨食祭品。飨,甲骨文作"𣌭",象两人相向而共食于一簋之形,本义当为相聚饮食。造字之初,飨无疑是本诸活人的相聚饮食。金文中,飨主要用于宴飨活人。祭祀活动中,称鬼神饮食祭品为"飨",不过是其本义引申而已。从这一引申亦可发现,人们将需求饮食之性赋予鬼神。既然以饮食奉养父祖为孝,将以祭献物品供奉父祖亡灵的行为冠以孝名乃顺理成章。金文与文献中,不乏奉养之孝与享孝对应的记载。《礼记·祭义》谓:"生则敬养,死则敬享。""生养"与"死享"相对成文,养、享对应之义昭然。养为对在生父祖的孝行,享既与养对应,当然也就是对父祖亡灵的孝行。《礼记·祭统》谓:"祭者,所以追养继孝也。"此记载至少表明三点:其一,鬼神也需要子孙尽孝;其二,对鬼神之孝乃其生前所享奉养之孝的继续;其三,孝鬼神的方式是通过祭祀,追循奉养之道以继续的。《礼记》虽系晚出,周铭却能为《礼记》所载提供力证。春秋早期的曾伯霥簠①、晚期的番君召簠②铭中,"享孝"之孝皆作"耆"③。阮元认为孝从食,"殆取养义"④,其说殊为有见。周铭中,享孝之"孝"从老从食之异形,不仅昭示了"享孝"是祭献饮食以养鬼神的信息,而且据先民"事死如事生"的观念,亦可知祭祀之养乃生养所推及,享孝乃奉养之孝的推及。《逸周书·谥

①　《殷周金文集成》4631。
②　《殷周金文集成》4582。
③　于省吾:《双剑誃吉金文选》卷上之三,"曾伯霥簠"条;卷下之三,"番君召簠"条。
④　[清]阮元编:《积古斋钟鼎彝器款识》卷七,中华书局1985年版,第393页。

法》所谓"协时肇享曰'孝'"的界定,当是指"享孝"。

既然享孝是以祭献尽孝道,其所涉对象当然只能是已逝之父祖。然而西周金文中,有以下几特例,其享孝涉及对象为兄弟、朋友、婚媾等活人。

> ……乖伯拜手颔首……敢对扬天子丕丕鲁休,用作朕皇考武乖幾王尊簋,用好宗庙,享夙夕,好倗友雯百诸婚媾,用祈纯录、永命,鲁寿子孙……日用享于宗室。①(乖伯归夆簋,《殷周金文集成》4331)

> 杜伯作宝盨,其用享孝于皇神、祖考,于好倗友,用祓寿,匄永命。(杜伯盨,《殷周金文集成》4450)

> ……窒叔作丰姞鼓旅簋,丰姞鼓宿夜享孝于诇公,于窒叔朋友,兹簋□匫亦寿人……②(窒叔簋,《三代吉金文存》8.51.1)

> 夋季良父作敔姒尊壶,用盛旨酒,用亯孝于兄弟、婚颣、诸老……③(夋季良父壶,《殷周金文集成》9713)

据上揭周铭,或认为西周孝对象包括兄弟朋友、婚媾,这在前文已涉及,如果此论成立,既表明上文对西周孝道内涵的界定不确,也表明"享孝"即"以祭献尽孝道"之论有误。因此,辨析这几特例的"享孝"尤为必要。

杨树达释乖伯簋铭说:"好宗庙之好,疑当假为孝,古孝好二字同音也,孝宗庙犹言孝于先人耳。好朋友粤百诸婚媾,此好字则宴好之义耳。"④郭沫若则认为:"两'好'字均当读为孝,孝者,享也,养也,于宗庙固可言孝,于朋友婚媾亦可言孝。"⑤杨、郭一致认为好、孝可通假,但二人对"好朋友与百诸婚媾"之好的解释,似以杨说为优。"享孝宗庙"乃西周晚期习见语,此"好宗庙,享夙夕",应是该习见语的变形。《诗经·小雅·巷伯》"骄人好好",好好,《毛传》"喜也",可见"好"有喜乐义。乖伯簋铭的"好朋友"之好,

---

① 该条引文的"乖字",《殷周金文集成》器名用"乖"、释文用"乖",本书所引未作改动。本书所引金文资料,凡隶定从《殷周金文集成》,涉及同一字,凡器名与释文不一者,皆尊重《殷周金文集成》的原样。

② 引文隶定从彭裕商(彭裕商:《西周青铜器年代综合研究》,第472页)。

③ 引文隶定从徐中舒(徐中舒:《金文嘏辞释例》,《徐中舒历史论文选辑》上册,第509页)。

④ 杨树达:《积微居金文说》(增订本),第76页。乖伯簋之"乖",杨树达隶定为"乖",郭沫若与《殷周金文集成》隶定为"乖",《殷周金文集成》又隶定为"乖",彭裕商隶定为"乖"(彭裕商:《西周青铜器年代综合研究》,第408页),本书不涉及引文处,皆用"乖"字。

⑤ 郭沫若:《两周金文辞大系图录考释》下册,"乖伯簋"条。

当指喜乐朋友，并且是在祭祀祖考之后的宴飨中喜乐朋友，故此好释为"宴好"似无不当，不过释为"宴乐"则更妥帖。纵向比较，周铭中，朋友一直是宴飨对象。西周早、中期铭文习见"朝夕飨厥多倗友"①"用飨倗友"②"用飨多寮友"③等语；春秋铭文中，则屡见"用宴以馈，用乐嘉宾、大夫及我倗友"④"用宴以馈，用乐嘉宾、父兄及我倗友"⑤等语。显然，西周中晚之际及晚期彝铭中的"宴乐朋友"上承西周早、中期的"飨朋友"，下启春秋时期的"用宴喜(馈)，乐朋友"。若将"好朋友"释为具有"享"或"养"义的"孝朋友"，则因无以寻此解的源流而终感义难安。西周晚期的叔妘簋铭："叔妘作宝尊簋……用侃喜百姓、倗友，粟子妇，子孙永宝，用夙夜享孝于宗室。"⑥朋友、百姓为喜乐对象，宗室(宗庙)则为享孝对象，文例与乖伯簋相类，此乃"好朋友"当释为"宴乐朋友"的横向佐证。

杜伯盨之"好朋友"当与乖伯簋的"好朋友"同解。周铭中，"好朋友"仅此两见。"好朋友"分别见于时期相近的两器铭中，并且具有相同的语言环境，故作类同的解释当不至有误。

关于夨季良父壶的"享孝于兄弟、婚颟、诸老"句，如上所涉，享孝乃对祖考的祭祀用语，而兄弟、婚颟等则是健在者，不当为享孝对象。所以。此"享孝"之解当有两种可能：其一，该句省略了成分，即享孝的宾语和以兄弟、婚媾等为宾语的谓语都省略了；其二，以"享孝"的假借或引申义用于活人。关于第一种假设，在汉语中，无论古今汉语，只能在特定语境或其他特定条件下，才可以省略句子的主要成分，周铭中作为主要成分的动词谓语通常不能省略⑦，并且既省略作为主要成分的动词谓语，又与另一省略宾语的句子错动原有动宾关系组合成句之例不见于其他周铭，所以，此假设难以成立。徐中舒先生认为："夨季良父壶为媵器，言享孝于兄弟婚颟诸老者，即宜其室家之意。"⑧徐老对此"享孝"作了与"祭献以尽孝"判然有别的

---

① 先兽鼎，《殷周金文集成》2655。

② 七年趞曹鼎，《殷周金文集成》2783。

③ 麦方鼎，《殷周金文集成》2706。

④ 鼄子𤟭𪔂𫓧，《殷周金文集成》154。

⑤ 王孙遗者钟，《殷周金文集成》261.2。

⑥ 叔妘簋，《殷周金文集成》4137。

⑦ 参见张振林：《毛公䚄鼎考释》，《容庚先生百年诞辰纪念文集》(古文字研究专号)，第299页。

⑧ 徐中舒：《金文嘏辞释例》，《徐中舒历史论文选辑》上册，第509页。

解释,不过未涉此"享孝"具体当作何解而已。周铭中,"享"本为祭献专用词,飨则指生人之宴飨,但亦有享、飨通假之例①,此"享孝"之享应是"飨"之假借。据乖伯簋,好、孝可通假,所以此"孝"当作"好",类乖伯簋"好朋友"之好。此"享孝",即"宴飨、喜乐"之义。

窒叔簋的"享孝于徙公,于窒叔朋友",如上所言,"窒叔朋友"的谓语不能省略,故徙公与窒叔朋友同为"享孝"之宾语。"朋友"为健在者,此"享孝"当不是作为祭祀用语的"享孝",应与夨季良父壶的"享孝"同义。

通过对以上几特例的辨析,可见本书关于孝道基本内涵的界定以及对"享孝"的结论是正确的。

西周时期,对父祖之亡灵既可称"享孝",亦可言"追孝",然二者却有别,"享孝"指祭献以尽孝道,追孝则从另一角度涉及孝行。

王引之谓:孝,"为善德之通称……追孝于前文人,言追善德于前文人也"②。据前所言,可见王氏对"孝"义的界定失之笼统;据以下所论,则可知其对"追孝"之解不甚全面。《说文·辵部》:"追,逐也。"金文中,追有"追逐""回溯""追念"之义③。"追孝"之追,乃追述、追溯之义。

> 予小子追学于文武之蔑④,用克龛绍成康之业,以将天命,用夷居之大商之众。⑤

上揭史料乃周穆王之言。周穆王自谓追述、效法文武之美德,因此能继承成康之业,以执行天命,使大商之民众安居。文中"追学"与"龛绍"相对成文,表明周人强调通过追溯、效法祖先之德,以承继其业。而承父祖之德、继父祖之业,正是西周孝道所要求的,故《逸周书·祭公》所载虽无"追孝"之名,却有追孝之实,《诗经》《尚书》有关记载能证明此点。

《诗经·大雅·文王有声》"遹追来孝",朱熹谓:"追先人之志而来致其

---

① 仲枏父鬲(《殷周金文集成》751)、伯簹簋(《殷周金文集成》3943)的"享孝",皆作"飨孝",此"飨"为"享"之假;晋姜鼎铭的"用享用德"(《殷周金文集成》2826)之"享"当为"飨"之假借,曾伯陭壶"用飨宾客,为德无暇"(《殷周金文集成》9712.4、9712.5)、《诗经·大雅·既醉》"既醉以酒,既饱以德",皆宴飨、饮食与德对文,"用享用德"当与其相类,享指"宴飨"。

② [清]王引之:《经义述闻》卷三十一,第737页。

③ 陈初生:《金文常用字典》卷二,第184—185页。

④ 蔑,孙星衍释曰"缓读为散……散与嫩通,亦美也"([清]孙星衍:《尚书今古文注疏》,第453页);《集韵·旨韵》"嫩,善也。通作美"。

⑤ 《逸周书·祭公》。

孝耳。"①联系《尚书·文侯之命》的有关内容,朱氏之解不谬。晋文侯助周平王东迁洛邑,《文侯之命》乃周平王表彰文侯功绩之册命书。

> 王若曰:"父义和!丕显文武,克慎明德,昭升于上,敷闻在下。惟时上帝集厥命于文王。亦惟先正克左右昭事厥辟,越大小谋猷,罔不率从,肆先祖怀在位。……父义和!汝克绍乃显祖,汝肇刑文武,用会②绍乃辟,追孝于前文人。"③

上揭文中之"先正",杨筠如《尚书核诂》释曰:"正,《释诂》:'长也。'先正,谓文侯之先人臣事于文武者也。"④甚确。周平王在其嘉奖命书中,首先追述文王、武王慎谨地实践、光大天赋之德,从而膺受天命,以及晋文侯之先祖辅佐引导周先王,遵从大小谋略,致使平王之先祖能安王位。接着表彰晋文侯,称其继承光显之祖,效法文武,以召会诸侯的方式来承继其先君辅佐周室王业,从而追孝于前文人。由此可见,文中之"追孝"是指追述先辈之德与业,承先辈之志,继先辈之业。周铭中,其"追孝"之义是否与此吻合?

周铭中,习见追孝于祖考、前文人,然多数措辞简略,无法从中把握追孝之内涵。所幸下列铭文内容较详,有利理解周铭之"追孝"。

癞钟:"丕显高祖、亚祖、文考,克明厥心,胥尹叙厥威义,用辟先王。癞不敢弗帅⑤祖考,秉明德,恪夙夕,佐尹氏,皇王对癞身懋,赐佩。敢作文人大宝协稣钟,用追孝敦祀、邵各乐大神……"(《殷周金文集成》250)

丼人妄钟:"显⑥淑文祖、皇考,克哲厥德,得纯用鲁,永终于吉。妄不敢弗帅用文祖、皇考,穆穆秉德,妄宪宪圣爽,寰处(宗室),肆妄作稣父大林钟,用追孝孝侃前文人。……"(《殷周金文集成》111—112)

> 戎生曰:休台皇祖宪公,桓桓翼翼,启厥明心,广经其猷,臧称穆天

① [宋]朱熹:《诗集传》卷十六,《四部丛刊》三编景宋本。

② 用会,会,其义当为"会合"。《竹书纪年》载:平王元年,王东迁洛邑,"晋侯会卫侯、郑伯、秦伯,以师从王入于成周"〔王国维:《今本竹书纪年疏证》,方诗铭、王修龄:《古本竹书纪年辑证》,上海古籍出版社1981年版,第261页〕,用会,即指晋文侯会合诸侯,助平王东迁。

③ 《尚书·文侯之命》。

④ 杨筠如:《尚书核诂》,第313页。

⑤ 帅,《殷周金文集成》的隶定为"帅丼(型)",核对原铭"丼(型)"字并不存在。

⑥ 引文之"显",《殷周金文集成》隶定为"甈(景)",我们隶定为"显",其据已于本书前文相关内容中涉及。

子肃灵,用建于兹外土,聿司蛮戎,用尃不庭方。至于台皇考召伯,趩
趩穆穆,懿肃不僭,绍匹晋侯,用恭王命。今余弗叚废其显光,对扬其
大福,嘉遣卤积,俾参征繁汤……余用昭追孝于皇祖皇考……①

上揭诸铭,其追孝前之内容皆类似,即首先追述祖考之德行、业绩;接
着言作器者效法先祖文考;再称自己秉承祖考之德,继业有成。足见金文
中的"追孝"与文献的"追孝"具有相同内涵,皆指追述、缅怀先辈之业绩与
美德,以承其志,继其业。

尽管享孝、追孝皆以先祖文考为对象,但是,由于二者各有其内涵,故
在具体使用中也呈现出差异。周铭中,习见"享孝于宗室""用享用孝于宗
室",却未见一例追孝与宗室搭配成文的。周铭中,与享孝相关的宗室皆指
宗庙②,"享孝于宗室"实指在宗庙享孝父祖之灵。以祭献尽孝道必定在宗
庙中进行,省略享孝对象,保留享孝地点绝不至令人误会,故"享孝于宗室"
类省略语才会习见。追孝,指追溯、缅怀前人之德与业,以承其志,继其业,
因此不为场所限制,既可如上揭诸铭那样用于祭祀中,也可用于其他场合,
《诗经·大雅·文王有声》的"遹追来孝"、《尚书·文侯之命》的"追孝于前
文人"皆非祭祀语。正由于追孝不像享孝那样与祭祀、宗庙有必然联系,所
以也就无以产生追孝与宗庙搭配的语言习惯。

## 四、西周孝道的作用

《尚书·康诰》称"孝友"为天赐"民彝",视"不孝不友"者为"元恶大
憝",当"刑兹无赦"。周统治者既凭借"天赐"以增孝道之神圣,又不惜动用
刑罚强制世人遵循孝道,足见其对孝道的高度重视。如此重视孝道,当基
于孝道具有巩固政权的特殊作用。

促成万邦和协,社会安定,乃孝道的主要作用之一。民和则安,争则
乱,因此政通人和、社会安定成为西周统治者努力追求的施政目标。史墙
盘、师訇簋铭皆称文王"敼和于政"③,《尚书·无逸》则称文王"咸和万民",

①　李学勤:《戎生编钟论释》,《文物》1999 年第 9 期。
②　参见王慎行:《论西周孝道观的本质》,《人文杂志》1991 年第 2 期。
③　《殷周金文集成》10175、4342。师訇簋铭的"敼"作"盩"。

成王不仅声称"扬文武烈，奉答天命，和恒四方民"①，并告诫卫康叔必"和怿先后迷民"②，以成先王未竟之业，《尚书·顾命》则谓："燮和天下，用答文武之光训。"周统治者如此重视"燮和天下""咸和万民""懋和于政"，而政和、民和、天下和的基础则在于家室之和、宗族之睦。因为在西周，普遍存在的贵族宗族是占支配地位的社会基层组织。《诗经·大雅·思齐》谓西周王朝的统治特点是"刑于寡妻，至于兄弟，以御于家邦"③，即王朝的天下之治是逐层推衍实现的，由君王的家室之治到同姓贵族宗族之治，再及周邦之治④。《诗经·大雅·思齐》所载表明室家、宗族秩序是王朝统治秩序的基础。为了保持室家、宗族和睦与稳定的秩序，就必须有一套固定的行为规范以约束族内或家内成员。《尚书·康诰》所涉的"慈孝""友恭"，就是这样的伦常规范，前者为长辈与晚辈间的伦常，后者为同辈间的伦常。以父子为代表的长辈与晚辈的关系是一切血缘关系的基础，同时，每个承担血缘义务的人首先面对的就是如何对待长辈。能爱戴、敬事长辈者，一般皆能将爱亲之情旁及兄弟，下及子孙。从这一意义上，我们认为孝乃诸血缘伦常之本，所以室家、宗族和睦与孝行息息相关。《诗经·大雅·既醉》称孝行为"室家之壸"，壸，《毛传》"广也"，《孔疏》"善道施于室家之内，以此室家之善广及于天下"⑤，孔颖达所谓"善道"即指"孝行"。由此可见孝道内衍可带来室家、宗族之睦，外推则促成天下和睦的局面。《论语·为政》引《书》曰："孝乎惟孝，友于兄弟，施于有政。"西周人强调将"孝友"之道移用于施行政务，当基于孝道和睦、协调人际关系的作用既可内衍，也可外推。

有利统治大业的传承，是孝道的另一重要作用。如果每个社会成员都能从孝的角度，"祗事厥父事""继序思不忘""绳其祖武"，即注重学习长辈的经验和致力于父业、承继父祖之业，那么每个社会成员都会因守父业、安本分而固着于社会等级网络之中，王朝统治大业遂由此而世代相袭，固若

---

① 《尚书·洛诰》。

② 《尚书·梓材》。

③ "刑于寡妻，至于兄弟"，《孔疏》："内正人伦以为化本，复行此化于兄弟亲族之内。"（〔汉〕毛公传、〔汉〕郑玄笺、〔唐〕孔颖达等正义：《毛诗正义》，《十三经注疏》上册，第 516 页）御，《郑笺》："治也。"

④ 关于《诗经·大雅·思齐》所涉的"层级推衍治理"及其范围的讨论，参见本书第六章"西周伦理思想的主要时代特征"部分的相关论述。

⑤ 〔汉〕毛公传、〔汉〕郑玄笺、〔唐〕孔颖达等正义：《毛诗正义》，《十三经注疏》上册，第 537 页。

金汤。孝道有利王朝统治大业的传承,更在于强调孝道本身即是强调统治继承大业。如前所述,周人立国之初,统治者即将孝道所蕴含的承长辈之经验、继父祖之业上升为统治经验与统治大业的传承,"昭哉嗣服""绳其祖武"①,皆为西周统治者强调的关系统治大业传承的孝行。从统治阶层内部讲,影响统治大业传承的消极因素,最为致命的莫过于权力之争引发的同室操戈,周初的管、蔡之叛几乎断送文武开创的统治大业。从孝的角度强调统治大业的传承,则将周室成员置于血缘情感、血缘义务与现实利益交织而成的网络中,其行为由此而获得强有力的规范。《尚书·康诰》中,王朝不惜以刑罚的力量惩处"弗祗服厥父事"的不孝,既表明"不孝"的危害之巨,亦表明孝的作用之大。管、蔡之叛平定后,终西周之世,基本上再未酿成权力之争的"同室操戈",孝道对人们行为的规范当是其重要原因之一。

西周中、晚期,伴随贵族宗族的发展、壮大,孝道的上述作用则呈现出新的特点,这一时期盛行的享孝、追孝集中反映出孝道的作用。

据粗略统计,在《殷周金文集成》中,涉享孝、追孝的西周器,除去重复,共61器,其中西周早期3器,约占5%;中期15器,约占24.1%;晚期43器,约占70%。享孝与追孝的盛行期,正是王室式微、诸侯及其他贵族坐大的时期。西周王朝建立以来,西周贵族与王朝在相当长的时期内处于共存共荣之中,然而迄至中晚期之际,贵族势力坐大与王朝衰微已成为历史发展的必然趋势。周王朝的衰败对于图谋发展的贵族宗族具有正负两方面的意义。随着自身的衰微,王朝对各级贵族的控制力日渐削弱,致使贵族诸宗族易突破宗法等级的限制而自由发展;但另一方面,作为贵族共主的王朝之衰微,其从政治、经济、军事上庇护贵族的作用也随之锐减。失却王朝庇护的贵族欲进一步发展,所依赖者就唯有自己。势力已坐大的各级贵族宗族皆亟欲谋求更大的发展,由此,族际间的纷争便在所难免。从西周中期后半叶开始,贵族间为了土田附庸、农田收获的纷争与诉讼已见诸周铭,同时这种纷争伴随着贵族宗族的发展而日益加剧②。西周晚期,王朝与周边民族的矛盾、王朝与贵族的矛盾、贵族宗族间的矛盾错综复杂,日

---

① 《诗经·大雅·下武》。

② 参见懿王时的五祀卫鼎(《殷周金文集成》2832)、西周中期的曶鼎(《殷周金文集成》2838)、厉王时的散氏盘(《殷周金文集成》10176)、宣王时的五年琱生簋(《殷周金文集成》4292)。

趋激化,内外危机四伏。贵族们为了在纷争动荡的环境中谋生存,求发展,其宗族的凝聚力便有了空前的意义。此点在《诗经·大雅》《诗经·小雅》的一些篇章中有较为集中的反映。同时这一现象已引起学者注意,他们指出,西周晚期,"在贵族阶级内出现了一种比以往任何时候都强烈的、注重族人团结的风尚"①,"人们迫切地呼唤同宗兄弟联合,呼唤人们珍惜宗族的兴旺发达"②。这种背景下盛行的享孝、追孝,其主要作用在于增强贵族宗族凝聚力。

周铭中,从西周王朝的角度言享孝、追孝者甚少,绝大多数都是贵族从自身的角度讲享孝、追孝,因此享孝、追孝所体现的主要是贵族宗族的需要。

享孝、追孝祖考能给子孙后代以心理慰藉。西周早、中期的铭文中,祈祷语并不普遍,而与享孝、追孝相应,一般都有祈祷语。祈祷所涉内容为寿、福、禄。这种现象一方面表明,人们对拥有和保持寿、福、禄的焦虑与渴望;另一方面则表明人们试图凭借父祖神灵解脱焦虑与渴望的压力。在周人的观念中,西周晚期贵族们热衷的享孝、追孝是父祖神灵与子孙的互惠活动,即子孙通过享孝、追孝活动孝敬祖先,祖先则能庇佑子孙,赐寿、保禄、授福。这一互惠活动对于身处乱世的子孙们而言,无疑是一种尤为必要的心理慰藉。

享孝、追孝活动更是增强宗族凝聚力的有效手段。西周晚期,享孝活动与旨在睦族的宴飨联系甚紧。金文反映出西周早、中期与晚期,贵族的宴飨活动有明显的差异。西周早、中期各级贵族的宴飨对象主要是称为"王逆造使人"③"王逆造事"④"王出入使人"⑤的王朝使臣和贵族的朋友,以婚媾为飨对象的仅壴卣⑥一见;西周晚期,贵族宴飨对象中,王朝使臣锐减,贵族的婚媾却趋于普遍,并且往往与朋友同时成为宴飨对象。宴飨对象的这一变化似乎表明贵族对势力衰微之王朝的倚重已远不如昔,其倚重

---

① 朱凤瀚:《商周家族形态研究》,第 407 页。
② 晁福林:《"共和行政"与西周后期社会观念的变迁》,《北京师范大学学报》1992 年第 3 期。
③ 伯⿰𧾷父鼎,《殷周金文集成》2487。
④ 𠌥簋,《殷周金文集成》3731。
⑤ 伯矩鼎,《殷周金文集成》2456。
⑥ 《殷周金文集成》5401。

的天秤已倾向了自己的宗亲和姻亲,同时也正是这一变化使这类宴飨活动的睦族之性昭然。在西周晚期的金文中,享孝往往与这类旨在睦族的宴飨相对成文。二者相对成文,不仅表明其在形式上联系紧密,即睦族之宴往往紧接在祭祖之后①,更表明二者在实际作用上的呼应。通过频繁地享孝、追孝父祖,能强化族人同出一祖先的认同意识,从而激发其归属感与责任感。就子孙而言,只要同出一祖先,共同享孝、追孝祖先,便能受祖先之庇佑,被赐禄降福与消灾免祸;祖先则以飨食的方式要求子孙世承祖业,永守宗庙,世不绝祀,克尽孝道。这一点对促成宗族团结尤为重要。有周一代,政治、经济权力是贵族宗族存在的必要前提,唯有守其官职,才能享有土地,治理众庶,从而维系其宗族于不坠,即所谓的"守其官职,保族宜家"②。追孝强调祖德与祖业的传承,其核心正是祖考职守与权位的传承。在孝的前提下,同出一祖先的子孙对祖业的传承与宗庙的固守皆有不可推卸之责,"灭宗废祀,非孝也"③,当是周人这一心理定势的总结。对祖考尽孝之责不仅出于血缘情感,更与所有宗族成员切身利益息息相关。宗子承继祖考的职守与权位,绝不仅仅是一种个人行为,而是代表所有宗族成员行事,所以宗子必须将来自于祖考的实际政治、经济利益以种种方式分割给族人,并保护和帮助族人;出自共同祖先的其他宗族成员对祖德和祖业的承继,则集中体现于支持与协助宗子巩固职守、权势。而宗族成员的团结与和睦则是上述权力得以实现,义务得以履行的基本保证。从宗族团结的角度讲,享孝、追孝活动具有从纵向强化父祖与子孙血缘关系及双方权利义务的功效;睦族活动则主要从横向"亲骨肉""好婚媾",从而使整个宗族在祖先的旗帜下,通过血缘关系及具体利益的双向作用,结成一休戚与共的整体。

综上所述,周王朝高度重视的孝道曾促进了万邦和协与天下安定,维护了统治大业的传承。然而,从西周中晚之际开始,在王朝与贵族宗族势力互为消长的过程中,孝道逐渐成为增强贵族宗族凝聚力的有力武器,作为王朝统治重要的精神支柱,成为王朝衰微的催化剂。

---

①　据《诗经·小雅·楚茨》,得知祭祖与族宴活动的程序,二者前后紧密相连。金文并载的享孝父祖与宴飨朋友、婚媾,其程序当与此相类。

②　《左传·襄公三十一年》。

③　《左传·定公四年》。

　　《诗经》《尚书》所载反映出在一定的历史时期,周王朝从"奉养长辈""敬事长辈"的角度十分重视对在世长辈之孝,又从"承志继业"的角度,高度重视对已故父祖之孝。然而在享孝、追孝盛行的西周晚期,人们对祖考之孝的重视远远超过了西周早、中期的孝祖考,究其原因,当在于享孝、追孝祖考带来的凝聚宗族成员的作用适应了这一时期贵族们的迫切需要。

# 第五章　西周金文伦理评价词语与相关思想研究

在伦理学的一般意义上，善与恶这两个概念是肯定或否定人们思想、行为的两种道德标准，是伦理学的基本范畴之一。各种伦理学专著皆不同程度地涉及善恶的定义、标准以及阶级性与历史性等内容，然而据笔者所见，迄今似无人涉及中国伦理学史上的善恶观的形成及其相关问题。本书拟以金文与文献互为补证的方式，探索善恶观的形成及其相关问题。

善恶观的形成是西周时期伦理思维进步，伦理水平提高的重要标志。伦理规范及其实践是人们进行伦理思维的主要对象，而伦理规范与现实行为之间的矛盾与冲突，则是刺激伦理思维发展、深化的主要原因。西周时期，善恶观伴随着伦理思维的发展而逐渐形成。

## 一、西周早期的伦理评价思想

联系西周以前的伦理思维及其评价观的特点，或许有利于理解西周伦理评价观的发展演变。在伦理思维水平极其低下的原始时代，人们尚不能用丰富而多样的概念把握社会的伦理现象，伦理评价水平相应十分低下，具有粗疏、含混的显著特点。一般而言，时人往往将存在物区分为"有利的"与"有害的"。"利"就是"好"的，"害"就是坏的①。在原始时代人们的肯定性与否定性评价中，既混同了人自身的种种行为，同时又将事物的客观状态及自然物与人的行为混为一体。伴随着社会发展和人际伦理关系的复杂化，西周早期的伦理思维水平有了显著提高，既形成了德、敬、勤、恭、惠、懋、敏、慎罚、无逸、孝、友等伦理规范，也产生了休、臧、罪、辜等伦理评价观。然而与西周中晚期相比，西周早期的伦理评价水平较低，尚有一定的含混性。是时的休、罪观，能充分显示这一点。

---

① 罗国杰等编著：《伦理学教程》，中国人民大学出版社 1985 年版，第 99—101 页。

西周早期,休是用于肯定性评价的主要词汇。休,《说文·木部》:"息止也。从人依木。庥,休或从广。"甲骨金文之"休"与小篆同"从人依木",金文或又从宀,以示人在屋中休息之义。休之引申义为美、好。西周早期,休作为肯定性的评价观,主要涉及三个方面:其一,指上天所降"休命"①;其二,指周天子,上级官长的命令或赏赐②;其三,指某种状况或现象的肯定性方面③。从"休"所涉的对象看,只有第二类与人的行为有关。也就是说,其虽为肯定性的评价观,但并非单纯用于对人们行为的评价;同时,涉及人们行为的评价,其义为"美好",严格意义上讲,"美好"类评价当属肯定性行为的审美评价,还不是肯定性行为的道德评价。

西周早期,亦产生了用于人们行为道德评价的臧观念。西周早期文献中,臧字两见。

《周易·师卦》初六:"师出以律,否臧凶。"

《尚书·酒诰》:"惟曰我民迪,小子惟土物爱,厥心臧。"

臧,《说文·臣部》:"善也,从臣,戕声。"甲骨文臧作"𦥒",从臣,从戈,象以戈击臣之形,本义当为臧获。对于臧获者,臧获乃成就,是喜事,故臧引申为成功、顺利之义④,再引申为好、善。《尚书·酒诰》的"厥心臧"条,孙星衍释曰:"惟欲正我民,汝封当爱惜土地所生之物,以善其心。"⑤《周易·师卦》的"否臧",朱熹释为"不善"⑥,并进而释曰:"为师之始,出师之道,当谨其始,以律则吉,不臧则凶。"⑦据上述可见,"臧"之善义,皆针对某具体行为的肯定方面而言,《尚书·酒诰》之"臧"指珍爱"土物",《周易·师卦》之"臧",指"师出有律"。

西周早期,"罪"是用于否定性评价的主要词汇。据《说文》及段注,秦

---

① 《尚书·洛诰》"敬天之休",《尚书·多方》天"大降显休命",《逸周书·商誓》"克承天休"。
② 周铭中屡见"对扬王休""对扬××休"类句式。其"休"指周天子或官长所赐命令、赏赐。
③ 《尚书·大诰》:王曰:"……'我有大事,休?'朕卜并吉。"休,曾运乾《尚书正读》曰:"犹言休否,问辞也。"《尚书·洛诰》:"视予卜,休。"两处之"休"皆为占卜问辞,乃"吉利"之义。《尚书·召诰》:"无疆惟休,亦无疆惟恤。"《尚书·君奭》:"我受命无疆惟休,亦大惟艰。"《尚书·立政》:"休兹知恤。"上引与恤、艰相对之"休",皆指美好、安乐的时光、状况。"休兹知恤"即"休而知恤",类后世的"居安思危"。
④ 《左传·宣公十二年》:"执事顺成为臧。"
⑤ [清]孙星衍:《尚书今古文注疏》下册,第376页。
⑥ [宋]朱熹:《周易本义》周易上经第一,宋咸淳刻本。
⑦ [宋]朱熹:《周易本义》周易上经第一。

以前"罪"皆作"辠"①,周铭中有"辠"字而无"罪"字。辠,《说文·辛部》:"犯法也,从辛从自。言辠人蹙鼻苦辛之忧。"金文"辠"与小篆构形同。辛乃施黥之刑具,自即鼻,"辠"会施刑于罪犯之义,其引申义用于评价、界定人们的否定性行为。

西周早期,"罪"作为否定性评价观,主要涉及两方面:其一,指罪恶,如《尚书·多方》的"要囚殄戮多罪",《尚书·无逸》的"乱罚无罪",《逸周书·商誓》的"殪商之多罪纣",此类"罪"皆指罪恶,罪恶者为刑罚或杀戮对象;其二,指过失、差错。《尚书·多士》载:针对殷遗多士构怨于西迁洛邑及未能入仕周朝,成王声称:"非予罪,是惟天命。"《孔传》曰:"非我罪咎,是惟天命。"即此"罪"指过错。《尚书·泰誓》:"予克受,非予武,惟朕文考无罪;受克予,非朕文考有罪,惟余小子无良。"②即此"罪"亦指过失、差错类。西周早期文献中,一方面缺乏指称过失、差错类的词汇③,另一方面又以"罪"字称罪恶与过失,足见当时人们对自身否定性行为的评价,尚未将罪恶与过失从观念上加以区分。

## 二、西周中期金文伦理评价词语与伦理评价思想

随时间推移,西周中期,人们现实行为与伦理规范的矛盾、冲突开始尖锐。周穆王身为一国之君,多失德、败德之举。师𩰚鼎铭"引正乃辟安德"④,此乃恭王对师𩰚语。"辟",指穆王。即师𩰚曾引导穆王,匡正其失,使之乐守君德。伪古文《尚书·冏命》载穆王谓:"实赖左右前后有位之士,

---

① 《说文·网部》谓:"秦以罪为辠字",《说文·辛部》曰:"秦以辠似皇字改为罪。"

② 《礼记·坊记》所引《泰誓》文与此同。《礼记·坊记》曰:"子云:'善则称亲,过则称己'",遂引《泰誓》的相关内容为据。由此可见,《泰誓》所言之"罪",是指称与良善对应的过失、差错。

③ 就西周晚期以后的文献言,以"咎"所指称的人之行为,一般指过失,西周早期则不然。《尚书·洪范》:"不协于极,不罹于咎,皇则受之。""不罹于咎"即"不陷入罪恶"。《尚书·康诰》:"若有疾,惟民其毕弃咎。"曾运乾《尚书正读》曰:"视民有罪,若已有疾。……民其毕弃咎恶。"(第163页)即曾氏将此"咎"释为"罪"与"过失"。孙星衍《尚书今古文注疏》将"若有疾"上属,作"惟民其毕弃咎,若保赤子",疏曰:"此言用刑则谓保民如保赤子,毋令无知陷于罪。"(下册,第364页)即孙氏释"咎"为"罪"。《孔传》则释"弃咎"为"弃恶修善",即以"咎"为"过"。西周早期文献中,以"咎"称人的否定性行为,仅以上二见。咎,既可称罪恶,亦可称过失,正与"罪"字的用法相类。

④ 《殷周金文集成》2830。

匡其不及,绳愆纠谬,格其非心,俾克绍先烈。"对伪古文《尚书》,过去许多人不屑一顾,但近年其价值在不断被重新认识①,况《冏命》所记与师詢鼎铭所载吻合,当可信。关于周穆王之失德,《国语·周语上》载周穆王欲无故远征犬戎,祭公谋父谏其当"耀德不观兵";《左传·昭公十二年》载"昔穆王欲肆其心,周行天下",祭公又规诫"以止王心"。此外,周穆王尚有更严重的失德之举。《逸周书·祭公》:公曰:"呜呼,天子!……汝无以戾罪疾丧时二王大功。汝无以嬖御固庄后,汝无以小谋败大作,汝无以嬖御士疾大夫、卿士,汝无以家相乱王室则莫恤其外!"《逸周书·祭公》有极高的史料价值。有学者谓:"与西周金文对比,不难证明该篇是真正的西周文字。"②郭店楚简《缁衣》所引《公之顾命》曰:"毋以小谋败大作,毋以嬖御塞庄后,毋以嬖士塞大夫、卿士。"③简本《缁衣》所引与《逸周书·祭公》有关内容大同小异,仅有个别文句先后、词语增减、通假等差异。《逸周书·祭公》所谓"小谋",当指周穆王与小近臣的谋划,"大作"应指朝廷大臣之策划。从祭公对穆王的规诫可见,以嬖妾蔽塞正宫,因小谋败坏大事,因所宠之内侍而嫉恨大夫卿士,以陪臣扰乱王事而不忧恤外朝国事,皆是周穆王的败德之举。穆王多失君德,既是统治秩序混乱的表现,而其失德又必然加剧统治秩序混乱。

周穆王时,朝臣失德之举亦于史有证:

《逸周书·祭公》:"三公!汝无泯泯芬芬,厚颜忍丑④。"

《尚书·冏命》:"无以巧言令色,便辟侧媚。"

《尚书·吕刑》:"五过之疵:惟官、惟反、惟内、惟货、惟来。"

据此,可见朝臣中已滋生出昏乱而严重失职、巧言令色、阿谀奉承、徇私枉法等种种弊端。

穆王君臣之种种劣行,显然与西周早期的德、敬、恭、勤、懋、无逸等伦

---

① 李学勤在《对古书的反思》中指出:"清代学者批评今本古文《尚书》(按:即伪古文《尚书》),其中有些问题也许就出于整理的缘故。"(《失落的文明》,第231页)廖名春据"郭店楚简"的新发现认为:"今天的古文《尚书》确实是后人的辑佚本,它将传世文献中的佚《书》都尽可能地搜集起来了。"(廖名春:《荆门郭店楚简与先秦儒学》,《中国哲学》编辑部、国际儒联学术委员会编:《郭店楚简研究》,第53页)

② 李学勤:《祭公谋父德论》,《齐鲁学刊》1988年第3期。

③ 荆门市博物馆编:《郭店楚墓竹简》,第130页。

④ "厚颜忍丑"即"厚颜忍恶",联系上下文,其所忍之"恶"当指屈从某种权势不顾为官者廉耻而丧失职责。

理原则、规范背道而驰。正是在伦理规范与人们现实行为冲突的刺激下，西周中期的伦理思维得以发展，伦理评价水平有所提高。这一时期，用于人们行为肯定性评价的善、弔等观念开始出现：

员方鼎："王兽于视麇。王令员执犬，休善。"（《殷周金文集成》2695）

善，金文作"譱"。《说文·誩部》："譱，吉也。从誩，从羊。此与义、美同意。"对"善"字的初形朔谊，许氏无说。有学者将甲骨文的字符"🐾"隶定为"誩"，并认为其乃"膳之初文"[1]。然尚无材料显示"🐾"演变为"譱"的脉络，同时，现有材料表现西周晚期善才开始用作"膳"。或以为"譱"字会依神意判定诉讼是非之形[2]。然此论的前提，即"神判"及"神判"对时人构字思维的影响，因缺乏可靠材料支持，故不敢妄从。"善"字的初形朔谊，以存疑为宜。

上揭史料的"休善"之"善"，是迄今所见西周史料中最早的善字[3]，因此对其正确释读尤为重要。吴大澂、方濬益、郭沫若皆读善为膳，杨树达则认为"休、善同义连文"[4]。在前人的基础上，笔者爬梳西周铭文材料，认为以下材料有助理解员方鼎的"休善"

献簋："楷伯于遘王，休，亡尤[5]。"（《殷周金文集成》4205）

小臣逋鼎："小臣逋即事于西，休，仲赐逋鼎。"（《殷周金文集成》2581）

兮甲盘："兮甲从王，折首执讯，休，亡愍[6]。"（《殷周金文集成》10174）

师袁簋："师袁虔不坠，凤夜恤厥将事，休既有功。"（《殷周金文集成》4314）

史颂簋："王在宗周，令史颂省蘇、姻友、里君、百姓，帅偶盩于成周，休

---

① 徐中舒主编：《甲骨文字典》卷三，第226页。

② 参见[日]笠原仲二著、杨若薇译：《古代中国人的美意识》，三联书店1988年版，第271页；臧克和：《中国文字与儒学思想》，广西教育出版社1996年版，第132—133页。

③ 关于员方鼎的年代，有成王、昭王诸说，彭裕商先生认为"应属穆王"（彭裕商：《西周青铜器年代综合研究》，第319页），可从。《逸周书·皇门》是西周早期文献，其中两见"善"字，义为"善恶"之善。《逸周书·皇门》中的善字，当是经过后人增改润色而窜人，古籍中这种情况屡见。西周早期，尚缺乏产生善观念的时代土壤，同时，没有《逸周书·皇门》之外的任何材料证明是时善观念已产生。

④ 杨树达：《积微居金文说》（增订本），第63页。

⑤ 亡尤，卜辞习见，李孝定认为其义与"亡灾、亡祸同"（李孝定编述：《甲骨文字集释》第八册，第4230页）；丁山认为"亡尤"是"亡灾异，亡不利之谓"（于省吾：《甲骨文字诂林》第四册，第3433页）。

⑥ 亡敃，徐中舒认为："金文敃同愍，忧也。"（徐中舒：《徐中舒历史论文选辑》上，第543页）

有成事。"(《殷周金文集成》4232)

上揭周铭之"休",皆用于陈述事功之后,是对事功的肯定性评价,意为休美、出色。或单言"休美",或言"休美,无不利","休美,没有比这更强的",或言"休美而有成"。员方鼎之"休善",从语言环境看,置于替王执犬之事功后,与上揭诸铭之"休"同;休,《广雅·释诂》:"善也。"所以上引杨树达之论可从。休、善同义连文,义为休美,出色。足见穆王时期的"善"字,是作为专门评价人们行为的观念出现。

弔观念,是西周中期形成的用于人们行为的肯定性道德评价观。

《逸周书·祭公》:"三公,汝念哉! 汝无泯泯芬芬,厚颜忍丑,时维大不弔哉!"

师虤鼎:"惠余小子,肇盄先王德。"(《殷周金文集成》2830)

盄,《说文·皿部》:"器也,从皿弔声。"然铭文中不见"盄"用作器皿之称,仅用作"弔"或"淑",而从文献所载看,淑乃后起字,故对淑之初形朔谊的探讨,当从"弔"着手。弔字的初形朔谊,众说纷纭[①],李孝定认为其"初形朔谊不可深考"[②]。因此,我们只能结合文献的用例探究其义。现有西周早期铭文中无"盄"字,同期文献中的弔皆见于"弗弔旻天""弗弔天"类句式。

《尚书·大诰》:"弗弔天降割于我家。"

《尚书·多士》:"弗弔旻天大降丧于殷。"

《尚书·君奭》:"弗弔天降丧于殷。"

对上揭史料的"弗弔天""弗弔旻天"类句式的解释,或在旻天、天与弗弔间断句,释为"不幸啊,上帝……"[③],或释为"不善于旻天"[④],或释为"旻天不善于××"[⑤]。诸解释中,究竟何为达诂?"弗弔旻天"或"旻天弗弔"乃两周成语,用于人遭灾祸之时。因此,我们分析西周早期的"不弔旻天",

　　① 《说文·人部》:"弔,问终也……从人持弓……会歐禽也。"另参见周法高主编:《金文诂林》卷八,第5066—5094页;于省吾主编:《甲骨文诂林》第四册,第3230—3232页。

　　② 于省吾主编:《甲骨文字诂林》第四册,第3231页。

　　③ 江灏、钱宗武译注:《今古文尚书全译》(修订版),第205页;袁愈荌译诗、唐莫尧注释:《诗经全译》(第280页)释为:"不幸啊老天。"

　　④ 江灏、钱宗武译注:《今古文尚书全译》(修订版)(第261页)释《尚书·多士》的"弗弔旻天,大降丧于殷",引周秉钧《尚书易解》:"弗弔旻天指纣,谓纣王不善乎旻天也。"

　　⑤ 黄怀信:《逸周书校补注释》(第364页)释"不弔天"为"不友善的老天"。

援引春秋时的史料当不至成问题。周幽王时，"王昏不若，用愆厥位，携王奸命"①，春秋时人王子朝称此为"天不弔周"②；《左传·襄公二十三年》载：由于内乱，鲁臧纥出奔邾，臧纥因此曰："纥不佞，失守宗祧，敢告不弔。"不弔，杜注曰："不为天所弔恤。"据此两例，可知"不弔"乃"不弔昊天"的省略语，而此类"不弔"的主语是昊天。问题在于，此解是否具有普遍意义。据《左传》与《周礼》，两周弔灾慰问语中有固定套语"若之何不弔"（《左传·庄公十一年》《左传·襄公十四年》）、"如何不淑"③。"不淑"即"不弔"。此类"不弔"当怎样理解？《左传·庄公十一年》载：秋，宋大水，鲁庄公遣使往宋弔灾，鲁使致慰问词曰："天作淫雨害于粢盛，若之何不弔！"宋君答曰："孤实不敬，天降之灾。"此"不弔"的主语只能是昊天。弔灾使者的"若之何不弔"乃弔灾慰问语，若"不弔"以宋君为主语，岂不成了使者对宋君的兴师问罪。"若之何不弔"，即"老天啊，为什么如此不友善（即指'不顾恤宋国'）"。宋君则将昊天的不弔，即降灾，归咎于自己的不敬。据以上分析可见，凡周人遭天灾人祸而称"昊天不弔"④"不弔昊天"，或省略为"不弔"者，其主语皆为"昊天"。"昊天不弔""不弔昊天"类成语乃受"祸福天定"观支配而成。因此将与灾祸相涉的"不弔昊天"，涉周人者即释为"不幸啊，老天"，涉及殷商便释为"商纣不善于昊天"皆欠妥。"弗弔昊天"之"弔"虽释为善，然其善之义并非善恶之善，正如上文略有涉及那样，当是顾恤、友善、亲善之义，而且所涉仅是上天的行为。

上引《逸周书·祭公》中"大不弔"之"不弔"与《尚书·费誓》的"无敢不弔"相同，皆用于对人们行为的道德评价，而不是涉及天人关系的上天不顾恤、亲善。《尚书·费誓》中"无敢不弔"与"无敢不善"互文，"不弔"即"不善"。因此，《逸周书·祭公》"大不弔"之"弔"，其"善"之义即"善恶"之善。师虎鼎铭的"肇盄先王德"，即"以先王之德为善"⑤。出土材料与文献皆证明，是时"弔"已成为肯定性的道德评价观。

善，作为专门评价人们行为的观念出现，以及"弔"观念由西周早期的

---

① 《左传·昭公二十六年》。
② 《左传·昭公二十六年》。
③ "如何不淑"见于《礼记·杂记》，也为《礼记·曲礼》之《郑注》"知死者伤"引。
④ 《左传·哀公十六年》。
⑤ 解释从李学勤（李学勤：《师虎鼎剩义》，《新出青铜器研究》，第81页）。

"上天顾恤，亲善下民"之义发展成为对人自身行为的肯定性道德评价，无疑表明西周中期周人的伦理评价观的发展与进步。

最能表明西周中期伦理评价观发展的，是关于人们行为的否定性评价中，产生了评价过失、差错的观念。如前所涉，西周早期时人对自身行为的否定性评价中，罪恶与过失尚无区别，多以"罪"观念表示；而西周中期，则产生了评价过失的"愆""过"观：

《逸周书·祭公》："昊天疾威，予多时溥愆。"

《尚书·冏命》："绳愆纠谬，格其非心。"

《尚书·吕刑》："五刑不简，正于五罚，五罚不服，正于五过。"

过，《说文·辵部》："度也，从辵，冎声。"段玉裁曰："引申为有过之过。《释言》：'邮，过也。'谓邮亭是人所过。"①即过之本义为经过，引申为过失、差错。西周早期文献中，仅《周易》有"过"字，其"大过""小过"为卦名。《大过》"过涉灭顶"，义为"渡过"；《小过》"过其祖，遇其妣"，过，李镜池曰"责，批评"②。而《尚书·吕刑》"五过"之过，义为"过错"。

愆，《说文·心部》："过也，从心，衍声。"西周早期文献中，愆见于《尚书·牧誓》《周易·归妹卦》③。《尚书·牧誓》："今日之事，不愆于六步、七步……不愆于四伐、五伐、六伐、七伐。"愆，即"超过"。《周易·归妹卦》九四"归妹愆期"，其义也为"越过"。上引《逸周书·祭公》《尚书·冏命》之愆，皆过失、差错义，均为周穆王自谓其过错之语。《逸周书·祭公》中"大不弔"所涉及的"泯泯芬芬，厚颜忍丑"类行为，是失职之错而非罪恶。

从伦理评价的角度讲，将人的罪恶与过失、差错从观念上加以区分，是善恶观得以形成的关键环节。"确定行为善恶的责任问题，是进行道德评价的出发点。只有确认人们应当对自己的行为善恶承担道德责任，才需要对人们的道德行为进行评价，否则道德评价就是一种多余的无谓之举。"④将人们的否定性行为区分为罪恶与过失、差错，正是为了区别对待，使行为当事人承担相应的责任。一般而言，犯罪当负刑罚之责，过错则承担道德

---

① 〔清〕段玉裁：《说文解字注》卷二篇下。

② 李镜池：《周易通义》，中华书局 1981 年版，第 123 页。

③ 《尚书·无逸》中，"愆"3 见，其义皆为过错。然成书于较早的西周早期文献皆无用为"过错"的"愆"字，而《无逸》成书时代较晚（此点前文已涉及），因此，不能据《无逸》的"愆"字作为西周早期否定性伦理观产生的依据。

④ 罗国杰等编著：《伦理学教程》，第 373 页。

责任,通过道德评价的他谴与自责,纠过抑错。西周中期,时人对过失与罪恶的区别对待,在《尚书·吕刑》《尚书·冏命》,以及前文所涉师𫐐鼎铭中皆有反映。

> 两造具备,师听五辞;五辞简孚,正于五刑。五刑不简,正于五罚;五罚不服,正于五过。五过之疵①:惟官、惟反、惟内、惟货,惟来。②

上揭史料讲周穆王时司法中的量刑规定。是时对犯罪处理分刑、罚两类。凡罪行,经核实验证符合刑惩规定便以刑惩治;如果罪不及判刑,便处以罚,即以金赎罪。至于"五罚不服,正于五过",《孔传》曰:"不服,不应罚也,正于五过,从赦免也。"《正义》从《孔传》之释③。即凡行为连罚金也不及者,便作为过失对待,免于刑、罚惩处。可见在当时,判定行为的罪与过是受刑与免刑的界线。唯其如此,才可能出现以"官""反""内""货""来"等手段干扰司法公正,以化罪为过的腐败现象。

师𫐐鼎铭曰"引正乃辟",《尚书·冏命》谓"匡其不及,绳愆纠谬",前者所谓引、正,后者所涉匡、绳、纠,皆为对待过错的方式。而道德评价的赞许与谴责力量,无疑会在引导、匡正过程中起重要作用,此点在下文将涉及。

西周早期,刑惩的范围亦肯定有限,绝非所有否定性行为皆施以刑惩。当时虽然存在区别对待人们否定性行为的事实,然而就现有材料言,区别对待人们否定性行为的自觉意识,主要体现在司法领域对罪行轻重以及"偶犯"与"惯犯"的区别④,尚未形成区别"罪"与"过"的自觉意识,更不见概括这一自觉意识的相应观念。"刑惩犯罪"中的"区别"表明,西周早期人们对犯罪行为已有自觉的控制能力,而在一般层面上,通过道德评价控制过失性行为的水平却较低,应当带有较大的自发性。西周中期,愆、过观的产生,标志着人们对自身过失性行为控制的自觉性的增长,它促使人们在刑惩之外,对自己的行为承担相应的道德责任。

西周中期,周人的伦理评价观虽然有较大发展,但仍存在一些薄弱点。

---

① 引文所谓"疵",指判定"五过"的弊端,即《正义》所谓:"狱吏故出入人罪,应刑不刑、应罚不罚,致之五过而赦免之。"(〔汉〕孔安国传、〔唐〕孔颖达等正义:《尚书正义》,《十三经注疏》上册,第250页)

② 《尚书·吕刑》。

③ 参见〔汉〕孔安国传、〔唐〕孔颖达等正义:《尚书正义》,《十三经注疏》上册,第250页。

④ 参见徐难于:《论西周"中刑"观》,《中华文化论坛》2003年第2期。

其一,"弔"观念虽然已用于人们行为的道德评价,然而,其毕竟不是专门的人们行为的道德评价观,如前所涉,"旻天不弔"类句式通行两周,即"弔"也一直用于天人关系的评价。其二"善"观念虽然专用于人的行为评价,然而从其评价意蕴看,偏重休美、出色,如前所言,这并非严格意义上的道德评价。如此现象当与善观念评价功能的局限有关,是时由"善"所评价者,仅限于具体事功。不过,据现有材料,善毕竟一开始即作为人们行为的评价观出现,正是这一点,决定了在以后伦理评价观的发展中,善的评价功能必然趋于完善,最终与恶构成相反相成的评价观,成为伦理评价体系中的最一般的范畴。其三,时人虽然已经能从正反两方面对自身进行道德评价,但尚未形成从总体上统摄正反两种评价的相反相成的观念。

## 三、西周晚期金文伦理评价词语与伦理评价思想

西周晚期,社会经济关系、政治关系、民族关系都发生着巨大的变化,尤其是在统治阶级内部,人际关系趋于复杂,人际矛盾日益尖锐。

西周王朝建立以来,西周贵族与王朝在相当长的时间内处于共存共荣之中,然而迄至中晚期之际,贵族势力坐大与王朝势力衰微已成为历史发展的必然趋势。这一发展趋势意味着旧有统治秩序的式微。周王朝的衰败对于图谋发展的贵族具有正负两方面的意义:随自身的衰微,王朝对各级贵族的控制力日渐削弱,致使贵族诸宗族易突破宗法等级的限制而自由发展;但另一方面,作为贵族共主的王朝之衰微,其从政治、经济、军事上庇护贵族的作用也随之锐减。失去王朝庇护的贵族欲进一步发展,所依赖者就唯有自己。势力已坐大的各级贵族宗族皆亟欲谋求更大的发展,由此,族际间的纷争便在所难免。《诗经·大雅·瞻卬》"人有土田,女反有之,人有民人,女覆夺之",反映了西周晚期统治阶级内部对田地人口的争夺。从西周中期后半叶开始,贵族间为了土田附庸、农田收获的纷争与诉讼已见诸周铭,同时这种纷争伴随贵族的发展而日益加剧①。至西周晚期,政局日趋黑暗、衰败。

---

① 参见懿王时的五祀卫鼎(《殷周金文集成》2832)、西周中期的曶鼎(《殷周金文集成》2838)、厉王时的散氏盘(《殷周金文集成》10176)、西周晚期的五年召伯虎簋(《殷周金文集成》4292)。

惟尔执政小子,同先王之臣,昏行□顾,道王不若;专利作威,佐乱进祸,民将弗堪。……今尔执政小子,惟以贪谀为事……下民胥怨,财单竭,手足靡措,弗堪戴上,不其乱而?……尔执政小子不图善,偷生苟安,爵赇成。贤智箝口,小人鼓舌,逃害要利,并得厥求。①

上揭史料反映,是时官场上弊端丛生,尔虞我诈、阿谀奉承、小人当道、贪残之风盛行,致使国贫民穷、民怨沸腾。《逸周书·芮良夫》所言政局的诸衰败现象,也见诸《诗经·大雅·民劳》《诗经·大雅·板》《诗经·大雅·桑柔》《诗经·大雅·瞻卬》等诗篇。

这一时期,民族矛盾已非常尖锐。征之文献与铭文,西周晚期,周王朝与周边淮夷、戎狄之战事不断②。淮夷自西周穆王时渐强盛,屡与周人构兵。厉王时器禹鼎铭载:"亦唯鄂侯驭方率南淮夷、东夷广伐南国、东国,至于历内。王乃命西六师、殷八师曰:'扑伐鄂侯驭方,勿遗寿幼。'"③此战周王朝倾其两京常备军,厉王之"战令"曰"无遗寿幼",足见战争规模之巨大与程度的酷烈。西周王朝与西方猃狁之战事,厉、宣、幽之世皆时有发生④。至周幽王时,太原之猃狁与申侯联合,攻杀周幽王于骊山下,从而夺周地焦获、泾阳与岐丰一带而居之,迫平王东迁。

西周晚期战事频繁,成为王朝日趋衰微的催化剂。战事连年不断,势必削弱周王朝的实力;战争耗费一旦超过王朝的实际承受力,王朝必然将战祸负担转嫁给广大臣民,厉王朝的"专利"当与此有关。随战争负担加重,社会矛盾必然激化。

西周晚期经济关系的变动,成为官场贪残之风盛行的最为直接的动因。随社会经济发展,社会财富增长,以及王朝衰败而来的自由发展空间的拓展,在西周中期以后工商业的发展中逐渐孕育出一批新兴贵族,致使旧有经济关系发生变动。孝夷时的裘卫盉、九年卫鼎⑤记载:贵族矩伯欲

---

① 《逸周书·芮良夫》。
② 参见本书第三章"柔远能迩"部分的相关论述。
③ 《殷周金文集成》2833。
④ 周王朝与猃狁之战,传统认为主要在宣王时期。从铜器铭文与文献所载来看,周人与猃狁的战事,发生在西周晚期,包括厉、宣、幽之世。参见厉王时器多友鼎(《殷周金文集成》2835)、宣王时器不嬰簋(《殷周金文集成》4328)、兮甲盘(《殷周金文集成》10174)、虢季子白盘(《殷周金文集成》10173)及《史记》卷五《秦本纪》(第178—179页)。
⑤ 《殷周金文集成》9456、2831。

参与王朝典礼，却没有像样的礼仪饰物；身为王朝小吏的裘卫却则因经营手工业致富，矩伯不得不先后三次以田邑换取裘卫的手工业制品。卫器所载，向我们透露这一时期新旧贵族经济实力的升降变化。新贵族们的乘坚策肥，侯服玉食，对身为君子的旧贵族们冲击颇大。《诗经·大雅·瞻卬》谓："如贾三倍，君子是识。"获取数倍利润的商贾，原为君子所不齿，现在却为君子所憧憬。西周晚期，社会经济发展，社会财富的增长，以及新旧贵族经济实力的变化，对各级为政者的物欲极具刺激性；同时由于王朝式微，世风日下，为政者既少了制度的约束，道德的规范又不完善，因此，西周晚期贪残之风盛行。《诗经·大雅·民劳》疾呼"式遏寇虐"，即遏止掠夺与暴虐。此句式五见于《诗经·大雅·民劳》，呼吁之强烈昭然可见。塑盨所载反映周王严禁"暴虐纵狱"与"爰夺叔行道"[1]，即严禁暴虐无道、滥施刑狱与行道上的非法掠夺。毛公鼎铭谓"毋敢龚橐"[2]，即严禁"中饱私囊"。二器皆宣王时器，其禁之严当与贪残之烈成正比。

综而论之，西周晚期，由于政治、经济、民族关系诸因素交互作用，致使社会伦理道德急剧沦丧，而伦理于社会的存在与发展又须臾不可缺，在这种矛盾冲突的强刺激下，社会对伦理道德的需求更为迫切。《逸周书·芮良夫》中，"勤德以备难""敬思以德，备乃祸难"之呼声，蕴含着时代对道德需求的迫切。道德评价可向人们传递关于其行为价值的特殊信息，促使其感受道德的谴责或道德的赞许，由此促进伦理原则和规范的内化，以及伦理意识的外化[3]。以前的道德评价已不能满足时代的需求。时代要求人们对自己的思想、行为从总体上进行高度概括的肯定与否定的道德评价，以促进人们内化伦理规范承担道德责任，在道德实践中进行价值选择。时代的需求促使西周中期出现的善观念的评价功能趋于完善，最终成为从总体上对人们的思想、行为进行肯定性道德评价的观念。西周晚期，与道德评价有关的善见于以下记载：

虎簋盖："今命汝曰：更乃祖考疋师戏（嗣）走马驭人暨五邑走马驭人，

---

①　《殷周金文集成》4469。

②　《殷周金文集成》2841。"龚橐"，《殷周金文集成》隶定为"龚（拱）橐（苞）"。龚橐，洪家义谓"龚借为供。橐，橐橐。供橐，中饱私囊"（洪家义：《金文选注绎》，第452页），可从。

③　参见魏英敏主编：《新伦理学教程》，北京大学出版社2012年版，第265—266页。

汝毋敢不善于乃政。"①

谏簋:"先王既命汝,缵嗣王宥,汝谋不有昏,毋敢不善。"(《殷周金文集成》4285.2)

卯簋:"今余惟令汝,死司莽宫莽人,汝毋敢不善。"(《殷周金文集成》4327)

善夫山鼎:"令汝官司饮献人于晁……毋敢不善。"(《殷周金文集成》2825)

师𩵦簋:"余令汝尸我家,缵嗣我西偏、东偏仆驭、百工、牧、臣妾……毋敢否善。"(《殷周金文集成》4311)

《诗经·大雅·板》:"威仪卒迷,善人载尸。"

《逸周书·芮良夫》:"尔执政小子不图善,偷生苟安。"

据《逸周书·芮良夫》训诫,既然"偷生苟安"是执政大臣不谋善政的表现,反之,图善政者,即当恪尽职守。由此训诫可见,善已成为对为政者政治行为进行肯定性评价之观念,并且这种评价已不是"休美""出色"之类的肯定性审美评价,而是肯定性道德评价。《诗经·大雅·板》抨击政局黑暗,生灵涂炭,而被称为"善人"的贤人君子却沉默无语,无所作为,因此诗人称其为"善人载尸",即抨击所谓"善人"就像祭祀之尸,不言不为。以"善"称贤人君子,即赋予了贤人君子以"向善"的政治伦理道德的责任期许,既为"善人",却不承担改善、扭转黑暗政局的政治伦理责任,也就自然被人目为"祭祀之尸"。西周晚期铭文中,对为政者的向善要求屡见不鲜,并且皆以命令的形式出现,为政者对"向善"需求之迫切跃然可见。这也表明,西周晚期,善作为概括性、肯定性的道德评价观,在人们的道德实践中强有力地促使人承担道德责任与进行道德价值选择。

在善观念发展、完善的同时,弔观念也有发展。

丼人妄钟:"覭②淑文且皇考,克哲厥德。"(《殷周金文集成》111)

《诗经·小雅·鼓钟》:"淑人君子,怀允不忘……淑人君子,其德不回。"

西周中期,弔观念已用于评价人的道德行为,然尚不见以弔为人称定

---

①　彭裕商:《西周青铜器年代综合研究》,第361页。

②　引文之"覭",《殷周金文集成》隶定为"覭(景)",在本书前文所涉周铭之"覭",从郭沫若的相关观点而隶定为"显"。

语。西周晚期则有如上所揭的"覭淑文祖考""淑人君子"之称。"淑人"即"善人"。伦理评价词汇用作人称定语，当是道德评价水平深化的表现。以某种伦理评价观作人称定语，实际就意味着相应道德责任期许的赋予，是人们对伦理评价作用的自觉利用。这在评价观形成的初始阶段尚不太可能，伦理评价词汇用作人称定语的现象在西周晚期大量涌现即为其证。

　　西周晚期，在周人伦理评价观的发展中，恶作为与善相反相成的观念得以出现。西周早期文献中，恶字已见诸记载，然而是时之"恶"字，并没有善恶之"恶"义：

　　《周易·睽卦》："初九：见恶人，无咎。"

　　《诗经·大雅·假乐》："无怨无恶，率由群匹。"

　　《诗经·周颂·振鹭》："在彼无恶，在此无斁。"

　　《尚书·洪范》："无有作好，遵王之道；无有作恶，遵王之路。……五曰恶。"

　　《尚书·康诰》："元恶大憝，矧惟不孝不友。……时乃引恶，惟朕憝。"

　　《逸周书·世俘》："至，接于商，则咸刘商王纣，执天恶臣百人。……武王乃废于纣矢恶臣人百人。"

　　《逸周书·度邑》："志我共恶，俾从殷王纣。"

　　恶，《说文·心部》："过也，从心亚声。"从实际用例看，此义乃后起。《说文·亚部》："亚，丑也，象人局背之形。"段玉裁注曰："此亚之本义，亚与恶音义皆同。故诅楚文'亚驼'《礼记》作'恶池'，《史记》卢绾孙他之封'恶谷'《汉书》作'亚谷'。"[1]段玉裁认为"恶"也作"亚"，其本义为"丑陋"。凡丑陋者，必为人讨厌、憎恨，故又引申为憎恶、厌恶。郭店楚简"恶"作"亚"，然甲骨文和金文的"亚"字形、义皆与《说文》与《段注》异。虽然如此，西周早期文献中之恶字，义与《说文》及《段注》吻合。以下逐条分析上揭史料中的恶字之义。

　　《诗经·大雅·假乐》的"无怨无恶"，《郑笺》曰"无有怨恶"，《孔疏》云"无有咎怨之者，无有憎恶之者"[2]。《诗经·周颂·振鹭》的"在彼无恶"，无恶，《郑笺》曰："无怨恶之者。"据此可见，西周早期的《诗经》篇章中，恶之

---

①　[清]段玉裁：《说文解字注》卷十四篇下。

②　[汉]毛公传、[汉]郑玄笺、[唐]孔颖达等正义：《毛诗正义》，《十三经注疏》上册，第541页。

义皆为怨恶、憎恶。

《周易·暌卦》的"恶人"，李镜池谓"容貌丑恶的人"①，李说不谬。先秦时期，习称貌丑者为恶或恶人。《左传·昭公二十八年》曰："醜薆恶""昔贾大夫恶"，其恶皆指貌丑。《庄子·德充符》"卫有恶人焉"，恶，郭象注云："丑也。"《孟子·离娄下》"虽有恶人"，赵岐注曰："恶人，丑类者也。"西周晚期以后，所谓恶人，除指貌丑者外，亦指具道德意义的相对"善人"之"恶人"，然西周早期既无"善人"之谓，其"恶人"就只是指"貌丑者"。

《逸周书·世俘》的"天恶臣""矢恶臣"，黄怀信认为"矢恶臣"乃"天恶臣"之误，并将"天恶臣"释为"大恶臣"②，朱右曾《逸周书校释》中，此两处皆作"矢恶臣"③。朱说是。然而，"矢恶臣"当作何解？《汉书·昌邑哀王刘髆传》载："青蝇矢也……如是青蝇恶矣。"颜师古曰："恶即矢也。越王句践为吴王尝恶，亦其义也。"④即颜氏认为矢与恶为同义互文。王先谦《汉书补注》注释此处之恶曰："恶当读为乌路反，与污通，凡不洁之物皆污秽可憎恶也。"⑤即矢有厌恶、憎恶之义。"矢恶"乃同义连文，"矢恶臣"即令人憎恶之臣。《逸周书·度邑》《韩诗外传》的有关记载，可证我们对"矢恶臣"之释不误。《逸周书·世俘》与《逸周书·度邑》皆涉及武王伐纣时俘获、处置商纣的臣属，此类臣属，《逸周书·世俘》称"矢恶臣"，《逸周书·度邑》称"我共恶"。"共恶"者，即周人所共同憎恶的商纣之臣。《韩诗外传》载武王伐纣时，太公对武王说："爱其人及屋上乌，恶其人者，憎其骨余。咸刘厥敌，靡使有余。"⑥即周人欲杀伐之敌，乃周人所憎恶者。足见《逸周书·度邑》《韩诗外传》所载武王伐纣时，周人所谓的"恶类"，皆指周人所憎恶者，并非指罪恶的商纣及其臣属。西周早期，不见以"罪恶"之恶作人称定语，此类定语仅有"多罪""罪""辜"⑦之类。

《尚书·洪范》的"无有作好……无有作恶"，好、恶互文。好，马融注曰

---

① 李镜池：《周易通义》，第 75 页。
② 黄怀信：《逸周书校补注释》，第 218、211 页。
③ ［清］朱右曾：《逸周书集训校释》，第 54、57 页。
④ 《汉书》卷六十三，第 2766、2767 页。
⑤ ［清］王先谦：《汉书补注》下册，中华书局 1983 年版，第 1251 页。
⑥ 《韩诗外传》卷三。
⑦ 《尚书·多方》"要囚殄戮多罪"，《逸周书·商誓》"殄商之多罪纣"，《尚书·无逸》"乱罚无罪"，《尚书·多方》"开释无辜"，《尚书·无逸》"杀无辜"。

"私好"①,《孔传》谓"言无有乱为私好恶"。此恶之厌恶、憎恶之义昭然。《尚书·洪范》涉及与"五福"相对的"六极"曰:"五曰恶。"恶,《孔传》曰"丑陋",《孔疏》曰"貌状丑陋"②。《尚书·康诰》的"元恶大憝",《孔传》释曰:"大恶之人尤为人大恶。"其后诸家注释皆承此说,即其恶为罪恶。西周早期,恶字主要用为丑陋、憎恶,用为"罪恶"之恶,仅《尚书·康诰》两见。

西周早期,恶字有丑陋、罪恶与厌恶、憎恶之义,然到西周晚期,随周人伦理评价观的发展,"恶"便具有了道德方面的评价功能,肯定性的道德评价为善,否定性的道德评价为恶,作为伦理学的基本范畴之一的善恶观遂形成。道德意义上的"善恶"之恶,一般指人违背道德规范要求的不良行为③,上文所涉的《说文》训恶为"过",即指称这种"不良行为"。西周晚期伦理评价之"恶"观念,就其所涉对象而言,当承袭西周中期的愆、过观而来。西周晚期器史惠鼎铭曰:"惠其日就月将,褊化诇虞。"④"虞",李学勤先生释为"拟读为'臧',训为善",并认为"褊化诇虞"四字连读为"察化恶臧"。李先生从古文字学与史学渊源的角度将"褊化诇虞"考释为"察化恶臧",殊为有见。其考释为我们研究西周晚期伦理观变化提供了坚实的依据,而我们对西周晚期伦理观变化的探索,则从伦理思想史的角度为李先生的考释提供了佐证。以下的论述将涉及,同期文献中,也出现了与史惠鼎铭之"恶臧"相同的词汇。春秋初年作品《诗经·小雅·雨无正》曰:"庶曰式臧⑤,复出为恶。"《左传·隐公六年》载:"善不可失,恶不可长。"两者或臧、恶互文,或善、恶互文,足见春秋初年,善恶已成为人们习用的一对相反相成的观念。善恶观在春秋初年的习见,既证明善恶观在西周晚期已经形成,亦表明人们对自身进行道德评价需求的迫切,唯其如此,善恶观才可能一经形成即被频繁运用⑥。

在周人伦理评价观的发展中,臧观念也获得相应发展。与西周早期相

①　[清]孙星衍:《尚书今古文注疏》(下册,第305页)引。

②　[汉]孔安国传、[唐]孔颖达等正义:《尚书正义》,《十三经注疏》上册,第193页。

③　参见罗国杰等编著:《伦理学教程》,第383页。

④　李学勤:《史惠鼎与史学渊源》,《文博》1985年第6期。引文后的相关训释也出自李氏该文。

⑤　作为伦理评价观的"臧",下文将专门涉及。

⑥　善恶观在西周晚期虽然已经形成,然而在其后的较长时期,人们在运用善恶观作道德评价的同时,也不乏以"不善"指称"恶"的现象。

比,西周晚期的臧观念有两点显著变化:其一,臧已具有从总体上对人进行道德评价的功能,《诗经·大雅·抑》的"辟尔为德,俾臧俾嘉",即修明你的德行,使之尽善,使之尽美。《诗经·大雅·桑柔》的"自独俾臧",即自以为所用之人都善良。可见是时"臧"的肯定之义,或概指道德行为方面的,或指称符合道德的人。其二,臧与恶构成相反相成的观念。《诗经·大雅·抑》的"未知臧否",臧否即善恶①。史惠鼎的"恶臧",将"臧"字后置,"是为了和上句的'将'字押韵"②。西周晚期的铭文与文献中出现了"臧否"或"臧恶"类词汇,足以证明是时已形成"臧恶"观。

综上所述,西周时期,在伦理规范与人们现实行为矛盾冲突的刺激下,周人的伦理思维水平不断提高,伦理评价观不断发展,作为伦理评价最一般范畴的善恶观念最终在西周晚期形成,并在人们的道德实践中起着促进人们进行伦理价值选择与承担道德责任,以及内化伦理规范的重要作用。

---

① 《郑笺》曰:"臧,善也。……否,恶也。"
② 李学勤:《史惠鼎与史学渊源》,《文博》1985 年第 6 期。

# 第六章　西周社会基本制度
## 与西周伦理思想的时代特征

　　分封制、宗法制、井田制是西周社会的三大基本制度[①]。从本质上讲，西周的三大制度是在天命信仰的前提下，对统治权力分割与统治责任分摊的制度。西周三大制度的设置与运行以宗教、伦理、政治互动的相关思想为其理论基础，而制度的设置与运行又促成西周的"伦理模式"趋于完善。于是，西周的伦理思想在与社会制度的互动中形成鲜明的时代特色。

## 一、西周社会三大基本制度及其伦理影响

　　适应西周社会生产力水平与现实统治需求而构建的分封制、宗法制、井田制是支撑西周王朝统治运行的基本制度。在现实条件下，分封制主要通过统治权力的分割，以保障西周王朝成功地实施其"以少治多"的统治。宗法制则主要解决统治权力在各级贵族宗族的有序传承，以确保贵族宗族的存在与发展。井田制作为西周社会的基本经济制度，适应当时的生产力水平，既保证了各级贵族对井田庶民的剥削，又为广大劳作庶众的生存提供了基本保障。井田制下的农业经济一方面为西周王朝的统治提供了基本的物质保障，另一方面也对西周的统治模式具有极强的规约性。从伦理影响的维度看，上涉三大制度从不同角度促成西周时期血缘群体普遍而长期存在，从而为西周时期血缘伦理思想发达提供了时代沃壤。血缘伦理政治化、政治血缘伦理化则构成三大制度伦理影响的基调。

---

　　① 关于井田制的有无、宗法制与分封制是否仅存在于西周等问题，一直存在学术分歧。但是倾向性的学术观点是认同井田制，并认为作为具有特定内涵的宗法制、分封制是西周所独有的（参见张广志：《西周史与西周文明》，上海科学技术文献出版社 2007 年版，第 101—106、119、145 页；葛志毅：《周代分封制度研究》，第 23—27 页）。

### (一)分封制及其伦理影响

分封制,或曰封建制,是西周政治体制的一项重要创新。西周初年,尤其是东征之后,西周王朝的统治区域空前扩大。在当时的交通与信息及其他的主要物资条件下,为了有效地统治广大被征服的地区,从而形成西周王室的军事屏藩,西周王朝将广大被征服地区分割成不同区域,分封给具有统治才能与德行的王室昆弟、姻亲、功臣及古帝之后、商后,建立一个个兼具国家规模与地方组织双重性质的封国①。从政治权力的角度上讲,分封制的本质在于国家统治权力的分割。周王与诸侯通过统治权力的授受形成等级从属关系。分封制通过政治、经济利益与血缘关系的双向作用,密切了中央与地方的关系,从而塑造出较夏商更为集中的王权。作为权力分割制度,西周王朝通过"赐姓""胙土命氏"等具体途径确立受封诸侯与王朝的等级从属关系,并凭借宗法制、监国制、命卿制、述职制及王朝的军事力量等条件,确保诸侯国对王朝的从属与西周社会等级秩序的稳定②,致使西周王朝对天下的统治通过各诸侯国统治权力的有效运行而得以实现。分封作为西周社会的重要制度,其主要伦理影响有以下:

其一,将"天命明德"的伦理思想制度化。这一伦理影响主要通过选择分封对象来实现。关于分封对象的选择,论者一般关注的是其身份特征,诸如王室子弟、姻亲、先王之后等。其实西周王朝对分封对象的选择,尤其涉及重要封国之首领选择,必须有"德"这一重要选任标准。尽管缺乏这一重要标准确立及运用的直接材料,但是,"选建明德"应当是当时的历史实际。首先,据可靠材料反映,西周人的"权力起源观"旁及了这一选任标准。西周时人认为,不仅最高统治权力源于天帝的主宰意志。而且通过分封制而形成的统治权力分割同样也出自天帝的"主宰意志"③。从逻辑上讲,在周人观念中,既然天帝选立人王的唯一原则是"明德",那么周王遵循天意的"建侯树屏"就应当有"明德"的标准。春秋时人即明确将其表达为分封

① 参见葛志毅:《周代分封制度研究》,第30—54页;徐亮工:《等级占用制与中国古代社会的封建化》,刘复生主编:《川大史学》(中国古代史卷),四川大学出版社2006年版,第220—228页;沈长云、张渭莲:《中国古代国家起源与形成研究》,人民出版社2009年版,第305—307页。
② 参见李峰:《西周的灭亡——中国早期国家的地理和政治危机》,第129—133页。
③ 《尚书·康王之诰》载:天帝命周王"建侯树屏"。

中的"天子建德"①"选建明德"②,并特别指出,由于坚持德的标准,不够标准的王室子弟无法成为受封对象。

"天命明德"思想的制度化,在一定程度上为西周的"德治"提供了制度保障。这一保障使宗教与伦理互动的思想获得进入社会实践层面的现实机制,由此既增强了以德为核心的伦理思想对受封诸侯的约束力,也促成其内化作为伦理终极依据的"天命信仰"。

其二,为西周时期的血缘伦理发达提供了时代沃壤。这一伦理影响主要通过强化贵族血缘组织的凝聚力而实现。如本书第七章相关内容所涉,在多元激烈竞长争雄的态势下,西周王朝迫切需要最大限度增强统治族的内部凝聚力,以巩固其统治;此外,受封周人贵族及其宗族成员处于人数占绝对多数的土著民的环绕之中,这样的客观形势也要求增强受封贵族宗族的内聚力,以稳定各诸侯国的统治。而赐姓、胙土、命氏作为分封制的三项重要措施,对加强这两方面的凝聚力起了重要促进作用③。胙土命氏,就是给受封者一块土地(分赐土地时,一般是将土地与该地的居民一并赐予)、一个宗族名号,是对那些受封者享有充分自主权的认可④。由于西周王室对以土地占有为核心的自主权的认可,致使以周族为主体(周初七十余个封建之国中,周王室子弟及同姓之国达五十多个)的各受封贵族具备了凝聚其宗族的基本条件,它们才可能在西周时期稳固地存在。而周王室对受封贵族的赐姓,则从对血缘关系利用的角度,尽可能克服了受封贵族因独立、自主而出现的离心倾向,由此增强以西周王室为核心的统治族的内部凝聚力。大分封进程中的"因生以赐姓"就是根据血缘关系,给这些新立的"宗"一个所自出的、母族的古老的名号,这个名号就是姓。赐姓,重在强调"亲亲",即通过政权的力量强调共同血缘,从而强化其成员基于血缘亲情的认同意识:不管宗族怎样繁衍,大家毕竟出自共同的根,相亲相爱、患难与共、生死相戚也当然地在情理之中。"赐姓"偏重强调的是受封者的

---

①　《左传·隐公八年》。

②　《左传·定公四年》。

③　涉及西周分封,《左传·隐公八年》谓:"天子建德,因生以赐姓,胙之土而命之氏。"陈絜先生认为赐姓、胙土、命氏制作为三位一体的有机整体是伴随西周大分封而产生的。加强对被征服族的统治、开疆拓土、藩屏王室是分封制的主要政治、军事功能,而赐姓、胙土、命氏之制则促成这些功能的实现。参见陈絜:《商周姓氏制度研究》,商务印书馆2007年版,第238—278页。

④　参见杨宽:《西周史》,第436—438页;陈絜:《商周姓氏制度研究》,第251页。

义务,然而这种强调是基于凭借"胙土、命氏"而实现的统治权力的分割。因此,受封贵族对自身责任、义务的认同与承担是受血缘情感与实际利益的双重驱动[1]。以西周王室为核心的统治族内部凝聚力由此而被极大强化。贵族宗族普遍存在也就从必须与可能的角度规约着西周时期血缘伦理的发达,这一点在下文将详细论及。

其三,由于分封制的实施,致使社会整合的迫切性日益突出,从而促成西周的"德治"趋于深化。西周大分封结束了历史时期大面积血缘群体聚居的局面,不同民族、异姓族属的社会成员实现了不同程度的杂居[2],不同族群的有效整合遂成为空前迫切的现实统治需求。开国以来,在传统文化基质与现实条件的双重制约下[3],"为政以德"成为西周统治者的必然选择,而这一空前巨大的社会整合压力则推动西周"德治"不断深化,本书第七章所涉的西周系统而完善的伦理模式,其系统与完善当得益于西周"德治"实践的深化。

### (二)宗法制及其伦理影响

西周宗法制是关于西周贵族姓族[4]与宗族之间的族内秩序的制度。西周时期,出于增强统治族内部凝聚力的需要,周王室将分封与赐姓结合,致使原本已趋松散的姓族组织因政权的刻意重视而重新稳固化,成为一级社会组织结构[5]。宗法制的核心内容是在姓族内部严嫡庶之辨,以实行嫡长继承制。在嫡长继承制的基础上,又在姓族内的各宗族之间形成大、小宗的等级区分[6]。拥有高一级继承权的嫡长子系统称大宗,大宗之族长主要称宗子或宗主。嫡长子之弟与其庶兄弟之分族系统相对而言为小宗,分族之族长称小子或宗小子。西周时期,大、小宗的等级区分与等级从属关

---

[1]　那些为数不多的异姓贵族,周王朝总是竭力将其纳入"联姻"范畴,所以,其对自身责任、义务的认同与承担则是受姻亲情感与实际利益的双重驱动。

[2]　参见朱凤瀚:《商周家族形态研究》,第 227、285 页;沈长云、张渭莲:《中国古代国家起源与形成研究》,第 307 页。

[3]　参见本书第七章"两者伦理思想差异的主要原因"部分的相关论述。

[4]　姓族指源出一个共同远祖、拥有相同血缘标识符号的亲属组织,参见朱凤瀚:《商周家族形态研究》,第 14 页。

[5]　参见陈絜:《商周姓氏制度研究》,第 292—296 页。

[6]　涉及西周宗法制,既往研究往往将大、小宗关系置于宗族之内,似欠妥。因为小宗主要指具有相对独立生存条件的同姓宗族,所以,严格意义上的大、小宗关系仅仅体现在姓族内的各宗族之间。

系主要体现在姓族之内，即主要体现在周天子与同姓诸侯、畿内卿大夫之间[1]。大宗拥有支配小宗的权力，与此同时，大宗必须承担维护小宗的责任；小宗在享有大宗庇护的同时，必须承担支持与听命大宗的义务。西周时期，在姓族内，周天子以嫡长子继统，周天子系统则成为所有姬姓宗族的大宗；天子之弟与其庶兄弟封为诸侯或畿内卿大夫，其所在宗族相对于周天子系统则为小宗。宗族之内的等级从属，其基本精神与姓族的类同，此点下文将涉及。

　　由上述可见，西周宗法制的基本内涵有两点：其一，姓族、宗族内嫡长继承制度；其二，姓族、宗族之内的等级从属规定。宗法制的主要伦理影响如下：

　　其一，增强贵族姓族、宗族凝聚力，从而对血缘伦理发达起重要促进作用。分封制增强贵族姓族、宗族的凝聚力，主要通过统治权力的分割，使贵族各血缘群体有了以封土为核心的基本生存条件；而宗法制则主要通过解决统治权力的继承，以及族内成员权利、责任与义务的规定得以实现凝聚贵族血缘群体的功能。亟需增强统治族及其他贵族宗族内部凝聚力的西周人，为了避免血亲争权夺势而破坏族群的内凝[2]，即以嫡长继承制作为宗法制的核心规则，由此从制度上确保统治权力传承有序[3]。分封制致使作为大宗之宗子的周天子以及作为小宗之宗小子的诸侯、卿大夫的统治权

---

　　① 西周时期，姓族作为具有实际意义的一级社会组织，是伴随分封制的"赐姓"与"胙土命氏"而被政权的力量"确认与稳定"（陈絜：《商周姓氏制度研究》，第296页）。"赐姓"使源出一个共同远祖、拥有相同血缘标识符号的亲属成员之血缘认同情感因政权的力量而被强化；"胙土命氏"既奠定了姓族以下的宗族之存在基础，同时也构成了姓族内大、小宗的休戚与共及其等级从属前提。在西周，其他异姓贵族即便被王朝"赐姓"，一般而论，其尚无权，也无能力在其姓族内再实行"胙土命氏"，从而也就无法形成姓族内的大、小宗关系。所以，我们讨论宗法制也就不涉及周姓之外其他被王朝"赐姓"的异姓贵族。就周人而言，西周时期分封制主要涉及周天子分封诸侯、畿内卿大夫（参见张广志：《西周史与西周文明》，第126页；徐亮工：《等级占有制与中国古代社会的封建化》，刘复生主编：《川大史学》（中国古代史卷），第224—225页），所以与分封制息息相关的大、小宗关系，也就主要体现在周天子与同姓诸侯、畿内卿大夫之间。只是作为宗族内部的"嫡长继承制"，也应当适用于其他异姓贵族之宗族。

　　② 历史时期，统治族内部争夺统治权力的血腥争斗时有发生。殷商王朝建立之后，商王室内部的权力之争一直不断，商中期中丁以后，酿成骨肉间争权夺势的"比九世乱"（《史记》卷三《殷本纪》，第101页）。周初则有管、蔡为王位继承问题挑起的叛乱。

　　③ 《吕氏春秋·慎势》从政治功能的角度总结宗法制曰："先王之法，立天子不使诸侯疑焉；立诸侯不使大夫疑焉；立适子不使庶孽疑焉。疑生争，争生乱。是故诸侯失位则天下乱，大夫无等则朝庭乱，妻妾不分则家室乱，适孽无别则宗族乱。"

力具有至上性与神圣性①；宗法制的嫡长子的规定，则使大、小宗之宗子在血统方面具有唯一性，两种制度及相关观念的结合，无疑从神圣与唯一性两方面确保了统治权力的有序传承，从而使贵族的姓族、宗族避免了因争权夺势而致的内乱。如上所涉，周族人姓族之内，其大、小宗的从属及其休戚与共受制于王朝制度②与宗法制的双重规定。而宗法制下，各宗族拥有继承权的宗小子必须承担"庇族""收族""恤族"之责，所有宗族成员则必须听命于宗小子③，也就是说，制度既规定了宗族成员的等级从属，同时也规定了宗族成员在利益方面的休戚与共。由此，贵族的姓族成员、宗族成员既具有利益方面的休戚与共，也具有血缘认同的情感基础，其族内等级不平等与贫富对立由此在很大程度上被淡化，宗族与姓族的凝聚力遂空前强化。宗法制通过对贵族姓族、宗族继承秩序的维护，以及对族群内部等级差异与贫富对立的淡化，有力保障了贵族姓族、宗族的存在与发展秩序。姓族、宗族的存在与发展也就使血缘伦理的发达成为必然。

其二，促成血缘伦理承载政治功能。西周的"德治"决定以周天子为首的各级统治者必备"德"的素质。制度设计上，分封制在"天命明德"思想的指导下，坚持了以"德"的标准选拔各宗族的族长作为封国首领或卿大夫。然而宗法制嫡长继承的规定却无法体现对权力继承者的"德"要求。这一制度缺陷在很大程度上由血缘伦理的孝道功能加以弥补，此点在下文的"西周伦理思想特征"与本书前文专论"西周孝道"部分，从不同角度详细涉及。不同角度的详细涉及，共同彰显西周贵族阶层所奉行的孝道承载了极强的政治功能。

---

①　如前所涉，西周时人认为周天子及诸侯之类大、小宗子的产生皆是天帝的旨意，因此其权力具有神圣性。在姓族与宗族内，大、小宗的权力是至上的。

②　此处所谓的"王朝制度规定"，主要指分封制关于周天子为首的周王朝与受封诸侯、卿大夫的相互权利、义务的规定，对此点的理解，可参见上文"分封制及其伦理影响"的相关论述。

③　后世对宗法制下的宗族内部的权、责规定不乏总结，《礼记·大传》"敬宗故收族，收族故宗庙严"，《仪礼·丧服》同宗兄弟"异居而同财，有余则归之宗，不足则资之宗"，这些记载所反映的宗族内部权、责的规定虽然不是西周的实录，然而其含有西周史影当不容置疑。当今学者联系春秋时期有关宗族内部权、责的相关记载而对西周、春秋时期的宗族组织的权、责问题的进一步研究，有助于理解西周的宗法制。详见赵世超：《周代的均齐思想和救济制度》，《中国经济史研究》1992年第1期；杨宽：《西周史》，第450—451页；陈絜：《商周姓氏制度研究》，第291—294页。

### （三）井田制及其伦理影响

西周井田制，是在当时生产力水平下，为适应西周各级贵族对土地资源与附着于土地之上的农业劳作人力资源一并占有而形成的土地制度。从形制上讲，一般认为在西周统治的广大平原地区，凭借道路与沟洫系统形成的土疆田界而对土地进行"方里而井"①的区划，这类区划从形制上讲类"井"字形，西周的土地制度当由此形制而得名②。井田制的形制区划当具有两方面的基本功能：其一，作为各级贵族占有土地的疆界规定；其二，作为农耕庶民占有地与劳役量之域界规划。就实质而言，井田制有两大基本特征：其一，每一规划单位，由公田与私田两部分构成。公田指贵族占有的田土，田土所获归贵族所有；私田指被封赐给贵族的庶人占有之田土③，其所获用于耕作者维持生活。其二，每一规划单位内，占有私田的庶人以集体服役的方式为贵族耕种公田，此外，还向贵族缴纳某些贡品，承担一些徭役④。作为西周社会的基本土地制度，其主要伦理影响有以下：

其一，促成血缘伦理发达。西周井田制致使庶民层的族群⑤普遍存在，其人际关系具有紧密而固着的特点。人际关系的紧密性主要指庶民层成员被血缘纽带系为一体，以族群的形式存在。井田制下，承担公田与私田耕作的庶民皆以家族的共耕方式进行。正是这种劳作方式决定庶民应对生存压力与参与竞争的是整个血缘群体而非个体家庭，从而致使庶民层

---

① 《孟子·滕文公上》。

② 徐中舒：《井田制度探源》，《徐中舒历史论文选辑》，第 732—733 页；晁福林：《夏商西周的社会变迁》，北京师范大学出版社 1994 年版，第 270—272 页。

③ 有学者专门论及"私田"的形成及其法权特点，参见朱凤瀚：《商周家族形态研究》，第 324 页。

④ 迄今所见较早的相关记载见《国语·鲁语下》："先王制土，籍田以力，而砥其远迩；赋里以入，而量其有无；任力以夫，而议其老幼。于是乎有鳏、寡、孤、疾，有军族之出则征之，无则已。其岁，收田一井，出稯禾、秉刍、缶米，不是过也。"今人对井田制相关问题的研究，可参见朱凤瀚：《商周家族形态研究》，第 323—326、413—419 页；晁福林：《夏商西周的社会变迁》，第 276—277 页。

⑤ 家族与宗族皆为血缘群体。其主要区别在于外延性差异。有学者认为两者可换称，没有区别，参见徐扬杰：《中国家族制度史》，武汉大学出版社 2012 年版，第 4 页；有学者从规模的角度区别二者，以为宗族的外延更大，宗族可涵盖家族，家族则不能涵盖宗族，参见朱凤瀚：《商周家族形态研究》，第 7—12 页。西周庶民层的血缘群体究竟有多大规模，迄今尚无直接资料能明确此点，同时考虑其血缘群体的功能与贵族层的宗族功能差异很大，所以涉及庶民层的血缘近亲群体，我们且以"家族""族群"称之。

群体的血缘纽带坚韧,族群内聚力强化。固着性指庶民层的任何个体或族群始终依附于赖以生存的井田土地,不得迁徙。制约其固着性的,一方面是生产力水平。在当时的生产力水平下,任何个体成员或个体家庭只要脱离所在的群体与私田,就必将丧失基本的生活条件;另一方面,则受井田制生产关系①的制约。在井田制的生产关系下,各级贵族只有依靠井田庶民的无偿耕作,其对土地资源占有的有效性才能实现。因此,各级贵族必须牢固地掌控属于自己的井田庶民,决不允许其自由迁徙。西周时期,庶民层的族群广泛存在,决定了处理族群人际关系的血缘伦理发达;其人际关系的固着性在很大程度上规约着伦理功能的有效性。

其二,井田制促成井田庶民自觉信守血缘伦理。井田制作为西周社会的基本经济制度,其促成庶民族群成员信守血缘伦理的作用当是多方面的,这里我们主要从井田制阻止私有财富积累的角度,理解其促进作用。经济学、人类学的研究揭示,阻止社会财富的私有性积累是静态社会②普遍的经济现象。海尔布罗纳认为,在静态社会中,"利润和逐利行为被当作根本性的扰乱因素,而不是受欢迎的经济现象"③。美国著名学者萨林斯、博克等,在其相关研究中,都不同程度涉及了这样的经济现象④。两周时期,尤其是在春秋时期,抨击逐利积财的观念非常流行,这应当是相关经济现象的观念反映⑤。井田制这一社会基本经济制度对相关社会组织的静态性要求,在整个静态的中国古代社会中则是最突出的。如上文所涉,无论是当时的生产力水平,抑或井田制下各级贵族的资源占有形态,都极其强烈地制约着井田庶民的组织稳定,致使其族群组织无法变动。而财富向庶民个体或个体小家庭积累与井田制的静态性规定相冲突,因此,理应被

① 这一生产关系仅仅从贵族方面言,指贵族占有土地及土地之上的庶民。

② 所谓"静态社会",指其社会生产不是以追求利润为目的的扩大再生产,而是生产从前物质福利的简单再生产,参见[美]罗伯特·L.海尔布罗纳、威廉·米尔博格著,李陈华、许敏兰译:《经济社会的起源》(第十二版),格致出版社、上海三联书店、上海人民出版社 2010 年版,第32 页。

③ [美]罗伯特·L.海尔布罗纳、威廉·米尔博格著,李陈华、许敏兰译:《经济社会的起源》(第十二版),第 32 页。

④ 参见[美]马歇尔·萨林斯著、张经纬等译:《石器时代经济学》,三联书店 2009 年版,第245—247 页;[美]P.K.博克著、余兴安等译:《多元文化与社会进步》,辽宁人民出版社 1988 年版,第 258、273 页。

⑤ 参见赵世超:《周代的均齐思想和救济制度》,《中国经济史研究》1992 年第 1 期。

否定。可见阻止财富的私有性积累是井田制存在所必需的,而庶民以族群为单位的共耕方式,则为阻止财富的私有性积累提供了可能。井田制下,关系密切的庶民群体不仅具有血缘纽带关系,而且实行以族群为单位的共耕劳作,是族群而非个体家庭成为面对生存压力的基本单位,族群成员是为共同利益而劳作,于是血缘认同情感与共同的生存压力以必然之势决定了族群成员的互助互利。当族群成员的互助互利成为常态,也就难以产生财富的私有性积累①。与此相应,在庶民阶层,由于财产权激发的自利、自爱欲相对淡薄,相反则易于滋生对共同利益的热爱与忠诚,从而极大地提高其信守维持共同利益的伦理规范的自觉性。

## 二、西周伦理思想的主要时代特征

西周时期,由于生产力水平的制约,以及西周社会基本制度的重要影响,其伦理思想具有鲜明的时代特征。以下,我们拟从血缘伦理与伦理政治两个维度探析其主要特征。

### (一)血缘伦理思想发达

社会的族群结构是决定西周血缘伦理思想发达的根本原因。如前所涉,在西周特定条件下实行的分封制、宗法制、井田制从不同角度促成或保障了族群组织的普遍存在。春秋以降,由于生产力水平的提高,以及王室衰微、诸侯坐大等原因,宗族组织逐渐趋于解体。秦汉以降的中国传统时代,个体家庭基本上取代宗族成为社会细胞②。与后世普遍存在的小家庭相比,西周的宗族或家族有两个主要特点:其一,人口众多,人际关系复杂;其二,功能复杂而繁多。西周时期,除各阶层的族群之外,几无其他社会组

---

① 迄今,反映西周庶民族群内部分化状态的资料相当缺乏。虽然如此,今人的相关研究也多少涉及这一问题。赵世超认为,西周时期私有制发展不完备,与此相应的是社会分化迟缓,其中,庶民层的贫富分化则更加迟缓,参见赵世超:《周代国野制度研究》,陕西人民出版社1991年版,第96—110页;朱凤瀚先生用考古资料研究西周庶民的家庭形态,其研究结果表明,资料所涉的庶民族群内部贫富分化水平甚低,参见朱凤瀚:《商周家族形态研究》,第421—423页。

② 有学者指出,在秦汉以来的封建社会,虽然大家庭受到历代政府表彰与提倡,可它又受制于种种条件,很难长期普遍地存在。社会普遍存在的是小家庭,小家庭的规模大多4—6人之间。中国的家庭规模在秦汉以来的传统时代并无实质性变化,参见李卓:《中日家族制度的比较研究》,人民出版社2004年版,第50—54页。

织存在,所以西周时期的宗族及家族几乎承载了全部社会功能①。血缘群体内部人口多,易于形成保障伦理规则实施的舆论压力;而人际关系复杂,对处理人际关系的伦理需求也相应很迫切;族群承载的功能复杂,则使保障族群秩序与稳固的血缘伦理的重要性得以提升②。受以上条件制约,西周时期血缘伦理势必非常发达。另外,与后世的宗族相比,西周贵族的宗族具有制度赋予的"治权",后世的宗族,即便是强宗豪族也再无制度所赋予的"治权"。由于西周贵族宗族具有直接治理社会的政治功能,所以也就形成颇具西周特色的血缘伦理政治化的现象及相关思想。这类特色也从不同角度彰显西周血缘伦理思想的发达。以下拟从血缘伦理规范发达与血缘伦理的重要社会功能两个不同维度展示西周血缘伦理思想的发达。

　　血缘伦理与社会伦理同构,是西周血缘伦理规范发达的重要表现。西周时期,由于宗族、家族普遍存在,所有社会人际关系都处于血缘关系网络之中,由此,无论是政治领域或社会领域,人们都习惯遵循血缘伦理规范处理人际关系③,"孝友"之道遂成为社会成员处理人际关系的基本信条。西周时人视"孝友"之道为天赐"民彝",并不惜以刑惩维护"孝友"之道④。对"孝友"规范如此重视,当基于西周血缘伦理规范的"孝友"及其功能基本上涵盖了其他社会伦理规范及其功能⑤。春秋时期的历史震动,促使新的社会人际关系和新的人际关系规范开始形成⑥,经历春秋、战国,仁、义、忠等非血缘性的社会伦理规范得以逐步形成,其后,"孝友"类血缘伦理便主要作用于家庭、宗族等血缘组织之内。

　　社会治理指导思想的血缘化则是西周血缘伦理思想发达的另一重要表现。西周的社会治理指导思想是:天帝选立周王代表天帝而以父母的身

---

① 所谓全部,指西周族群所承载的功能既含后世家庭所承载的,也包括后世已社会化的,诸如教育、医疗、社会救助等功能。

② 参见晁天义:《先秦道德与道德环境研究》之"家庭与孝道"部分,陕西师范大学博士论文,2006年。

③ 参见徐难于:《试论春秋时期的信观念》,《中国史研究》1995年第4期。

④ 《尚书·康诰》。

⑤ 据现有可靠材料,作为伦理规范的"信",西周晚期才产生,参见本书第三章"西周金文政治伦理词语与相关思想研究"的相关论述。

⑥ 参见徐难于:《试论春秋时期的信观念》,《中国史研究》1995年第4期。

份治理下民；身为下民父母的周王则秉承天意对下民肩负养护与教化之责①。这一指导思想既涉及王权的终极来源，也规定"为民"乃人君的基本职责。王权源于天命，不仅是西周人的观念，传统时期的历朝历代都有类似的观念。而将人君的根本职责作"相民""为民""养育民"等"立君为民"的认知，更成为历代最基本的"立君之道"。任何时期，天下的秩序化与国泰民安，都是所有社会成员的共同利益所在。正因为有对共同利益的追求，才使"立君为民"类的理论构想得以通行于历朝历代。然而，自进入文明时代以来，社会成员对共同利益的追求便置于社会分层及相应的等级秩序之中，社会等差总予人以疏离，甚或紧张与对立感。社会成员的疏离或对立往往构成追求共同利益的障碍，所以为政者要实现国泰民安的施政目标，就必须在等级秩序中尽量淡化社会等级所致的疏离与对立。西周治理指导思想则利用血缘关系淡化社会等差带来的社会疏离或对立。这一指导思想将社会最基本的等级关系，即最高统治者周王与其他所有社会成员的关系纳入父母与子女的框架中。以父母作为最高统治者的社会身份，其所肩负的秩序与国泰民安之责就具体化为对下民的养护与教化；而以子女为社会身份的其他人，其为社会秩序与国泰民安的付出，就具体化为对周王统治的子女般的服从。如此极具血缘色彩的治理理念，一方面，以其脉脉温情淡化了统治阶级的内部的等差紧张②；另一方面也淡化了以周王为首的统治阶层与民众的紧张与对立③。周王既然利用血缘关系维护其统治，那么，周王就必须面对相应的"角色压力"。这一压力从必须性的角度

---

①　《尚书·洪范》称"天子作民父母，以为天下王"。同时，《尚书·洪范》也明确表达了天帝赋予人王统治权力与统治责任的主宰意志。《尚书·洪范》认为天帝为人间秩序制订了"洪范九畴"而赐予人君；人君则遵循"洪范九畴"操控社会秩序，以使下民安居乐业；另外，人君遵循天帝之意而践履"皇极"，引导下民"近天子之光"。蕴含浓郁德治思想的燹公盨铭涉及"天降民监德""作配乡民""（天）成民父母"等观念，这些观念共同彰显了西周的治理指导思想，参见本书第一章"燹公盨铭'乃自作配乡民'浅释"部分，以及陈英杰：《燹公盨铭文再考》，《语言科学》2008 年第 1 期。

②　在西周人观念中，民所指称有不同范围，相对天帝而言，其所降生之民，包括下界人君在内的所有人。天帝命人君所治理的民，则指人君之外的所有社会成员。从这一角度讲，周王与统治阶层其他成员的关系也被"父母"与"子女"的关系所涵盖。既然如此，"为民父母"观就当有这方面的"淡化功能"。

③　"为民父母"观中的父母所指虽然只限周王，但各级统治者既然分享了周王父母般的统治权力，那么他们也应肩负相应的"父母"之责。正是从这一角度，我们认为"为民父母"观不仅淡化周王与被统治民众的紧张与对立，同时也淡化整个统治集团与民众的对立。

促成周王的德治实践不断深化,以及相关的理论构想不断完善。本书第七章所涉及的西周伦理模式当是西周统治实践深化的产物。至于周王的"父母"角色压力与德治关系,在下文的"西周伦理政治"的相关部分将较为详尽地涉及。西周以降,从君民关系的角度表达"立君"之道逐渐成为最普遍而常见的观念①。这一变化当伴随时代条件的改变而来。西周时期三大社会制度从不同角度促成姓族、宗族、家族等族群普遍存在而血缘伦理发达,是西周时人从父母与子女关系角度界定周王与其他社会成员关系的主要原因,因为在当时的社会条件下,利用血缘关系实施德治而进行社会整合的功效尤其强大。而西周以后,上述社会条件逐渐不复存在,所以再从父母与子女关系的角度界定君民关系未必具有普遍意义,由此从君、民关系而非父母、子女关系的角度表达"立君之道"的观念势必主流化,帝王"为民父母"的观念只是作为传统而存在。

　　血缘伦理规范弥补制度缺失是西周血缘伦理思想发达的另一重要表现。西周时期的统治权力继承基本上是世袭的,宗法制又规定由嫡长继承世袭权力。权力继承者是凭借嫡长身份而非统治才、德拥有权力,如此,显然无法确保统治权力的有效运行。因为这一制度缺失,西周时期"孝"这一血缘伦理规范便承载了弥补制度缺失的重要政治功能。西周时期孝道与后世孝道最大差异在于,西周的孝道内涵是具有阶层差异的,而后世则基本上没有这一差异。西周庶民与贵族所遵循的孝道各有侧重,以赡养父母为核心内涵的孝道,在西周主要成为庶民所奉行;而传承长辈的知识与经验、致力于长辈之业与继承父祖之业则是贵族层所奉行孝道的基本内涵。从西周统治实践与统治思想的角度讲,贵族层奉行孝道所要求的"承志继业"的核心是"明德",即以对"德"的实践彰显"德",从而促成将统治权力纳入德的规范与约束之中,以保证权力有序运行所致的父祖一统江山的长治久安。秦以降,社会发生全面而深刻的变化,与此相应,血缘伦理的适用面由社会缩小至家庭,其功能也发生很大变化,其中最为明显的是后世的孝

---

　　① 东周时人谓"天生民而树之君,以利之也"(《左传·文公十三年》)、"天生民而立之君,使司牧之,勿使失性"(《左传·襄公十四年》)、"天佑下民,作之君,作之师"〔《孟子·梁惠王下》引《秦誓》〕。《孟子·梁惠王下》所引应当不是西周观念。天所选立治理人间社会的代理人,西周习称"配",《尚书·吕刑》"天相民,作配在下"、毛公鼎"配我有周"即"以我有周"为"配",簋公铭盨则云"作配卿(相)民"。自春秋开始出现"立君""树君"观,所以《孟子·梁惠王下》所谓的天"作之君""作之师"当属后起观念,此类记载蕴含了基于君民关系的"立君"观念。

道基本不再直接承载政治功能。如前所涉,西周时期各级官吏权力运行的成败直接决定其父祖之业是否得以传承,而西周的贵族嫡长子世袭统治权力的制度规定,却无法确保权力拥有者具备必须的"统治德才",所以才需要血缘伦理"孝"规范承载弥补制度缺失的功能。后世中央专制集权官僚体制的选任制下,一般而言,各级官吏的权力获得及其权力运行与其父祖之业已无必然联系,因此,以"承志继业"为核心的孝道在各级官吏权力运行方面的直接功能已不复存在。

### (二)西周"明德"观与"层级推衍治理"思想的时代特征

西周与秦汉以降的封建专制集权时代相比,其政治实践具有极大差异。西周是一个道德秩序比权力秩序[1]重要的时代。而西周的道德秩序伴随西周德治产生。以君王为首的统治者"率先垂范"是德治的核心内涵,"德光于上,民化于下"是德治追求的基本施政目标,以君王"明德"为起点的"层级推衍治理"是德治运作的基本模式。与西周相比,秦以降,政治最本质的变化是帝王伦理责任的淡化,从而形成与此息息相关的政治思想。我们拟在比较视域下,紧绕君王的统治责任观及其相应的运作模式观,彰显西周伦理政治思想的基本特征。

作为西周政治思想核心内涵的"明德"观,最足以体现西周君王为首的执政者的伦理责任思想。西周载籍中,"明德"之词习见[2],何谓德?上古时期,"德"首先指称自觉选择性的正当行为,德之本义又引申为正当的行为规范、准则。西周时期的德,是涵盖时人所有伦理行为规范、准则的概念[3]。其外在价值指向为他、惠他。德之外在价值的实现往往需要自我控制,甚至自我牺牲。何谓"明德",在传统训释中,主要观点历来有两类:一类始于《孔传》的"置用明德之人"[4]。此类解释,《孔传》《孔疏》将"明德"之

---

① 权力秩序:在社会制度框架内,主要依赖强制执行机制而实现的秩序。

② 《尚书·康诰》谓周文王"克明德慎罚",《尚书·文侯之命》则认为"克慎明德",是文、武能取商而代之的根本原因。《诗经·大雅·皇矣》则认为,周人因"明德",而拥有天命。

③ 西周时期,作为上天为人间制定的秩序之则,或称则、范、彝,或称德。有关几者的区别参见本书第二章"天人关系思想的重构"部分的相关论述。

④ 《尚书·康诰》"明德慎罚",明德,《孔传》释为"显用俊德";《尚书·文侯之命》的"明德",《孔传》释为"显用有德",《孔疏》则发挥为"显用有德之人以为大臣"([汉]孔安国传、[唐]孔颖达等正义:《尚书正义》,《十三经注疏》上册,第254页)。

"明"视为指称德之状态的"俊"或"有";另一类始于《礼记·大学》的"自明（其德)"①类训释,其认为"明"指称使德"光显"的行为。倘若将"明德"之语置于西周相关思想的联系中考查,我们认为《礼记·大学》及《郑注》的训释不误。《诗经·大雅·皇矣》谓"貊其德音,其德克明","明",《左传·昭公二十八年》释曰"照临四方曰明",即,"德明"指德光照临四方。"明德"之"明",作为形容词是指称德的彰显而有光耀的状态,作为动词,则当指使德彰显而具有照临光耀的行为。《尚书·康诰》谓"明德慎罚",宋人蔡沈不仅指出"明德慎罚"是《尚书·康诰》的纲领,并且将《尚书·康诰》所涉以周王为首的统治者"敬天保民"的所有伦理政治实践都纳入"明德"的范畴②。蔡沈对《尚书·康诰》"明德"之释不失为洞见,直指西周为政者所强调的"明德"之实质,即为政者以对德的实践而彰显德。西周时期,为政者对"德治"实践的强调,除以"明德"之概念外,也常以"耿光"③"重光"④"天子之光"⑤等概念加以表达。上涉诸"光",皆指以周文、武为代表的最高统治者以践履德而彰显的"德光"。《尚书·立政》谓周文王之德光因"海内归服"而彰显;毛公鼎铭则谓,使"不廷方顺服归来",以承受文武德光照临⑥;《尚书·洪范》强调周王当"率先垂范"而"建其有极",作为庶民的行为准则,庶民遵循"皇极"则可近周王道德之光华;《尚书·顾命》谓周文、武相继彰显德⑦以教化百姓。由此可见,作为呼应"明德"的"耿光""重光"等概念,是西周为政者从不同角度强调化民于"德光照临"的思想。西周人明确指出:"惟王位在德元,小民乃惟刑用于天下,越王显。"⑧对"周王立于德首"的强调,无疑彰显统治者"权责一体"的认识,既然周王的统治权力具有至上性,那么其统治责任,尤其是德治下的"典范"责任也最重大,其居天下百姓榜

---

① 《礼记·大学》引《尚书·康诰》的"克明德",作"自明（其德)"之解,《郑注》"自明"曰:"自明明德。"

② 参见〔宋〕蔡沈:《书经集传》,文渊阁《四库全书》本。

③ 《尚书·立政》曰"以觐文王之耿光",毛公鼎铭谓"率怀不廷方,亡不閈于文武之耿光"（《殷周金文集成》2841)。

④ 《尚书·顾命》曰:"昔君文王、武王宣重光。"

⑤ 《尚书·洪范》:"以近天子之光。"

⑥ 《殷周金文集成》2841。

⑦ 《尚书·顾命》曰"昔君文王、武王宣重光",蔡沈释"重光"为"武犹文谓之重光"（〔宋〕蔡沈:《书经集传》)。

⑧ 《尚书·召诰》,位,于省吾认为"位、立古通用"（于省吾:《双剑誃尚书新证》卷三,"惟王位在德元"条),即此"位"当释为"立"。

样之首,由此才使君王彰显德而成就"德光"。如上所涉,"德光于上,民化于下"是西周德治的根本目标,而这一目标的实现则始于周王在践德方面的"率先垂范"。"明德"与"耿光""重光"则是对"德治"之实践性的概括表达。

系统的"明德"思想,既涵括了上涉的"何谓明德"的认知,也内涵"为何明德"的看法。西周时人往往围绕政权的获得与巩固思考这一问题。首先,西周人认为"明德"与否是政权得失的根本前提。在周人的观念里,夏商皆因不"明德"而政毁人亡[1],周人则由于文、武"克明德慎罚"[2]"克慎明德"[3]而获上天佑助,膺受了"取商而代之"的休命[4]。从政权巩固的角度讲,周王为首的统治者的"明德之效",是政权巩固的根本。《尚书》强调人君光大天帝赋予的秩序法则,使百姓化于人君之"德光"。从文王"明德"而"王天下"的历史经验出发,《尚书·康诰》主张凭为政者的"明德慎罚"促成庶众对统治秩序的心悦诚服与天下安宁[5]。毛公鼎则称颂周文、武"以德怀远",使天下归顺其"德光"之照临。《尚书·洪范》则指出,为政者光大天帝赋予的秩序大法,使百姓化于"天子之光",政权才能巩固。西周统治者从历史经验的角度,不断缅怀文、武的"明德之效",无疑会成为时王将"明德"思想付诸实践的强劲动力。

与西周相比,秦以降两千余年的封建大一统专制时代,"明德"类伦理政治思想,无论在封建专制帝王自诩之中,抑或在他者的主张里,皆非常罕见,然而其"颂圣文化"中的"明君"观,则屡见不鲜,其或出于帝王的自诩,或出于他者的认同与主张。我们爬梳相关史料,发现后世认同"明德"观的思想家,为当朝构建的类似观念,则以"明君"观为基本内涵,同时"明德"与"明君"观皆主张以君王的"正心修身"为其治理天下的起点,并主张以"君王之正"的层级推衍之效促成"天下之治"。所以我们将后世的"明君"观与

---

① 《尚书·多士》谓:"唯天不畀不明厥德。"
② 《尚书·康诰》。
③ 《尚书·文候之命》。
④ 关于"德"与政权存亡的关系,可参见本书第一章"西周天命观"的相关论述。
⑤ 《尚书·康诰》曰"有叙时",乃大明服","有叙时",曾运乾释曰"有顺是刑赦之理而用刑者"(《尚书正读》,第163页,所谓"邢赦之理"即指"慎罚"而言);《左传·僖公二十三年》引"乃大明服",杜注曰:"君能大明则民服。"如上所涉,《尚书·康诰》通篇强调通过"敬天保民"的伦理政治实践,致使周王之德彰显,从而使庶众认同周王朝的统治而天下安宁。

西周的"明德"观比较应当可行。

　　如所周知,唐朝太宗时期的伦理政治堪称封建专制时代的典范,其"明君"思想及其实践都非常突出。太宗本人对专制帝王在统治体制中的核心地位与本源性治理责任具有深刻认知,其强调"君,源也;臣,流也。浊其源而求其流之清,不可得矣"①。为天下大治,太宗既"慕前世之明君"②,也专门与魏徵探讨"人主何为而明"。魏徵则结合正反史鉴指出"兼听则明","人君兼听广纳,则贵臣不得拥蔽,而下情得以上通"③。由此可见,魏徵的"明君"观之"明"主要指帝王在政治方面的"视明听聪",其主要表现为选任与督察百官之明。

　　北宋著名政治家、思想家司马光的"君之德明"观,涉及君德之"明",但其内涵却有别于西周的"明德"观。如前所涉,西周"明德"观以强调君王践德为基本内涵,而司马光的所谓的君德之"明"则与魏徵的"明君"观类同。涉及司马光的"君之明德"观,以下之材料颇具代表性。

　　　　人君之德不明,则臣下虽欲竭忠,何自而入乎。④

　　　　人君之大德有三:曰仁,曰明,曰武。仁者,非姁姁姑息之谓也,兴教化,修政治,养百姓,利万物,此人君之仁也。明者,非烦苟伺察之谓也,知道义,识安危,别贤愚,辨是非,此人君之明也。武者,非强亢暴戾之谓也,惟道所在,断之不疑,奸不能惑,佞不能移,此人君之武也。⑤

　　　　致治之道无他,有三而已:一曰任官,二曰信赏,三曰必罚。⑥

　　上揭史料,第一条材料表明,司马光所强调的君德之"明"仅仅涉及职官的选任。第二条材料所涉,当为司马光的核心政治理念。其所谓人君之仁,涉及以教化、养护百姓为中心的施政目标;而所谓人君之德"明",其所指之核心则是选任与督察百官;其所谓人君之武德,也主要体现为"明"方

---

①　《资治通鉴》卷一百九十二,中华书局1956年版,第6048页。
②　《资治通鉴》卷一百九十二,第6035页。
③　《资治通鉴》卷一百九十二,第6047页。
④　《资治通鉴》卷二十九,第930页。
⑤　[宋]赵汝愚编:《宋朝诸臣奏议》卷一,《上仁宗论人君之大德有三》,吴小如等点校,上海古籍出版社1999年版,第1页。
⑥　[宋]赵汝愚编:《宋朝诸臣奏议》卷一,《上仁宗论人君之大德有三》,吴小如等点校,第2页。该条史料除上文所引,其下文则围绕如何"选贤任能""量才德任职"、如何以赏罚"督查百官"而展开。

面的果敢与坚决。由此可见,在司马光的政治理念中,由选任与督察百官所体现的人君之明,是统治能够有效运转、施政目标得以实现的根本保证。而第三条材料所示,官吏选任与官吏督察构成"统治之道"的全部,这当是司马光核心政治理念的简要表达。

　　南宋朱熹的后学真德秀与明代丘濬,以《大学》之"三纲""八目"为理论架构而分别撰写《大学衍义》《大学衍义补》,被称为帝王之学。《大学衍义》阐释《尚书·尧典》"克明峻德""百姓昭明"等内容曰:"凡民局于气禀,蔽于私欲,故其德不能自明,必赖神圣之君明德为天下倡,然后各有以复其初。民德之明,由君德之先明也。"①真氏的这一阐释,强调君王当作为天下首要的伦理表率,无疑蕴含了其对先秦"明德"观的认同。然这种认同并不代表真氏对他所属时代的伦理政治原则的建构。《大学衍义》将"正君心"置于非常重要的地位加以强调,认为"正君心"乃一切成功统治的根本,所以广征博引而多角度地阐释"正君心"的重要性及如何"正君心"。真氏强调的"正君心"与西周统治者强调的"秉德"类同,皆指向人君身心当有之"正"。然而西周时人与真氏对"秉德""正君心"核心功效的认知却大相径庭。在人君"秉德"的前提下,西周的"明德"思想表达的是:周王通过践德而彰显德,由此"感召"天下,成"以德化民"之效。真氏所强调的"正君心",其最为根本的效果则在使人君之心"湛然清明,物莫能惑",以确保"贤不肖有别,君子小人不相易位"②。由此,"正君心"与"官吏选任与督察的清明"共同有机地构成《大学衍义》之主旨。"正君心"为真氏高度重视,而作为"正君心"目的之官吏选任与督察更成重中之重,因此《大学衍义》以近四分之一的篇幅表达帝王在选任时"辨忠奸之必须"与"如何辨忠奸"③。丘濬针对《大学衍义》欠缺"治国平天下"之事而作《大学衍义补》。明神宗曾为该书作序,序中称该书"揭治国平天下、新民之要,以收明德之功"④。由丘氏《大学衍义补》所涉的"明德之功"与西周时人所谓的"明德之功"迥异。后者功在感召天下,以德化民;而丘氏与真氏的思想相贯通,重在阐释、发

---

①　[宋]真德秀:《帝王为治之序》,《大学衍义》卷一,文渊阁《四库全书》本。
②　参见[宋]真德秀:《帝王为治之序》,《大学衍义》卷一。
③　《大学衍义》共四十三卷,其中第十五至二十四卷的整整十卷,用以阐述"圣贤观人之法""帝王知人之事""憸邪罔上之情"。
④　《大学衍义补·原序》,文渊阁《四库全书》本。

挥帝王"宰驭百职,综理万端"①之功。《大学衍义补》围绕"正朝廷""正百官""固邦本"等十二目,采经传子史有及于"治国平天下"者,附以己见,以突出帝王"宰驭百职,综理万端"的中心,而帝王在最高统治权力运作中的"常变经权,因机而应,利弊情伪随事而求"②,则成为其服务于"中心"的重点表达对象。

综上所述,封建大一统专制时代的"明君"观所涉的"帝王之明"、帝王"明德之效",主要是选任与宰驭百官之效。在这类理念中,帝王的主要政治责任已经不是充当伦理政治实践楷模,而是怎样有效地选任与宰驭百官;与此相应,各级官僚已基本上不是帝王伦理感召的对象,主要是供帝王选任与宰驭而已。以下将涉及西周与后世的政治"层级推衍治理"思想(以下将"层级推衍治理"简称为"层推治理"),"层推治理"思想则能从另一角度进一步表明西周"明德"观与后世类同观念的差异。

"层推治理"观是有关西周德治运行模式的思想,然而能表达这一重要观念的直接史料仅见于《诗经·大雅·思齐》。直接史料阙如,无疑增加了我们深入探讨的难度。为了使这一重要问题的探讨尽可能深化,我们拟将西周"层推治理"观的探讨置于整个先秦时期类同观念的联系中,以便于从思想观念的源流角度来认知西周"层推治理"观的本质特征。这种转换角度的探讨应当可行,其可行性主要基于先秦时期"层推治理"观本质相同。从下文所涉我们可见,中国古代的"层推治理"观可明确区分为先秦与封建大一统专制时期的两种类型。纵观先秦时期的"层推治理"观,西周"层推治理"观作为西周时期"层推治理"运作的直接表达,奠定了先秦"层推治理"观的基础。战国时期,思想家们基于对现实与未来的深切关注,对西周的"层推治理"观进行总结与诠释,使"层推治理"观臻至系统而具有较多的理想化色彩③。涉及先秦

---

① 《大学衍义·四库馆臣提要》。
② 《大学衍义·四库馆臣提要》。
③ 学者一般认为先秦时期的"层推治理"观始于孟子,由《尚书·尧典》《礼记·大学》进一步完善,称其为儒家"正心、修身、齐家、治国平天下"的政治哲学(蒋善国:《尚书综述》,第150、171页);钱玄同在其《〈左氏春秋考证〉书后》(顾颉刚编著:《古史辨》第五册,第16页)一文中,则列表对比《孟子》《大学》《尧典》的"层推治理"思想。学者之论,忽略了《诗经·大雅·思齐》的类同观念,由此也就失却了对先秦时期"正心、修身、齐家、治国平天下"类的儒家政治哲学溯源性关照。对先秦时期的"层推治理"观,倘若不清楚其源头,要正确把握这一观念及其发展,则显然不太可能。在探研中,将先秦时期"层推治理"观的源流都置于我们的视域中,顺流溯源、以源寻流的相互发明,方可将我们的探研推向深入。

时期"层推治理"观的典型材料主要有以下：

《诗经·大雅·思齐》："刑于寡妻，至于兄弟，以御于家邦①。"

《尚书·尧典》："克明俊德，以亲九族；九族既睦，平章百姓；百姓昭明，协和万邦。黎民于变时雍②。"

《尚书·伊训》："立爱惟亲，立敬惟长，始于家邦，终于四海。"

《孟子·离娄上》："天下之本在国，国之本在家，家之本在身。"

《礼记·大学》："古之欲明明德于天下者，先治其国。欲治其国者，先齐其家。欲齐其家者，先修其身。欲修其身者，先正其心。欲正其心者，先诚其意。欲诚其意者，先致其知。致知在格物。物格而后知至，知至而后意诚，意诚而后心正，心正而后身修，身修而后家齐，家齐而后国治，国治而后天下平。"

《吕氏春秋·执一》："为国之本在于为身，身为而家为，家为而国为，国为而天下为。故曰：以身为家，以家为国，以国为天下。此四者，异位同本。故圣人之事，广之则极宇宙、穷日月，约之则无出乎身者也③。"

上揭材料所显示的先秦时期"层推治理"观，具有两点独特内涵：

第一，强调君王所在"家邦"或"国"之治为"层推治理"的关键环节。这一"层推治理"观的形成，与西周的国家形态息息相关。在邦国林立的时期，周天子所在邦国居于统治地位，其君临与周邦并存的天

---

① 寡妻，《毛传》曰"嫡妻"。在宗族普遍存在的西周，诗文的"嫡妻"当指称以周王嫡妻所代表的"王族"。正如下文以"兄弟"指称兄弟所在之族同理。兄弟，《孔疏》训为"兄弟之宗族"（［汉］孔安国传、［唐］孔颖达等正义：《尚书正义》，《十三经注疏》上册，第516页）；《诗经·大雅·皇矣》"询尔仇方，同尔兄弟"，郑玄笺释兄弟为"兄弟之国"；《尚书·梓材》"庶邦享作，兄弟方来"，对该句之训解，"作"有断句上属、下属的差异，然历代注家倾向将"庶邦"对应的"兄弟"释为"兄弟之邦国"。兄弟之称，既可指兄弟个人，而由上涉西周文献，可见兄弟之称，或指兄弟之族邦。诗文之"兄弟"应指兄弟之宗族。家邦，《孔疏》训为"天下之家国""天下之家邦"（［汉］孔安国传、［唐］孔颖达等正义：《尚书正义》，《十三经注疏》上册，第516页），不确。当指周王室所在家邦，即周邦，下文将涉及这一问题。

② 百姓，《孔传》释为"百官"，《孔疏》训称"百官族姓"（［汉］孔安国传、［唐］孔颖达等正义：《尚书正义》，《十三经注疏》上册，第119页）。对西周传世文献与金文习见之"百姓"，学者有不同的理解。林沄认为"百姓"之"姓"指姓族、宗族。百姓既可指不同姓的各宗族，主要指担任世官的不同姓的族长，参见林沄：《"百姓古义"新解——兼论中国早期国家的社会基础》，《吉林大学社会科学学报》2005年第4期；朱凤瀚先生则认为"百姓"既用于本族人之称，也可泛指没有亲族关系的其他族的族人，又指出可指称众多个族的族长，参见朱凤瀚：《商周家族形态研究》，第14、61、279页。我们认为《尚书·尧典》中的"百姓"，当指称与九族（周王同姓若干宗族）对应的各异姓宗族。

③ 引文所涉之"为"，高注曰："治。"

下"万邦"①；通过分封形成的各邦国具有较强的独立性，周王的直接统治仅限自身所在的周邦，周王对天下的统治主要通过对各封国首领的影响与控制而实现②；从族群构成的角度看，周邦与其君临的庶邦，具有相同的族群构成，皆由邦君③同姓之族与其他异姓之族构成。西周国家形态的上涉三个方面，直接制约着西周的"层推治理"观。周王既负有君临天下的最高统治责任，然而其直接统治又仅限于周邦，这两点无疑决定周邦之治在"治平天下"格局中，居最为重要的地位。周邦与其所君临之庶邦的族群构成的同质性，则使周邦的治理模式的"层级推衍"具有极强的可行性。

《诗经·大雅·思齐》所彰显的"层推治理"观，其着眼点仅限周王所在的邦国，周王的家邦之治，始于周王自身的明德④。周文王"明德"的感召效应首先及至以周王嫡妻所代表的王族，由王族之治及至于各同姓亲族，最后及至包括各异姓宗族在内的整个家邦。这一"层级推衍"模式遵循的治理原则是：周邦之治始于周王"率先垂范"的感召式治理，其治理效应由近至远而逐层实现。

《尚书·尧典》所涉的"层推治理"观，应当是在西周"层推治理"历史实际与西周"层推治理"观基础上的进一步总结、概括。"克明俊德"之王、王所亲睦的"九族"、亲睦九族而感召的"百姓"，其所处当在君王家邦范围之内⑤。由君王的家邦之治再及至天下之治，即形成"德成于王之家邦，黎民化于下"之势。《尚书·尧典》的"层推治理"观与《诗经·大雅·思齐》的相

----

① 参见赵伯雄：《周代国家形态研究》之"周邦与万邦并存"部分，湖南教育出版社1990年版。

② 参见赵伯雄：《周代国家形态研究》，第94页。

③ 作为统治邦国的周邦，其邦君就是周王。

④ 《诗经·大雅·思齐》中虽然并没有"明德"一词，然而我们对诗文所涉周文王的种种行为作"明德"的注解当不误。其主要缘由：首先，综合其他西周文献与金文材料看，正如前文数次所涉，在时人心目中文、武是"明德"的典范；其次，诗文所涉的文王之所为，既能由近及远地感召整个周邦，在当时的条件下，非"明德"莫属。只是文王的明德对诗人及他人而言，是不言而喻的，诗文也就只涉"明德"之实，而省略"明德"之称；再次，受西周历史实际及相关思想影响而成的类同思想，诸如《尚书·尧典》所载，在其完整、系统地表达的"层推治理"观中，就以人君的"明德"作为"层推治理"的起点。下文将涉及，《诗经·大雅·思齐》与《尚书·尧典》的相关思想有明显的继承性。既然如此，那么我们"以后例前"的结论当成立。

⑤ 上揭先秦时期的"层推治理"观的材料，《尚书·尧典》之外，无一例外地以君王所在之国、家邦之治作为"层推治理"的决定性环节，《诗经·大雅·思齐》就仅仅涉及君王家邦的"层级推衍治理"。所以，将《尚书·尧典》的王、九族、百姓所处空间范围理解为"君王家邦之内"当不至有误。

比,本质上完全相同。"层推治理"模式中,重点强调君王所在邦国的"层推治理"。这一治理肇始于君王的"明德"。其明德效应通过同姓的各宗族至及异姓的各宗族而由近及远地推衍开来。二者的不同之处:《诗经·大雅·思齐》的"层推治理"观表现为对"层推治理"实际的直接概括,紧扣西周王朝统治之实际,完全着眼于对天下之治具有绝对重要性的周邦之治理;《尚书·尧典》将"人君的明德""协和万邦""黎民于变时雍"所体现的"天下之治"纳入其思想体系中,首尾兼顾,从而使"层推治理"观更具系统性。

《尚书·伊训》的"层推治理"观,直接着眼于空间范围的始点与终点,将凭借"层推治理"而成的"天下之治"模式表达为"始于家邦,终于四海"①。

以《孟子·离娄上》《礼记·大学》《吕氏春秋·执一》所涉为代表的战国"层推治理"观,既渊源于西周的类同观念,又具有鲜明的时代烙印。在邦国林立的先秦时期,只有居统治地位而君临天下之邦国的君王,才有可能通过自己"率先垂范"的感召治理天下。春秋的"霸主"、战国的"雄君"则皆无西周天子那种君临天下之势,所以也就不具备"感召"天下的可能;是时"争霸""称雄"之国,无不以"富国强兵"作为现实的施政目标,以"功利至上"为立国的核心价值观,所以,"霸主""雄君"皆无凭自身"率先垂范"以感召天下的现实需求。由此可见,战国时期的"层推治理"观并非对当时社会实际的概况与总结,它只是儒学思想家所构建的社会治理理想。作为政治理想的战国"层推治理"观,既以西周的相关思想为其渊源,又深受战国时代条件制约。战国时期的儒学思想家构建作为其政治理想的"层推治理"观,仍然以君王所在之国作为"层推治理"的关键环节。这一"关键环节"的构建既与当时的"邦国林立"相关,如果是大一统时代的"层推治理"观,如下文所涉,这一"关键环节"便荡然无存;而西周的"层推治理"运作及相关思想则是其构建这一"关键环节"的最佳思想资源与历史前提。因时代条件制约而形成的战国"层推治理"思想主要特征有两点。其一,作为"层推治理"观关键环节的"国",相关史料丝毫不涉及其内的具体"层推治理"内容。这种变化的主要影响因素有两方面:一是战国时期家庭已取代族群而

————————

① 《尚书·伊训》所表达的"层推治理"观更接近西周时期的类同观念。我们的推论基于:其一,观念简约,不含后起元素;其二,相关称谓的类同。上揭史料中,涉及邦国的称谓,战国的一律称"国",西周则称"家邦",从重要事类称谓的角度讲,《尚书·伊训》所涉与西周的观念类同。

成为社会细胞;二是战国时期现实政治运作中"层推治理"模式已不复存在。所以战国时期的"层推治理"观作为儒学思想家所构建的政治理想,虽然仍以君王所在之"国"作为"层推治理"的关键环节,然而却只能"虚化"其内的"层推治理",既不涉及"族"这一要素,也不涉及君王所在之国的任何形式的具体"层推治理",始于君王的伦理感召则直接作用于下民,此点,可由下文涉及的战国相关记载得见。其二,对君王个人"正心修身"的理论构想则完整而丰富①。这一点正与战国时期"心性"思潮的涌动合拍。

　　第二,先秦"层推治理"观所强调的"层推治理"是始于君王伦理感召的治理。西周时期,以"明德"为核心的"感召统治"始于周王的"明德"。从宏观角度讲,周王的"明德"总体表现为《尚书·康诰》所涉的"敬天保民"的所有践德行为。从具体层面看,周王遵循以血缘伦理"孝友"为核心的行为规范由近及远而感召天下。《尚书·康诰》强调"孝友"乃上天赐予下民之常法。从逻辑上讲,既然人们强调"孝友"乃上天为包括周王在内的所有下民制定的行为准则,那么周王凭自己对"孝友"的践履感召天下则具有终极正当性;对被感召者而言,则因为伦理榜样的"终极正当性"而易于激发被感召者认同榜样,并悉心仿效②。

　　战国时期的"层推治理"思想,直接承袭了西周相关思想的基本要素:"层推治理"始于君王的"率先垂范";"层推治理"是伦理感召效应的"层级推衍"。在上揭战国"层推治理"观材料中,以《礼记·大学》所涉为例,其所构建的"层推治理"观,既以君王"明德"作为"治平天下"的起点,而君王明德的具体内容,《礼记·大学》例举无数:"尧舜率天下以仁,而民从之""上老老而民兴孝,上长长而民兴悌,上恤孤而民不倍""未有上好仁,而下不好义者,未有好义,其事不终者也"。由此可见,在战国的"层推治理"观中,始于君王的天下之治,也主要指伦理感召所致的治理成效。与西周的"层推治理"观相比,只是其所涉伦理不仅有血缘伦理孝、悌,而且还有西周尚不

---

　　①　相关的丰富完善以《礼记·大学》所体现的为典型。
　　②　反映西周"层推治理"观的《诗经·大雅·思齐》《尚书·尧典》等材料中,虽不曾明言君王是遵循孝友之道而成的"感召"或"层推治理",但《诗经·大雅·既醉》、虢公盨铭的相关内容则可为以上观点提供旁证信息(参见本书第四章"西周孝道的作用"部分的相关论述)。另外,从逻辑意义上讲,在族群普遍存在,从而血缘伦理极其发达而功能巨大的背景下,周王主要以对"孝友"之道的践履而由近及远地"感召天下",乃一种历史的必然。此点在本书第四章"西周孝道的作用"部分已有论及。

具备的普适性的社会伦理仁、义。

秦汉以降，"层推治理"思想自西汉董仲舒明确提出，迄至明清，在近两千年中，虽然某些时期不被重视，但在唐、宋、明等盛世，其著名儒学思想家总是非常重视"层推治理"观，并力图以其指导当朝的政治运行。后世颇具代表性的"层推治理"观有如下：

董仲舒曰："《春秋》深探其本，而反自贵者始。故为人君者，正心以正朝廷，正朝廷以正百官，正百官以正万民，正万民以正四方。四方正，远近莫敢不壹于正。"①

程颐论"治道"曰："从本而言，惟从格君心之非、正心以正朝廷，正朝廷以正百官。"②

程颐曰："'君仁莫不仁，君义莫不义。'天下之治乱系乎人君仁不仁耳。"③

朱熹向宋孝宗上《封事》曰："天下国家之大务，莫大于恤民，而恤民之实在省赋，省赋之实在治军。若夫治军、省赋以为恤民之本，则又在夫人君正其心术以立纪纲而已矣。董子所谓'正心以正朝廷，正朝廷以正百官，正百官以正万民，正万民以正四方'。"④

真德秀强调："朝廷者天下之本，人君者朝廷之本，而心者又人君之本也。"⑤

西周与后世伦理政治"层推治理"观比较，虽然二者皆强调君王之"正"乃天下之治的起点，然而君王之"正"及其"层推治理"模式却迥异。这种差异从另一角度彰显出西周君王与后世君王伦理责任之不同。综上所涉，两"层推治理"观的不同主要有四点：其一，君王之"正"的差异⑥。西周"层推治理"观所涉及君王之"正"，主要强调周王在道德感召方面的"率先垂范"；后世"层推治理"观所指君王之"正"，其核心则指君王在官吏选任与督察方面的"心明眼亮""视明听聪"。其二，"层推治理"的空间范围差异。将君王

① 《汉书》卷五十六《董仲舒传》，第 2502—2503 页。
② ［宋］程颢、［宋］程颐：《河南程氏遗书》卷十五，《二程集》第一册，王孝鱼点校，第 165 页。
③ ［宋］程颢、［宋］程颐：《河南程氏外书》卷六，《二程集》第二册，王孝鱼点校，第 390 页。
④ ［宋］朱熹：《庚子应诏封事》，《晦庵集》卷十一，《四部丛刊》景明嘉靖本。
⑤ ［宋］真德秀：《帝王为治之序》，《大学衍义》卷一。
⑥ 此点在前文"明德"部分已较为充分地涉及。然而西周君王的"明德"与后世君王之"正"毕竟是"层推治理"的始点，所以这里是从"层推治理"观整体角度，概略性地比较二者。

所在邦国的治理作为"层推治理"的关键环节,这样的观念仅见于包括西周在内的先秦"层推治理"观中。西周的"层推治理"思想,如《诗经·大雅·思齐》《尚书·尧典》所涉,特别强调君王所在的"家邦"之"层推治理"。因为在西周的历史条件下,始于周王"明德"的"层推治理"成效,首先并且主要落实在"周邦",而周邦的空间范围正是周王之"明德"可直接"感召"的范围;后世"层推治理"观所涉,其空间层级范围是中央朝廷至地方郡县。其三,君王"层推治理"所涉对象的差异。西周君王"层推治理"所涉直接对象是其家邦内的不同血缘群体,即以兄弟、九族、百姓所指称的各宗族;后世君王"层推治理"所涉对象则是中央到地方的各级官吏。其四,君王统治效应的"层级推衍"差异。西周"层推治理"观所表达的是君王"明德"所致的"感召"效应之"层级推衍"。首先是王族对周王践德典范的认同而悉心仿效,王族由此得以治理;王族治理之效再至及近亲族群;近亲族群治理之效最后至及周邦的所有异姓族群。周王"明德"之感召效应便由近及远而成就整个周邦之治。周王凭"层推治理"模式在周邦实现的感召治理效应,主要通过对各诸侯国国君的感召而达到周王朝的天下之治;后世"层推治理"观所强调的帝王"正心修身"而致的统治效应之"层级推衍",则紧紧围绕对各级官吏的选任与督察。"君心之正"涉及"正朝廷"与"正百官"。关于此点,明代丘濬的观点系统而有代表性,其在总结前人相关思想的基础上①,将"正纲纪"作为"正朝廷"的核心。丘氏所指的"正纲纪"主要内涵有二:其一,在帝王"心正"而"圣明"的前提下,朝廷颁定官吏选任与督察、奖惩之标准;其二,宰相与台谏皆秉持标准而履行其职责,不得有失②。丘氏所谓"正百官"③,是指在"正朝廷"的前提下,由帝王在官吏选任、考核、督察、奖惩等方面的"圣明"而保障百官的"选用得当"和"约束与激励有方"④。

综上所述,西周君王肩负的主要统治责任是在践德方面的"率先垂

---

① 真德秀所指的"正朝廷"主要指朝廷的"发号施令罔有不臧"([宋]真德秀:《帝王为治之序》,《大学衍义》卷一);朱熹则将"立贤相"与"正纲纪"作为立政之本([宋]朱熹:《庚子应诏封事》《答张敬夫》,《晦庵集》卷十一、卷二十五)。

② 参见[明]丘濬:《治国平天下之要·正朝廷》,《大学衍义补》卷二。

③ 董仲舒认为"正百官"的关键,一是官吏选任必须"量材而授官,录德而定位",另一方面则是以严格的奖惩制度保证官吏的选任,即所谓:"所贡贤者有赏,所贡不贤者有罚。"(《汉书》卷五十六《董仲舒传》,第2513页)董氏之后,"层推治理"观的"正百官"基本上延续了董氏的政治思维,认为"君子小人不相易位而后百官正矣"([宋]真德秀:《帝王为治之序》,《大学衍义》卷一)。

④ 参见[明]丘濬:《治国平天下之要·正百官》,《大学衍义补》卷五至卷十二。

范",而秦以降的大一统封建专制集权时期,帝王肩负的主要统治责任则在于有效地选任与督察各级官吏。西周时期的相关伦理政治思想遂由此而独具以上所涉的鲜明特色。

西周"明德"与"层推治理"实践及相关思想特质的形成具有深刻的原因。

首先,统治思维定势的差异是西周君王与后世君王伦理责任轻重不同的根本原因之一。西周王朝统治方式的选择受其思维定势影响非常大,如第七章所涉,周人统治思维定势的形成与夏、商时期千余年统治所积淀的经验息息相关。千余年间,夏、商王朝在血缘群体普遍存在而多元族群竞争激烈的客观环境中,经过反复试错的艰难过程,逐渐形成了以"感召"为主,强力控制为辅的"感召式统治"。周族人在由小至大、由弱至强,最终取商而代之的漫长历史过程中,不断强化与完善既有的感召式统治经验,由此奠定其"统治"的思维定势。在三代的物质生活环境和客观文化环境基本相同的前提下,这一思维定势对周王为首的统治阶层的统治行为选择具有极强的规约功能。

秦汉以来,早期国家时代以感召为主的统治思维定势已经断层。在春秋战国时期的大争大乱之中,随着"霸主""雄君"的出现,族群的相对均势被打破,"德主刑辅"的感召式精神与君主的争霸称雄的政治实际渐现必然的疏离。俟秦始皇以强力横扫天下,统一六合,上涉的历史时期之"疏离"便发展为决绝性的"中断",大一统专制帝王秦始皇将强力统治运作及相应的精神推向"极端"。而其后两千余年中的无数次改朝换代,以帝王为首的统治集团都缺乏漫长的由小至大的艰难发展过程,夺取政权的过程既短促,而且最终完全是实力比拼而夺取天下,在实力夺取政权的过程中,"不择手段"是常规性的行为选择,而感召性的"德"之精神,要么被践踏,要么被"术"化。由此,秦以降的两千余年的专制集权时期,从帝王统治权力运作的角度看,感召统治的思维定势已不复存在,统治实践中,封建专制帝王自觉而一以贯之地坚持"率先垂范"的现象基本阙如,两千余年统治实践中"阴法阳儒"的现象则成"不复存在"的最好证明[1]。

---

[1]　自西汉武帝以来,主张"德主刑辅"的儒学便应大一统封建集权专制王朝的统治需要而成为统治学说,专制王朝统治对儒学的"尚德"主张的认同主要基于其"崇道德"而"厚风俗"之功效。然而这一功效内含的"感召"责任主要由郡守、县令为主的官僚承担。而帝王最主要的责任则在通过选任与督察尽可能确保各级官僚承担"感召"之责。可是,由于下文将涉及的诸种主客观因素制约,帝王对各级主要官吏的选任与督察,很大程度表现为对官吏的驾驭。对帝王而言,"驭制"的有效性决定法家的法、术、势主张远比儒家所设计的"道德楷模"主张更具吸引力。

其次，从统治运行的角度看，规约西周王朝选择"感召"式统治而施行"德治"的主要因素有哪些？

如本书第七章所涉，在多元族群激烈竞长争雄的环境中，统治王朝是否能通过成功的社会整合而最大程度增强社会凝聚力，乃是关系王朝存亡的决定因素，因此西周时期社会整合具有紧迫性。不仅如此，在当时特定条件下，西周社会整合具有空前的艰巨性。也如第七章所言，西周王朝对广大被征服地区的居民通过诸侯国实施有效统治，在中国历史上尚属首次，没有现成可资借鉴的经验，因此，究竟以何种方式实施统治，如何实现社会的有效整合，就以前所未有的紧迫性、艰巨性提上立国议事日程。在当时的客观条件下，西周王朝当然地选择了"感召"式统治①。西周王朝在其政治统治深化之形势下实行的感召式统治，因其社会基本制度的制约，遂将夏商既有的感召式统治发展、完善成以"明德"为核心的德治。以下我们拟在西周与后世比较的视域下，主要围绕西周社会基本制度的伦理影响，探讨西周"德治"的主要成因。

其一，西周王朝充分利用血缘伦理实现社会整合，而血缘伦理的利用则使"德治"成为其统治之必然模式。前文已涉及，西周三大基本制度从不同角度促成了宗族、家族作为社会细胞而广泛存在，由此血缘伦理非常发达。血缘伦理发达为新形势下的西周王朝统治提供了重要的现实凭借。西周时期的社会整合空前紧迫与艰巨，仅仅依赖现有的制度条件则难以实现卓有成效的社会整合。西周王朝便从宏观与微观的不同角度利用血缘伦理规范孝友促进其社会整合而实践德治。微观层面，西周王朝首先面临各宗族、家族的有效整合。因为族群是"社会细胞"，倘若细胞不稳定，社会有机体的正常生存必然受到威胁。所以西周王朝非常重视各族群的和谐、稳定②。虽然分封制、宗法制使贵族宗族的内聚力在血缘纽带与现实政治、经济利益的双重作用下极大强化，井田制则促成广大庶民的族群稳定，然而三大制度却无法为族群成员提供符合族群整体利益的行为规范。血缘伦理规范孝友是处理血缘群体人际关系的基本规范，对族群具有强大的

---

① 参见本书第七章"两者伦理思想差异的主要原因"部分的相关论述。

② 《尚书·康诰》载，周王告诫为政者，必须善待其家人与从属；《尚书·多方》载，周王告诫各邦士人：务必和睦自己的家室。

和谐、稳定功能①。西周王朝则以政权的力量,推动时人践履孝友之道。西周王朝一方面强调"孝友"乃天帝赐予下民的基本规范②以从终极性的角度彰显"孝友"之神圣与重要,另一方面则通过"刑惩"保障"孝友"的践履③。由此,西周王朝使其"社会细胞"的整合获得了信仰与现实机制的双重支撑。

从宏观的角度讲,利用血缘伦理规范进行社会性整合也成必然之势。西周时期的宏观社会整合既必须,同时又异常艰难。血缘关系对族群的凝聚功效固然非常强大,然而血缘群体的排他性也非常强烈。如果缺乏对广泛存在的内聚力极强的族群有效整合,那么对社会整体而言,各族群势必具有疏离性,甚或成为政权巩固过程中的对立因素。前文所指的社会整合的紧迫与艰巨更大程度体现在宏观层面。在当时的条件下,西周王朝的宏观社会整合也当然地选择了对血缘伦理规范的利用。如前文所涉,西周统治的指导思想蕴含着浓郁的血缘色彩,将包括周王在内的所有社会成员的关系纳入父母与子女的框架中。那种极具血缘色彩的社会整合理念,一方面以其脉脉温情,既淡化了统治阶级内部的等差紧张,也淡化了统治阶级与民众的紧张与对立,从而使社会有效整合的可能性大为增强;另一方面,与社会整合对血缘关系利用相应的是,周王必须面对血缘关系利用所产生的"角色压力"。正是这一角色压力从必须的角度促成周王德治实践的深化及相关思想的完善。文化人类学、历史人类学的研究告诉我们,对社会人群具有强大凝聚功效的血缘关系,一般有根基性与文化性两种因子介入。一般而论,在族群凝聚中,族群成员对亲情认同感的强弱与根基性成分多寡成正比,血缘关系的根基色彩愈浓,其对亲情的认同就愈强烈,而且认同非常牢固。而族群对亲情的认同感强弱与文化性的多寡成反比,血缘关系的文化色彩愈浓,其认同感就愈弱,而且其认同具有多变性,左右认同变化的决定性因素一般是现实利益格局④。就广大庶民而言,周王"为民父母"框架中的"父母子女"关系,基本是一种虚拟血缘关系;就统治层而

① 参见本书第四章"西周孝道的作用"部分的相关论述。

② 《尚书·康诰》称,"孝友"乃天帝"与我民彝"。

③ 西周王朝宣称对"不孝不友"者,必"刑兹无赦"(《尚书·康诰》)。

④ 所谓根基性,指生物学意义上的血缘关系,其表现为血缘关系的真实性;文化性,指社会文化意义上的血缘关系,虚拟性血缘关系即为典型的社会文化性血缘关系。参见王明珂:《华夏边缘——历史记忆与族群认同》,社会科学文献出版社 2006 年版,第 22—33 页。

论,在周王与同姓远亲、异姓贵族的"父母子女"关系中,也不同程度地内含社会文化因子。因此,能否激发井田庶民以及周王的同姓远亲、其他异姓贵族成员对周王父母般的认同感,并由此凝聚于西周王朝统治所需要的社会秩序之内,将自身行为纳入社会共同利益所需的秩序运行轨迹,这就取决于周王能否对下民承担父母般的养育、教化责任。也就是说,周王既利用真实与虚拟的血缘关系凝聚社会成员,将自己的社会角色定位为下民之父母,那么周王就必须按相应的角色规范行事,否则其"为民父母"这一角色将是失败的,西周统治的指导思想也因此而形同虚设。周王的角色压力中,来自社会文化性血缘关系方面的压力最为巨大,那方面的压力不仅因为支配其认同"父母"的利益需求性强烈,而且在"以少治多"的基本格局下,社会文化性血缘关系的比重尤其大。巨大的角色压力强劲地推动周王践履孝道。周王通过践履以"孝"为核心的德而成就天下有序与国泰民安。这样一来,往上,对父祖体现了"承志继业"之孝;往下,表达了对下民的父母般的慈爱①。与此相应,在社会利益格局中,周王之外的所有社会成员都享有了现存秩序所允许的利益实惠,从而激发"子女"们对周王父母角色的认同,也就仿效周王而以孝道规范其行为,以此体现对周王统治的子女般服从,西周社会宏观整合遂得以实现。虽然决定西周社会整合成功与否的根本因素与后世历朝历代相同,都在于社会的利益分配是否恰当,然而在西周等差性的社会利益分配中,一方面等差带来的紧张与对立因具有广泛社会基础的血缘认同心理而淡化;另一方面,血缘认同的压力又促使最高统治者的统治行为规范化,这两点正是西周社会整合与后世历代社会整合的差异所在。

与西周相比,秦以降的历朝历代,其社会条件产生了多种变化,与血缘伦理利用相关的变化主要是个体小家庭取代族群成为社会细胞,与此相应,血缘伦理规范之外的社会伦理规范也逐渐发展丰富;社会各种制度也逐步成熟与完善,因此,其社会整合的制度依赖性与社会伦理依赖性更大,社会整合中的血缘关系利用自然退居非常次要的地位。从血缘关系利用

---

① 西周末年,天灾人祸交织,朝纲暗乱,时人在对现实政治的抨击中,就以"角色规范"作为评价尺度,"子惟民父母。致厥道,无远不服;无道,左右臣姜乃违"(《逸周书·芮良夫》)。材料所含"评价尺度"无疑昭示了这样的信息:西周时期,"为民父母"的角色规范因具有实际功效而一直被人们认同,以致成为人们评价周王的基本尺度。

的角度促成后世帝王在社会整合中"率先垂范"的可能性与必要性都随之锐减。

其二,与西周社会基本制度相关的社会资源条件对西周德治的制约。井田制抑制私有财富积累,客观上成为保障西周德治的重要原因。如前所涉,井田制作为西周社会基本经济制度,具有极其强大的抑制私有财富积累的作用,由此使井田庶民族群内贫富分化水平低,族群成员对立不尖锐,能够常态性地互助互利,并忠诚于族群共同利益。井田制抑制私有财富积累而促成人际和谐的影响不仅体现在劳作层的庶民族群中,这一影响应当是全社会性的。我们拟从抑制贪欲的角度理解这一社会影响。井田制抑制私有财富积累的同时也抑制了广大庶民的贪欲。在社会物质财富的创造中,贪欲往往是最强劲的原动力。作为社会主要生产者的井田庶民贪欲淡薄,其物质创造力势必相应弱小,整个社会财富也因此而贫乏①。与后世相比,西周时期的社会财富本来欠富足,而且其应对多元族群激烈竞争的开疆拓土与军事防御对社会财富的耗费极为巨大。财富不丰与竞争耗费巨大致使可供包括周王在内的所有社会成员消费的物质财富应当非常有限,全社会成员的贪欲也因此受到极大抑制。社会清贫而物资诱惑少,当是西周时期民风古朴、社会矛盾相对缓和的极为重要的原因。正是在这样的背景下,以周王的"率先垂范"为核心的德治才具有实现的坚实基础。一般而论,一方面周王因外物诱惑少而相对私欲寡,从而降低了克制私欲的难度,也就易于公利至上的"率先垂范";另一方面,社会其他各阶层成员则因相对"寡欲"而易于被感召。

与西周相比,秦以降的两千余年,由于生产力水平的提高,生产关系的进步,促成社会财富极大增长,由此可供社会成员消费的物质财富必然大幅度增长,尤其是历朝历代承平之后的繁盛期,其社会财富都有极大增长。伴随社会财富增长的往往是外物刺激与诱惑下的贪欲膨胀。社会性的贪欲膨胀则成为影响帝王伦理责任的重大因素。一般而论,贪欲支配下的社会成员必定滋生突破社会秩序规范限制的冲动。从社会统治阶层看,这种冲动一方面致使帝王难以"克己"而"率先垂范";另一方面,这种冲动驱使

---

① 仅仅从社会因素的角度讲,生产力与生产关系共同构成社会财富丰富与否的决定因素,然而其决定作用往往与其他社会文化因素交织、互为因果而发生。我们这里的观察,只是从与西周生产力水平相适应的生产关系,即井田制的角度。

各级官吏贪赃枉法成风，为此，使帝王"感召"百官几无可能性；从社会的被统治阶层讲，这种冲动也造成"民心不古"，广大民众也难以被感召。

其三，与西周三大基本制度相关的统治权力运作模式是制约西周德治的另一重要因素。受当时交通、信息等物质条件的限制，西周王朝根本无法在广大统治区域内实施直接统治，于是便通过分封制实行"分而治之"的天下治理。既然如此，西周王朝为了顺应"分治"的现实，也就选择以"层推治理"的方式实现其"天下之治"。西周王朝以"层推治理"方式实现的德治，首先体现于周邦。就周邦实现德治的客观条件而言，一方面取决于周邦各层级社会成员皆有普遍的血缘认同心理与现实利益享有，另一方面则取决于分治空间范围的适度性。因为只有在彼此了解、熟悉的人之间，并且人际交往的范围大小适当，伦理规范才可能具有实际功效①。从积极方面讲，周邦的空间范围决定周王的"率先垂范"能被其邦内成员直接感知，真切的感知对被"感召"对象而言，无疑具有认同榜样的推动力；从消极的角度讲，在周邦之内，周王基本上能直接了解与掌控各种治理信息，对个别拒"感召"的违规现象能及时而有的放矢地以惩罚等硬性控制手段予以纠正、制止②。由此也就从消极角度推动其邦内成员接受"感召"。

周王对庶邦的间接德治的有效性，一方面取决于周邦成功统治对庶邦的"示范"效应，而庶邦"层推治理"所涉的"族""邦国"，其范围也是伦理可以发挥实际功效的适当范围；另一方面也取决于庶邦对周邦的血缘认同心理与现实利益享有。制约庶邦认同周王"德治"的根本因素则是现实利益，其核心利益有两点：周王能以和平与武力等不同方式保障庶邦生存与发展的秩序需求；周邦对庶邦的征取有度。只要周王的德治首先能导致周邦和谐、稳定与强大，庶邦的核心利益便由此被保证，周邦对庶邦的德治遂基本成功。

从后世专制帝王的角度讲，伴随大一统专制集权时代的到来，统治

---

① 一般而论，推动人们遵守伦理规范的外在动力，往往是舆论压力。如果人员流动频繁，道德舆论就难以形成压力，人们信守伦理道德的保障因此欠缺。道德舆论的功效既受人员稳固与否的制约，也受人际范围大小的制约。人际范围过大，人们彼此既不熟悉，也难以了解，彼此间就无从形成关乎道德的舆论；人际范围过小，诸如核心家庭之类，其舆论不足以构成家庭成员信守伦理规范的压力。

② 参见《尚书·康诰》《尚书·洪范》。

环境与核心政治制度与西周有极大差异。其客观环境的最大差异是疆域空前扩大,治理事务空前繁多而复杂。政治制度的根本差异则是统治权力空前集中于专制帝王,社会的实际治理则依赖中央与地方的各级官僚。官僚阶层成为维持专制集权王朝统治运行的主体;帝王对从中央到地方的各级主要官吏的选任与督察则成为专制皇权运行的核心。如前文所涉,专制帝王对百官选任与督察的有效性,主要依赖帝王"知人善任"与"督察"之"明",同时也仰仗相应的制度规定。这样的权力运行体制下,专制帝王"率先垂范"感召百官的作用客观上已无足轻重。此点也正是后世的"层推治理"观具有与西周"层推治理"观不同的内涵、形式的根本原因之一。后世的专制中央集权王朝凭借官僚制与郡县制对地方实行垂直统治,其伦理效应在广大基层社会治理中仍然具有相当作用,并且伦理的社会治理功能的发挥也往往需要伦理榜样对风俗习尚的引导,然而大一统专制集权时代的感召效应并不依赖始于帝王"率先垂范"的自上而下之途径,而是依赖受儒学规范约束与儒学精神激励的精英群体的"表率"作用,他们或为官一方,或为乡间"士绅"[1],不同程度地承担了道德楷模的感召功能,致使伦理的社会治理功能得以在广大基层社会不同程度的实现[2]。

就常人而言,无论古今,抑或中外,追求私利皆是最根本、最强劲的行为原动力。以下我们拟围绕各级为政者与政权运行相关的私利追求的维度,探讨君王的"德治"是否必须与可能。

决定西周君王以"感召"为主的方式管理各级贵族的根本利益因素有三方面:其一,在各级贵族具体治理范围内的公私利益具有极大的一致性。贵族的治理成效与贵族宗族的强弱、存亡息息相关。若在位之贵族因治理不当丧失官职,那么贵族之宗族便随之失却其存在的基本条件。所谓"弃

---

① 士绅,也称绅士。一般认为,伴随科举制的产生,隋唐时期,士绅阶层即开始形成,明清时期,这一阶层得以发展、壮大。士绅的另一种含义则泛指中国历代的"乡里知识分子",见赵秀玲:《中国乡里制度》,社会科学文献出版社 1998 年版,第 248 页。本书所谓"士绅"则指泛称意义上的。

② 参见孙立平:《中国传统社会中贵族与士绅力量的消长及其对社会结构的影响》,《天津社会科学》1992 年第 4 期。

官则族无所庇"①"守其官职,保族宜家"②。由此,"为自己干"当成为西周贵族实施统治的基本心态。受这一心态支配,西周各级贵族普遍具有强烈而自觉的统治责任意识,从而易于将自身的统治行为纳入秩序轨道③。其二,西周贵族所拥有的统治权力一般是"世袭"的。权力拥有的稳定性,致使西周贵族的治理思维及其实践易于"从长计",从而避免因"急功近利"而导致的治理行为失序。各级贵族统治行为的自觉有序化,很大程度上降低了周王管理、控制各级贵族的难度,从而增添其德治的可能性。其三,就各级贵族对周王的认同而言,制约其认同的主要因素除上文所涉的血缘情感之外,现实的直接利益则是更为根本的。在各级贵族宗族由小到大,由弱至强的漫长发展过程中,无论其存在与发展所需的开疆拓土、抵御外侮,还是邦国间矛盾的调控,都迫切需要只有西周王朝才能提供的秩序保障。这种保障也就奠定了各级贵族认同周王德治的坚实基础。

秦以降,各级官僚与专制帝王的利益纽带并不坚韧,这种状况,深刻地制约着专制帝王的权力运作。我们从与西周大致相应的利益联系维度看:其一,各级官僚的个人利益与职责所在的公利基本上是分离的。在官僚制的俸禄制下,官僚个人私利与其治理成效缺乏必然联系。虽然官僚们的治绩与制度设定的奖惩挂钩,但这种利益联系无法改变官僚不过是专制王朝"雇员"的本质。所以"帮工"当是专制集权体制下官僚群体的基本心态。受"帮工"心态的支配,后世官僚与西周贵族统治责任意识的自觉性与强烈度都相差甚远。由于公私利益追求的基本分裂,"当官发财",即利用公权谋私利的意识与实践便成为专制集权时代的官场常态。其二,各级官僚的统治权力缺乏稳固与持久性。后世各级官僚治理权力的拥有既有制度规定的"任期",还有诸多制度之外影响权力得失的变数。所以,官僚的权力拥有既有时限,同时还具有随时化为乌有的变数,这种权力拥有状态使官僚往往伴生"有权不用,过期作废"的恐惧心理。受这种心理支配,只顾眼前私利,无暇顾及与自身长远利益一致的社会共同利益,也成官场常态。其三,从各级官僚与帝王联系的关键利益环节看,双方主要的联系在于,从

---

① 《左传·文公十六年》。
② 《左传·襄公三十一年》。
③ 西周时期,各级贵族普遍信守以"承志继业"为核心的孝道(参见本书第四章"西周孝道的内涵"部分的相关论述),当反映了由其族群生存压力所推动的恪尽职守。

中央到地方的各级主要官员必须通过专制帝王的选任才能实现"当官"的愿望而拥有"发财"的机会；专制帝王则以符合皇权所代表的社会共同利益需要作为选任各级官僚的前提。官僚与专制帝王的这种联系蕴含着深刻的内在矛盾。一方面，常人既然怀揣"当官发财"之愿望接受专制帝王的选任；另一方面，专制帝王则要求皇权及皇权所代表的公利具有优先性。这一深刻的矛盾必须达到某种平衡，专制王朝统治的有效性才有可能。这种平衡的基本前提是：专制王朝营造合理的制度环境，以保障官僚个人利益追求的满足与其为统治秩序所做出的治理奉献有某种程度的一致性，那么官僚因公私利益可一定程度兼顾，其治理行为方有可能有序化。翻检二十四史，我们可以看到，秦以降的历朝历代，在专制王朝政治清明，制度相对合理健全的时期，各级官僚治理行为的有序性较为突出。然而问题在于，无论从纵或横的角度讲，制度的合理始终具有相对性，而官僚的私欲及私欲的膨胀却永远具有无限性，所以官僚的"以权谋私"贯穿历朝历代统治的始终，一旦王朝统治步入衰亡期，官场上下的"以权谋私"就会更猖獗。

　　以上三方面从不同角度彰显出官僚与专制帝王在利益方面固有的深刻矛盾，即官僚私利至上与皇权及皇权所代表的公利优先的矛盾。在专制皇权运作中，这一矛盾集中表现为专制帝王对百官的驭制及百官对驭制的突破。两千余年间，驭制与突破驭制的矛盾斗争一直是皇权运作艰难的症结所在，圣明如唐太宗者，对此感受颇深："人主惟有一心，而攻之者甚众。或以勇力，或以辩口，或以谄谀，或以奸诈，或以嗜欲，辐凑攻之，各求自售，以取宠禄。人主少懈，而受其一，则危亡随之，此其所以难也。"①在皇权运作中，官僚与专制帝王不同利益诉求的矛盾既然如此深刻而全面地制约皇权运作，那么，从根本上讲，专制帝王对百官的道德感召既无可能也不必要。这正是秦以降的专制集权时期，德治不可能成为主要治国模式的关键所在。

---

① 《资治通鉴》卷一百九十六，第 6185 页。

# 第七章　中埃比较视域下的
# 西周伦理思想特质

在对西周伦理思想的探研中,通过较多地了解上古时期中外伦理思想,笔者对西周伦理思想特质的领悟才渐趋明晰、深刻。故而拟将对西周伦理思想特质的论述置于中外比较的视域下。倘若比较对象广泛涉及中国之外的其他几大上古文明,就笔者现有的学识与能力而言,尚有力不从心之感,从而使我们的比较研究可能流于繁杂而欠深入。为了尽可能既透彻又凝练地彰显中外比较视域中的西周伦理思想的特质,我们首先将面临比较对象的选择。

## 一、比较对象的选择

我们拟将比较对象的选择定位于古埃及。美国考古学家 R. J. Wenke 曾经指出:与世界其他早期文明相比,古代中国也许和古代埃及最像,尤其表现在艺术成就和自我融会贯通上[①]。我们认为,两者的相似性不仅体现在美国学者所涉之处,在伦理思想方面,相对其他的早期文明,两者的可比性似乎更大些。就伦理思想产生的背景条件看,两者地理环境近似,其文明皆具有连续性,并且两者的社会经济生产方式类同,政治模式近似,由于这些重要因素的影响,使两者的伦理思想较其他上古文明的伦理思想更为近似、趋同,这构成我们选择的理由之一。更为重要的是,两者的伦理思想又具有明显差异,通过异同的比较,才可能全面而深刻地把握西周伦理思想的特质。然而涉及具体的伦理思想比较,无论同异,将西周伦理思想与整个古埃及的伦理思想比较则欠妥。所以我们拟比较西周与古王国时期的伦理思想。这一选择主要基于两点:其一,从文明成熟度讲,在中国,经历夏商时期的发展,西周已步入早期文明的成熟期。在古埃及,经历早王朝时期的发

---

① 王青:《西方关于中国和埃及文明起源研究的启示》,《中原文物》2005 年第 3 期。

展,古王国时期的文明也基本成熟。其二,两者伦理思想的历史地位基本相同。西周形成的伦理、宗教、政治三位一体的伦理模式,奠定了中国古代文明伦理模式的基础①。古王国时期形成的宗教、政治、伦理联系紧密的伦理模式,也同样奠定了埃及古代文明伦理模式的基础②。以下,我们将在西周与古王国时期伦理思想异同比较视域中彰显西周伦理思想的特质。

## 二、西周与古王国时期伦理思想的近似

西周与古王国时期作为两者古文明的奠基时期,其伦理思想的相似、类同之处应该较多,而在诸多类同点中,伦理思想发达与伦理、宗教、政治联系紧密是两者伦理思想近似性中最为突出的。两者伦理思想有如此明显的近似,应当与两者地理环境的重大影响,以及社会经济生产方式、政体模式的制约息息相关。

### (一)西周与古王国时期伦理思想的主要近似现象

伦理思想发达,是两者伦理思想近似性的主要表现之一。西周时期"德"观念非常发达,作为人间秩序原则的概称,德涉及社会生活各方面,其关涉性最强的则在政治领域。血缘伦理"孝友"规范作为德思想的核心内涵,在西周社会生活的诸多方面,发挥广泛的具体作用。此外,也形成了恭、敬、勤、敏、和、惠等多种具体政治伦理规范。古王国时期伦理思想之丰富、发达,是中国古文明之外的其他古文明难以相提并论的。古王国时期,埃及亦形成广泛涉及社会生活诸多方面的伦理思想,诸如崇尚正义、忠于

---

①　有学者认为西周时期的制度文明与精神文明"在相当程度上决定了中华文明之所以成其为中华文明"(张广志:《西周史与西周文明》,第2页);也有学者指出:"西周国家不仅留给了中国一个民族的核心,同时还留下了对于中华文明在日后百年和千年间在帝国统治下的持续繁荣至关重要的文化根基。"(李峰著、徐峰译:《西周的灭亡——中国早期国家的地理和政治危机》,第334页)

②　西方著名宗教史学家,涉及古埃及文明时指出:"最重要的社会政治和文化的创新都发生在最早的几代王朝中。正是这些创新为以后15个世纪确立了榜样。"([美]米尔恰·伊利亚德著、晏可佳等译:《宗教思想史》,上海社会科学院出版社2004年版,第76页)国内一些学者则明确指出,埃及古代文明伦理思想的基本精神由古王国时期奠定。参见刘文鹏:《古代埃及史》,商务印书馆2000年版,第261页;蒲慕州:《法老的国度——古埃及文化史》,广西师范大学出版社2003年版,第95页。

职守、慎防贪婪、佑助弱小、敬畏神明等。其伦理思想虽然不如西周的系统,但还是显示出其以"玛阿特"为核心,尤其注重正义、沉默等规范的伦理特征①。其二,两者伦理模式的近似性。所谓伦理模式,指伦理、宗教、政治三者有机互动的模式。围绕社会秩序这一轴心,三者在相互交渗中构成的伦理模式,应当普遍存在于中国、埃及、印度、两河流域、希腊等几大古文明中。虽然如此,各古文明伦理模式的具体内涵与表达形式当不尽一致,其中,西周与古王国时期的伦理模式则最近似。西周伦理模式的基本内涵有三个方面:其一,涉及伦理何以必须。西周人对这一问题的认知立足于宗教与政治这两个既有区别又密切关联的角度。其认为至上神天帝降生了下民,因下民的生存而天下必须有序,所以天帝有主宰天下秩序的意志。而天帝主宰天下秩序的主要途径之一就是为下界制定包括伦理规范在内的秩序之则,并将秩序之则赋予下民,使下民依则行事而成就天下秩序。其二,涉及伦理的实现何以可能。在西周的伦理模式中,伦理功效是在与宗教、政治的互动中得以实现。西周人认为,君主秉承天意而拥有最高统治权力,与此同时,天帝也责成君王承担"布德化民"而致天下有序的最高统治责任。天帝惩恶扬善的意志驱动君主率领下民即善而邀天福、弃恶以避天罚,伦理的秩序功能遂得以实现。其三,涉及伦理模式的核心理念。君王的"以德配天"与"敬德保民"是其核心理念的集中表现。在包括上涉基本内涵的伦理模式中,至上神的意志是伦理与政治的终极价值根源,在神灵的主宰意志支配下,伦理与政治双向激发,伦理原则是衡量政治问题的标准,统治王朝则以政治权力驾驭的方式推行伦理规范②。古王国时期的伦理模式大致也可以从三个方面加以把握:其一,涉及伦理何以必须。古王国时期的人认为神灵创造了包括人类的大千世界,同时规定了称为"玛阿特(macat)"的秩序③。在人类社会中"玛阿特"表现为正义,而在个

---

① 参见史海波:《从教谕文献看古代埃及的伦理教育》,《史学集刊》2008年第2期;靳玲:《古埃及伦理中的和谐观念》,《内蒙古大学学报》(哲学社会科学版)2008年第1期;周洪祥:《古代埃及的伦理与宗教》,《漳州师范学院学报》(哲学社会科学版)2001年第2期。

② 关于西周伦理模式的基本内涵,参本书第一章"燹公盨铭'乃自作配乡民'浅释"部分的相关论述。

③ [美]米尔恰·伊利亚德著、晏可佳等译:《宗教思想史》,第81页。

人生活中则表现为真理①。其二,涉及社会统治权力与神权的关系。古王国时期,在人们的观念中,王权与神权基本上是合一的,时人认为造物主在造物之日,就自己承担了国王的职能,法老则是他的后代和继承者。法老遵循"玛阿特"履行统治职责,从而造就正常的社会秩序,在社会正常秩序中法老的神性便获得证明②;其三,伦理模式的核心理念:法老是人们赖以生存的神③。在古王国时期的伦理思想中,王权与神权基本合一,法老的神性保证了世俗王权的绝对性;具有绝对统治权力的法老则必须遵循秩序原则行事,并凭借社会的秩序化以证明自己的神性。

综而论之,上涉西周与古王国时期的伦理模式的共同点在于:宗教为人类社会秩序的必然性提供终极证明,从信仰的角度保障秩序;伦理则主要为社会秩序提供价值导向;政治则为人类社会行为合理性价值判断提供了执行的保障机制。

### (二)两者伦理思想近似的主要原因

地理环境的影响是近似的重要原因。与其他几大古文明相比,中国与埃及的地理环境封闭性显著。埃及位于非洲东部。古代埃及人生息的地方是一片尼罗河哺育的狭长绿洲,它南北达数百公里,而东西最窄处不足一公里,其西面是杳无人迹的利比亚沙漠;东面虽距红海不远,但仍被茫茫而干旱的阿拉伯沙漠阻隔,成为一道难以越逾的天然屏障;南面是尼罗河的上游,有飞流直下的六大瀑布,河道狭窄,落差悬殊,水流湍急;北部是多沼泽地的尼罗河三角洲,紧临三角洲的地中海海岸,浅滩密布,暗礁丛生,缺乏可资利用的港湾。地处亚洲东部,太平洋西岸的中国,四境也有天然的地理限隔。其西北是帕米尔高原,高寒而山路崎岖,在整个上古时期,成为难以逾越的地理极限;东临浩瀚太平洋;西南有世界上最高的喜马拉雅山;东南有横断山脉和热带丛林瘴疠之区;北面有广袤无际的沙漠和草原。两者与外部世界相对隔绝的地理环境,限制了其与外部世界的交流,由此决定二者在相当长的历史时期,基本上是独立发展。地理限隔对中国与埃

---

①　参见[美]亨利·富兰克弗特著,郭子林、李凤伟译:《古代埃及宗教》,上海三联书店2005年版,第38、46页。

②　参见[美]亨利·富兰克弗特著,郭子林、李凤伟译:《古代埃及宗教》,第38—39页。

③　参见[美]亨利·富兰克弗特著,郭子林、李凤伟译:《古代埃及宗教》,第30页。

及的古代文明也具有较强的保护作用,二者因此在相当长的历史时期避免了外族大规模入侵之患,从而保证其文明发展的连续性。中国文明从起源以来延续至今,上下五千年;埃及古文明从起源到衰亡,前后近四千年①。中国、埃及、印度、两河流域、希腊几大古文明,唯有中国与埃及古文明才有如此长时段的延续性。中国、埃及古文明的独立发展,有利其保持自身包括伦理思想在内的文明特质;而古文明的持续发展,则使其文明易于达到各自应有的高度,两者伦理思想的发达当与其文明持续发展息息相关。

　　社会经济生产方式是制约两者伦理思想的根本因素。与两河流域、希腊古文明相比,中国与埃及古文明的商业、外贸业皆不发达。西周与古王国时期,农业是其社会主要生产部门,其手工业、商业水平偏低。西周时期,随农业发展,其手工业、商业皆有不同程度的发展。然而手工业的重要领域,诸如青铜铸造、纺织、造车等,基本上由官府掌控,其产品主要是为了满足统治阶级的自给性需求,几乎不用于交换。除官营手工业之外,在民间普遍存在满足民众日常生产、生活所需的各类小手工业,如家庭纺织、竹木器具制作、制陶等等。民间手工业产品除自给自足之外,仅有少量流入市场交换。由于商业水平低,"物物交易"现象相当普遍。西周时期的都邑,其主要功能仍是政治权力性的,作为商品集散地的功能并不突出。大约在公元前5000年左右,埃及人已进入农耕时代。古王国时期,农业已成为社会生产的主要部门。该期,随着农业生产的发展,其手工业、商业、外贸业都有不同程度发展。虽然如此,其商品经济水平仍不高,尚停留在以物易物的阶段②。古王国时期,针对某些建筑材料和奢侈品而开展了远程贸易,但其外贸品主要用于满足统治阶级的奢侈性需要,其对商品经济的推动作用非常有限③。所以,古王国时期的都邑主要也是作为政治与神权中心存在,其工商业功能则相对欠缺。与生产方式相应,西周与古王国时

---

　　① 埃及文明产生于公元前4000年代后半叶,经历了早王朝、古王国、第一中间期、中王国、第二中间期、新王国等时期,历时两千余年。其后利比亚人、波斯人先后入主埃及,分别在埃及建立了异族政权。埃及古文明渐趋衰落。到公元前332年,埃及被马其顿国王亚历山大征服,完全丧失独立,结束了历时近三千年的法老时代。其后的希腊罗马时代,由于政治主权丧失,希腊罗马文化趋势强劲注入,埃及古文明由此急速蜕变。公元641年,阿拉伯人入侵埃及。此后,穆斯林文明逐渐取代埃及古文明,古老的埃及文明才最终为历史长河所淹没。

　　② 参见刘文鹏:《古代埃及史》,第156—159、168页。

　　③ 参见金寿福:《永恒的辉煌——古代埃及文明》,复旦大学出版社2003年版,第3页。

期,其社会人际关系具有非常突出的固着性与密切性。一般而言,"安土重迁"乃农耕民的基本习性,不仅如此,与社会经济条件相适应的国家土地、赋税等政策也强有力地限制了人口流动。在西周的井田制、分封制、宗法制下,人际缺乏流动空间①。古王国的土地清查制、税收制等,皆内含禁止其社会成员流动、迁徙的因素②。西周时期,由于社会政治与农业生产的需要,致使血缘族群广泛存在,其社会成员在血缘纽带与现实利益关系的双重制约下,联系非常紧密。古王国时期,在地方行政单位诺姆(州)内,因社会生产互动与共同信仰的双重制约,人们的联系非常紧密③。固着而密切的人际关系是导致西周与古王国时期伦理思想发达的根本原因。对固着与密切的人际关系的把握与处理往往成为人们行动成败的关键,所以人们尤其关注人际关系的应对,正是这种关注促成了西周与古王国时期伦理思想的发达。

统一王权的伦理影响是制约两者伦理思想发达的另一重要原因。上古时期的中国,早期国家的统一王权产生于夏代,历夏商时期近千年的发展,到西周时期,统一王权已更为巩固与完善。在古埃及,早王朝(约公元前 3100—前 2686 年)时期的四百余年间,统一王权产生,并经历初步发展,到古王国(公元前 2686—前 2181 年)时期,统一王权渐至鼎盛。两者的统一王权的伦理影响主要有以下几方面:

首先,统一王权的产生与存在促成伦理互动模式中的至上神或高位神的产生。从宗教史的角度讲,人们信仰神灵的历史非常漫长。在漫长的信仰过程中,人所赋予神灵主宰自然与人的方式一直为人类自身的生存方式所制约。在所有族群平等生存的原始时期,人间缺乏凌驾于诸族群之上的力量,那么神灵一般也以权力平等、各司其职的方式主宰自然与人事。一旦人间产生了凌驾于各族群的权力,那么在神界,便会相应产生凌驾诸神

---

① 关于井田制、分封制、宗法制对西周人际关系的影响,本书第六章有详细论述。

② 参见刘文鹏:《古代埃及史》,第 181、206—207 页;令狐若明:《古埃及文明的传统特点》,《社会科学战线》2008 年第 4 期。

③ 在地方行政单位诺姆(州)中,促进人际紧密联系的主要因素有二:一是经常性的人工灌溉工程的修建,时常需要群体力量的投入,参见刘文鹏:《"治水专制主义"的模式对古埃及历史的扭曲》,《史学理论研究》1993 年第 3 期;二是共同信仰,每个诺姆都有人们信奉的地方主神,参见王震中:《中国文明起源的比较研究》,陕西人民出版社 1994 年版,第 400、408 页。常规性的群体性社会生产活动与共同的宗教信仰都具有密切人际关系的强大功能。

之上的至上或高位权力①。西周与古王国时期,作为伦理终极根源的至上神的产生,从权力结构的角度讲,应当是人间统一王权在神界的投影。

其二,统一王权对两者伦理模式更重要、更深刻的影响还在于推动人们反思"秩序"而形成"秩序为什么必须""秩序来自何处""如何保障秩序"的系列思考,而两者的伦理模式则是这一系列思考的结晶。从这一角度看,是统一王权催生了两者的伦理模式。统一王权对伦理模式的催生作用可从两个不同维度理解:首先,统一王权促进人们视野开阔,并提高抽象思维水平,从而使人们具备了系统性反思"秩序"的能力。人类先民对包括人类在内的万物"是什么""来自哪里"之类的思考,受思维水平与眼界的局限,相当长的时期内,其思维只能是表象的、局部的②。前文所涉,以伦理模式体现的西周与古王国时期的秩序观,是中、埃先民对宇宙或人之来源以及其秩序的整体性思考。进行类似整体性思考,必须具有开阔的视野和一定的抽象思维水平。统一王权则对人们的视野、思维等能力的发展有重要促进作用。上古时期,中、埃统一王权的形成与发展往往伴随着开疆拓土与促进族群融合的统治实践,由此其社会成员的活动范围日益扩大,视野也就随之而开阔。统一王权形成与发展所造成的社会秩序,保证了社会物质文化、精神文化的发展,从而促进了人们抽象思维水平的提升;其次,统一王权的产生与存在不仅构成"秩序反思"的必然前提,同时统一王权的存在与发展还推动"秩序反思"的发展与深化。人类从感知秩序现象到形成秩序观,应当经历了漫长的过程。人们的秩序感知是基于自然的节律与人类社会的秩序。日月星辰的升落运转,四季的周而复始等人类生活必须依赖的自然现象,是其感知自然节律的基础;人类遵循习俗、禁忌体系所维系的社会生活秩序现象,则是远古人类感知秩序的社会基础。在感知过程中,各种经验反复证明正常秩序保证事物的存在与发展,秩序的混乱则往往带来灾难或伴生邪恶。于是人们对秩序逐渐滋生崇拜、敬畏之情。远古人类围绕与其生存息息相关的自然节律和禁忌体系形成的种种宗教仪式,应当是这种崇拜、敬畏之情的物化形态。然而,对秩序的感知与崇拜、敬畏并不等于形成了秩序观。我们所谓以"伦理模式"表达的秩序观,是在秩序

①　参见刘家和:《从中西比较的视角论说中国古代宗教信仰与历史的关系》,《河北学刊》2008年第2期;吕大吉:《宗教学通论新编》,第173—177页。

②　参见陶阳、钟秀:《中国创世神话》,上海人民出版社1989年版,第21—34页。

被作为反思对象之后才逐渐形成的。在相当长的历史时段内,人们崇敬秩序,并习以为常地遵循秩序规范,然而秩序却尚未成为人们的反思对象。必须具备一定的条件,秩序才可能成为人们的反思对象。在失序与有序现象频繁出现,而且失序往往伴随生存危机的背景下,秩序才必然成为人们的反思对象。因为生存危机而构成应对危机的强大反思动力;同类事物频繁出现则为反思奠定厚重的经验基础,从而才可能推动反思趋向深入而系统。上古中国、埃及统一王权形成时期,其社会经济不断发展,社会事务日趋繁复,社会竞争日益激烈,其社会失序与有序频繁地交替出现,失序危害也空前巨大。这些皆以前所未有的广度与深度影响着人们。在人际竞争动辄诉诸战争的年代,失序带来的危机总是直接关系族群的生存。"生存渴望"遂成为反思秩序的强大内动力。于是,那一时期的中、埃先民在思维能力可能的前提下,在深刻感知有序与失序的基础上,受"生存渴望"推动,对"秩序何以必须""秩序来自哪里""怎样确保秩序"等系列秩序问题进行反复追问与思量。统一王权构成"秩序"反思的必然前提,一方面指上文所涉的与统一王权息息相关的社会存在促进人们提高思维能力;另一方面则从统一王权与秩序的关系的角度言,在统一王权形成与存在时期,王权的强弱与运作的有效与否,是决定社会有序与失序的根本原因。正是从这两个不同角度,我们可以认为,缺乏统一王权的时代,就不会有人们的"秩序反思"。同时,统一王权的存在与发展,客观上也需要人们反思秩序,那是因为人们迫切需要秩序,反思的根本目的则在于怎样巩固与强化秩序。人们反思秩序,而王权与秩序的关系决定了对秩序的反思必然内含强化与巩固王权的宗旨。王权存在与发展的需求也就当然地推动"秩序反思"不断深化。上文所涉的中、埃伦理模式即是"秩序反思"深化的结晶。

## 三、西周与古王国时期伦理思想的差异

在中、埃比较视域下探研西周伦理思想的特质,倘若尽可能充分发掘与深入解读两者的差异,那么对西周伦理思想特质的彰显将大有裨益。以下我们拟围绕伦理模式与伦理思想的思维水平两方面的差异,在比较中把握西周伦理思想的特质。

### (一)两者伦理思想的差异

其一,两者伦理模式的差异。在伦理、宗教、政治互动的伦理模式中,伦理、宗教在互动中形成强化、保障与制约王权的基本功能。我们所谓"差异",主要指两者伦理模式中,宗教、伦理对王权保障、强化与约束的功能差异。自人类进入文明社会以来,为了保障人类社会存在与发展的正常秩序,人们便选择了凌驾于所有社会成员之上的统治权力,以调控不同社会成员之间的利益分配,避免社会成员因利益冲突而破坏乃至摧毁社会正常秩序。对统治权力而言,社会制度的预设,其核心作用一方面关联着统治权力的保障,另一方面则涉及对统治权力的规约。与当今相比,上古时期政治制度极不健全,法律制度极不完善,君王及少数贤圣的观念、意志、行为是决定政治及法律运行的关键力量。因此,制度之外如何确保与制约统治权力的因素也就格外重要。西周的伦理模式即为西周统治权力提供保障与制约的重要思想文化因素。这一伦理模式显示:只有天帝才是最高统治权的终极决定力量。天帝为了人间的秩序与下民的安居乐业,选立君王作为治平天下的代理人。最高统治权力源于上天的观念为统治权力的合法性与神圣性提供了强有力的支撑;而周王作为天帝选立的代理人,则必须履行"配命""配天"之责。"配命""配天"是伴随王权产生而来的统治职责。西周人认为君主失职将遭天谴、天罚,乃至使"天命"坠失。《诗经》《尚书》、周金的相关记载反映,西周人不厌其详地反复强调三代的更替、大小邦国的兴亡皆是天帝惩恶扬善意志的体现①。天命坠失而王权无存之类意识所激发的敬畏心理,有效地促使西周大多数统治者遵循统治秩序准则,避免滥用统治权力。由此可见。西周伦理模式中,既重视对君权的保障与强化,也重视对君权的约束。并重对君权的强化、保障与约束,是西周与古王国伦理模式的根本差异所在。

古王国时期,其伦理模式中,宗教、伦理对王权的强化、保障有余而约束则明显欠缺。古王国时期,法老具有绝对统治权力。从"伦理模式"的角度讲,王权的绝对化源于宗教对王权的神化。虽然古埃及人也认为王权源于创世神灵,然而在古王国时期最常见的认知中,法老并非像西周君主那

---

① 参见本书第一章"西周天命观"的相关论述。

样只是神的代理人,法老本身就是神或神的化身①。法老是神不是人,这是古王国时期王权的基本概念。世俗最高统治权力的拥有与创造同源的观念为王权的神圣与合法性提供了绝对支撑。这一观念从王权来源的角度彰显宗教对王权的强化臻于极致。然而其宗教、伦理对王权的约束功效则十分欠缺。古王国时期,人们所信仰的神灵也具有惩恶扬善的属性。其社会成员普遍相信众神坚持玛阿特,违反玛阿特的人在劫难逃②。可是神灵的惩恶扬善主要针对法老统治下的所有臣民,而与法老本人无关。当时,人们认为法老具有不言自明的神性与正义性,国家一切重要的方面皆以法老为中心。他不仅是一切权威、力量和财富的中心,具体到伦理方面,他也是正义的源头③。总之,古王国时期缺乏西周那种关于统治权力正当与否、怎样避免滥用王权而保证王权有效运转的反思。当然,古王国时期的某些观念,也蕴含了对王权的责任期许,对王权当有一定约束作用。时人认为法老遵循玛阿特履行统治职责,并以社会的和谐、有序来证明自身神性之类的观念,既蕴涵了法老伦理责任的自我期许,也内含了法老责任的社会期许。但是,这类社会与自我伦理责任期许所致的对王权的约束强度,显然无法与西周的同日而语。深层次看,其社会与自我期许皆缺乏关于“王权坠失”的忧患,以及忧患意识所催生的确保王权免于坠失的内动力,与之相应的高度重视约束王权的观念也势必缺失。应当与第一中间期的社会大动荡、统治秩序崩溃相关,在第一中间期末,古埃及人开始有了对王权合理性、正当性的反思。第十王朝的一位法老对其子墨瑞卜瑞(或称美里卡拉)的训诫中彰显了这样的反思:其认为国家的不幸,“全在于我的所作所为,而我只是在做了这一切之后才知道!”④这类材料的珍贵性在于,不仅承载了法老反思王权合理性的信息,同时其“做了这一切之后才知道”的痛苦呐喊,至少从一个角度显示在此之前,反思王权的正当性、合理性从而引导王权合理运作的思想、理论的根本缺失。法老们是在统治实践中遭遇了第一中间期的大动荡与黑暗,才开始了痛苦的王权反思。

---

① 参见[美]亨利·富兰克弗特著,郭子林、李凤伟译:《古代埃及宗教》,第23—30页;[美]米尔恰·伊利亚德著、晏可佳等译:《宗教思想史》,第76—80页。
② 参见[美]亨利·富兰克弗特著,郭子林、李凤伟译:《古代埃及宗教》,第89页。
③ 参见[美]亨利·富兰克弗特著,郭子林、李凤伟译:《古代埃及宗教》,第23、30页。
④ [美]米尔恰·伊利亚德著、晏可佳等译:《宗教思想史》,第89页。

其二,伦理思维水平的差异。一旦涉及西周、古王国时期的伦理思想,就会感觉其伦理思想所体现的抽象思维水平差异明显。这种差异一方面表现在具体的伦理观中,另一方面则体现为作为伦理终极根源的至上神观的差异。

西周时期,政治伦理思想发达,已形成敬、恭、虔、勤、敏、肃等各具内涵的抽象伦理概念。古王国时期的政治领域内也形成了涉及各级官吏行为的种种规定,但是见诸记载的政治行为规定,一般不是以概念、观念的形式出现,只是对相关现象的描述。归纳教谕文献①中所涉及的统治阶层中下级对上级的行为规范若干种:"一是要忠心耿耿。二是要保持上司及上司家里的秘密。进了上司家里要当瞎子和聋子,即使有丑事也看不见,听不着;到了外面以后要装哑巴,不向外吐出半点有关上司家里的情况。三是要实实在在地传递上司给其他官吏的信息,千万不能多嘴多舌,以免引起上司们之间的误会。"②由此归纳可见,其诸种政治伦理规定,仅仅是事实层面的描述,尚未形成相关的概念。而西周时期政治领域的下级对上级的伦理规范主要以恭、虔两概念加以指称③。西周时期,涉及贵族成员的仪容要求,形成"敬慎威仪"的观念④。而包括古王国在内的整个古埃及时期,涉及达官贵人举止仪态的具体要求不少,基本未见关于仪容规范的概念,仅有对举止仪容的具体规定。比如一些教谕文献涉及官吏的餐桌举止,其类同规定是:假如与上司同桌,"不要抢先抓取食物。不该你吃喝的时候,你可以通过咽的唾液得到满足。你应该注视面前的碗盘,并且以此缓解你的食欲"⑤。涉及父母子女之间的行为规定,古埃及文献中不乏孝敬、慈爱的具体要求⑥,而西周时期的类同伦理要求,却形成以"孝慈"类概念表达的思想⑦。至于对社会弱势群体的伦理要求,西周时期形成了"不

---

①　教谕文献或称"教谕文学""智慧文学",其主题是如何处理人与人之间的伦理关系,如何确立行为准则。记载那些内容的纸草往往是后世的,"但其内容往往在可以追溯到古王国时代,反映出古王国时代的伦理观念和思想意识"(刘文鹏:《古代埃及史》,第261页)

②　金寿福:《永恒的辉煌——古代埃及文明》,第44页。

③　参见本书第三章"西周金文政治伦理词语与相关思想研究"的相关论述。

④　《诗经·大雅·民劳》曰:"敬慎威仪。"《诗经·大雅·抑》曰:"敬慎威仪""敬尔威仪"。

⑤　金寿福:《永恒的辉煌——古代埃及文明》,第41页;另,《古代埃及与宗教》([美]亨利·富兰克弗特著,郭子林、李凤伟译)第45页所引古王国时期的《普塔霍特普教谕》也包含了类似规定。

⑥　参见金寿福:《永恒的辉煌——古代埃及文明》,第68—73页。

⑦　参见本书第四章"西周孝道的内涵"部分的相关论述。

侮鳏寡"的观念,包括古王国在内的整个古埃及时期,几乎仅有大量相关行为的具体规定的描述,诸如"我因寡妇的哭泣而流泪,我听见孤儿的哭声后立即前去援救"①"不可抢夺那穷苦的人,不可压迫那行动不便者……不要强占寡妇的田产……不要觊觎穷人的财产,也不可贪图他的面包"②之类,却未见对类同行为要求的抽象概念。

两者作为伦理终极根源的至上神③观的抽象思维差异也非常明显。这类差异一方面体现在至上神存在形式的观念上。西周时期,作为至上神的"天"或"帝"无形无象,其所具有的人格化特征主要体现在精神层面,即神灵的主宰意志方面④。现有材料表明,西周的天帝是抽象地概括至上神灵基本属性——至上、绝对主宰性的观念。也就是说,天、帝是"观念性"存在。古王国时期的至上神拉,或者普塔,其存在却要依赖具体形状。拉神一般是人形,但其与赫拉斯(荷鲁斯)相结合时,又变成隼头人身。普塔神则是"呈人形"⑤。关于古埃及包括至上神在内的神灵的存在形式,有学者认为:"(古)埃及人没有一个抽象的神,都是具体的神……无一不是具体的实物。"⑥通过主体的直观感受,以"象"为中介去把握对象、认识对象、表达对象的思维方式是直观思维的显著特征。由此可见,古王国时期,其至上神的存在形式体现出浓郁的直观思维水平。

两者至上神观抽象思维水平差异的另一方面则表现在至上神的权力观上。思维科学的相关理论认为原始思维(直观思维)与逻辑思维的整体观有本质差异。原始思维具有混沌性、模糊性,缺乏对思维对象区别性的把握,其整体观涵盖的诸因素具有混同性。逻辑思维通过分析将思维对象作界限

---

①　金寿福:《永恒的辉煌——古代埃及文明》,第51页。

②　蒲慕州:《法老的国度——古埃及文化史》,第88、90、92页。

③　西周时期的天、天帝,学者一般称其为至上神。与基督教的上帝、伊斯兰教的真主相比,天帝作为神灵不像上帝、真主那样具有唯一性,但是作为多神信仰体系中的至上神灵,其对大千世界的绝对主宰性,以及在神界的至高地位决定了其"至上"的属性。古王国时期以太阳神拉(或称"瑞"),或创世神普塔为至上神。参见刘文鹏:《古代埃及史》,第227页;吕大吉:《宗教学通论新编》,第547—548页。

④　西周时期作为至上神的天、帝,在至上神性方面,二者是同一的,此外,尚有一定差别。关于商周时期的天、帝之异同,参见本书第一章"商周天帝考"部分的相关论述。

⑤　金寿福:《永恒的辉煌——古代埃及文明》,第125页。

⑥　郭子林:《译后记》,[美]亨利·富兰克弗特著,郭子林、李凤伟译:《古代埃及宗教》,第153页。

清晰的区别,其整体观涵盖的诸因素既相互区别,同时又相互联系①。在相关理论指导下,对西周与古王国时期的至上神权力观进行分析、比较,两者抽象思维水平的差异应当非常明显。至上神的权力观作为一种综合性的整体观念,其核心内涵是至上神创生存在物,并主宰被造物的存在秩序,由创生和主宰体现其权力的绝对性、唯一性。在西周人的至上神权力观中,首先涉及主宰与被主宰的关系。时人将其至上神的创生与主宰权力聚焦于人类社会,所谓"天生烝民,有物有则"②,即西周人认为天帝创生了下界众人,并主宰人类社会存在的秩序。如前文所涉,天帝对人世秩序的主宰途径主要有二:其一,通过选立能匹合自己主宰意志的人君作为治理人世的代理人;其二,制定人世秩序之则赋予人君,并以自己"惩恶扬善"的力量责成人君循则治理天下。在此类观念中,主宰与被主宰两者,既区别明晰,又联系紧密。其次,涉及秩序与秩序原则的关系。在西周人的观念中,秩序原则来源于天帝,是人们遵循的对象,它被德、则、彝、范等概念表达;秩序则是世人顺应天帝主宰而依则行事的结果,它被和、莫、宁、靖等概念表达。在上涉观念体系中,西周至上神天帝权力的绝对而至上的属性获得系统而明晰的表达。古王国时期的至上神,其权力的至上性更多反映在创世方面,而至上神对所创物的主宰方面,其权力的绝对性、至上性却难以彰显。时人认为包括人类社会在内的宇宙秩序皆依赖创世神所创之玛阿特而存在,但是创世神与玛阿特的关系,以及其他神与玛阿特的关系,从本质上看是同一的。相关材料表明,古王国时期的神灵虽然各有自己的功能范围,然而神灵的功能差异并非本质的,"所有的神都在既定的秩序中起作用;他们都是靠'玛阿特'生存"③,既然所有神灵的存在,以及他们各自功能的实现皆"同一"地依赖玛阿特,那么创世神在主宰秩序方面的绝对性、至上性也就顺理成章地淹没于诸种此类"同一性"之中。包括古王国时期在内的古埃及文献中,涉及神灵的指称,没有一个表达其至上性、绝对性的概念④。相关概念的缺乏,当与这种"淹没"有关。另外,从秩序的角度讲,

　　① 〔德〕恩斯特·卡西尔著,黄龙保、周振选译:《神话思维》,中国社会科学出版社1992年版,第52、53、68、70页;〔法〕列维·布留尔著,丁由译:《原始思维》,商务印书馆1981年版,第99—102页。

　　② 《诗经·大雅·烝民》。

　　③ 〔美〕亨利·富兰克弗特著,郭子林、李凤伟译:《古代埃及宗教》,第56页。

　　④ 参见〔美〕亨利·富兰克弗特著,郭子林、李凤伟译:《古代埃及宗教》,第49页;蒲慕州:《法老的国度——古埃及文化史》,第80—81页。

由创世神创立的秩序与秩序原则也是混同的。玛阿特观念就是这种混同的代表。玛阿特的含义之笼统性、模糊性相当突出，它是"秩序、真理、公平、正义、真实、正直和诚实"这类概念的总和①。从今人对玛阿特含义的这种诠释来看，作为古王国时期的最为核心的秩序概念，所涵盖的对象既包括了秩序，也包括了秩序原则②。而西周时期由天帝所主宰的秩序中，其秩序与秩序原则由上文所涉的两类不同概念分别加以表达。在古埃及人的信仰领域，抽象水平较高的神学难以获得埃及人的默许，从而其生命力也不会强大。以普塔为创世神的孟菲斯神学具有相当高的抽象水平，然而孟菲斯教义却难以像以阿蒙-拉神为中心的神学教义那样流行开来、流传下去而最终"成为全国范围的信仰"③。古王国时期，体现在伦理思想及相关信仰上的抽象思维水平偏低，并非这类领域仅有的现象，这一"偏低"是与古王国时期社会整体思维水平一致的。古王国时期，埃及人有高超精密的数学知识却没有抽象的"数学"概念，也没有抽象的时间观念，其时间观念的表达总是要与具体事件结合在一起④。玛阿特作为与伦理、秩序之内涵类同的概念，最早见于金字塔文献中，其生命力异常强大，经历古王国时期，一直流行在整个古代埃及。从思维的角度讲，玛阿特生命力的强大，很大程度上得益于其模糊、笼统性契合了社会一般的理解与接受能力，否则难逃孟菲斯神学之命运。

## （二）两者伦理思想差异的主要原因

导致双方伦理思想差异的原因应当有许多，然而就现有材料言，自然

---

① E. A. W. Budge, *Egyptian Religons*, (Boslon, 1980), p. 108. 参见靳玲、李志峰：《古埃及伦理的基本观念——玛阿特》，《内蒙古民族大学学报》（社会科学版）2007 年第 6 期。

② 有学者将玛阿特基本涵义概括为"神圣秩序"与"行为准则"两类，参见史海波：《古代埃及玛阿特简论》，《史学集刊》2001 年第 4 期。

③ ［美］亨利·富兰克弗特著，郭子林、李凤伟译：《古代埃及宗教》，第 17 页。在文明时代初期，决定思想观念产生与流行的，往往受制于两种不同的思维水平。汤因比指出："在生长中的文明社会和静止的原始社会之间的差别是在于它们的社会是否具有有力的运动这一点，而这个有力的运动却是由于有了有创造性的个人的人格；同时我们还应该指出，这些有创造性的人物，如以数量计算，至多不超过一个小小的数目。"（［英］A. J. 汤因比著，曹未风译：《历史研究》上册，上海人民出版社 1959 年版，第 271—272 页）这一观点告诉我们，进入文明时代以后，人类社会可涌现为数不多的具有创造性人格的个体。从思维的角度讲，这些"个别人"的创造性，应奠基于他们超前的思维能力。古埃及孟菲斯神学的产生，应当与个别杰出思想家超常的抽象思维水平相关；然而孟菲斯神学教义的流行、流传则受制于当时社会一般思维水平而无法成为全国性的信仰。

④ 参见史海波：《论古代埃及人的历史意识》，《史学集刊》2005 年第 4 期。

环境、社会组织结构的不同当是导致差异的重要原因,而与地理环境息息相关的族群存在格局不同则是导致伦理思想差异最主要、最深刻的原因。

由于地理环境的不同,西周与古王国时期的族群格局迥异。上古时期,中国的地理环境具有以下几个显著特征:其一,幅员辽阔。在文明的发生期,其境内的文明承载地域"至少在一百几十万平方公里以上"①。其二,生态环境结构多样而复杂。由于地域辽阔,南北纬度相差甚大,从北往南跨越了寒温带、温带、暖温带、北亚热带、中亚热带、南亚热带和热带。因降雨量差异,从东南往西北可分为湿润、半湿润、半干旱和干旱等区。再加上地形复杂,所以境内各地生态环境差异颇大。其三,四周有自然屏障,境内有结构完整的环境体系,自成独立的地理单元。幅员辽阔而生态环境复杂多样,致使中华大地境内生存着具有不同文化面貌的多种族群。在上古时期的生产力水平下,中华大地的四周限隔几乎切断了境内多元族群外向发展的可能,所以,内向性发展成为其必然选择。在内向发展过程中,由于人口压力、气候变迁等因素综合作用,各族群必然选择中华大地境内更适合其发展的地域,而当时的中原地区则成为最具吸引力的优越地带。当时,中原的气候大致与今天的长江流域气候类同,作物生长期长,雨量适中,植被是森林与草原相间,森林可涵养水分,草地适合开发。那里的可耕地土质松软,以简陋工具也能耕作。而且这一地区广大,可容纳数量巨大的人口②。大约在公元前3000年左右,中原地区进入一个各种文化重组的复杂阶段③,周边各族群在生存压力的驱动下④,趁中原文化重组之机,纷纷挺进中原,这一趋势在公元前2500年以后愈发明显⑤。中原位居天下之中,成八方辐辏之地。八方族群辐辏所带来的生存竞争压力,强烈刺激中原族群的自新、自强。而中原的地利则为中原族群的自强提供了可能。在

---

① 邹昌林:《中国古代国家宗教研究》,学习出版社2004年版,第64—65页。也有学者认为,上古时期,中华境内的文明承载地的总面积"当在五百万平方公里左右"(冯天瑜、何晓明、周积明:《中华文化史》,上海人民出版社1990年版,第36页)。

② 自新石器时代晚期以来,中华境内众多族群纷纷选择中原地区作为其继续发展的目的地。此点已成学界基本共识。

③ 参见赵辉:《以中原为中心的历史趋势的形成》,《文物》2000年第1期;赵辉:《中国的史前基础——再论以中原为基础的历史趋势》,《文物》2006年第8期。

④ 参见王巍:《公元前2000年前后我国大范围文化变化原因探讨》,《考古》2004年第1期。

⑤ 参见赵辉:《以中原为中心的历史趋势的形成》,《文物》2000年第1期;《中国的史前基础——再论以中原为基础的历史趋势》,《文物》2006年第8期。

史前文明的丛林里,中原成为物流、情报、信息网中心。这一地理位置方便中原族群吸收各地文化的成败经验,并体悟出同异族打交道的策略心得[1]。中原族群自新、自强的需求与客观条件的有机结合,致使中原族群从并行发展的诸族群中逐渐脱颖而出,以"中原为中心"的历史趋势在多元族群激烈竞争中逐渐形成。自此,在中国境内以中原为中心的全方位交流中,"形成一股强大的向心力和凝聚力,促进着民族间的理解和认同,推进着多元文化和社会一体化的趋势发展"[2]。夏、商、周三代的历史继承、推进了这一强有力的趋势。与中国的地理环境相比,古埃及地域狭窄。其文明分布于尼罗河哺育的狭长绿洲,南北长达数百公里,而东西最宽处不足50公里,最窄处不足1公里,其承载文明的地域在4万平方公里以内[3]。古埃及不仅地域狭窄,而且生态环境结构单一,尼罗河穿越全境,其流域东西两部、南北两方,生态条件基本相同,其境内族群文化面貌因此而类似或雷同[4]。文明起源与初步发展时期的中国与埃及的族群格局相比,前者多元族群竞争激烈而"一体化"趋势明显;后者的"一体化"趋势明显而族群的多元性与竞争性则明显欠缺。双方族群格局的伦理影响颇大,我们拟围绕上古时期中华境内族群"多元一体"格局的伦理影响来探索双方伦理思想差异的主要成因。其主要伦理影响应当有以下几方面:

其一,"多元一体化"的族群格局对伦理思维能力的影响。其对伦理思维的影响,一方面是多元族群的竞争所致。一般而论,思维主体在其生存环境中面临的新因素越多,对其思维的影响就越大。如果存在多元族群的激烈竞争,不同文化在竞争中碰撞、交汇、融合就必然导致刺激思维能力发展的新因素不断出现。上古时期的世界范围内,包含抽象思维能力在内的智力水平的高低、创新能力的强弱,往往与文明交流的频繁度,及其冲突的强烈度成正比[5]。古巴比伦的数学、天文学蕴含着巴比伦人的极高抽象思

---

① 参见赵辉:《以中原为中心的历史趋势的形成》,《文物》2000年第1期;《中国的史前基础——再论以中原为基础的历史趋势》,《文物》2006年第8期。

② 袁行霈等主编:《中华文明史》第一卷,北京大学出版社2006年版,第78页。

③ 参见蒲慕州:《法老的国度——古埃及文化史》,第11页;金寿福:《永恒的辉煌——古代埃及文明》,第1页;冯天瑜、何晓明、周积明:《中华文化史》,第34页。

④ 参见郭丹彤:《论自然环境对古代埃及文化的影响》,《东北师大学报》(哲学社会科学版)2000年第4期;王震中:《中国文明起源的比较研究》,第406页。

⑤ 参见阮炜:《文明的表现——对5000年人类文明的评估》,北京大学出版社2001年版,第128、147页。

维能力,卡西尔认为两种异质文明的冲突与交合是导致其抽象思维能力发展的尤为重要的原因①。不同文明的交合与冲突,一方面导致新的思维问题产生,另一方面则为思维问题的解决提供可资利用的经验,致使思维问题的解决成为可能,此点下文将详细讨论。上古时期的中国,其文明形成与早期发展中,在万邦林立的背景下,多元族群之间的激烈竞长争雄持续不断。长期激烈竞争中的多元族群之冲突与交合,导致新问题层出不穷,由此不断地刺激中国先民的思维能力发展与思维水平的提高。而上古时期的埃及,自其步入文明门槛迄至古王国时期,其族群既不多,各族群的同质性又甚高,所以其境内根本不存在上古时期中华境内的那种多元族群长期持续而激烈的竞争,多元族群竞争对思维能力的积极影响也由此而缺乏。

"多元一体"族群格局对伦理思维水平积极影响的另一方面,则主要由"一体化"趋势所决定。而在中外比较视域下,我们对这一积极影响的理解才会趋于深刻。上古时期的西亚、地中海地区诸文明,其抽象思维水平相当高,且极具创新能力。其中尤以希腊最为突出,在充分吸收亚、非、欧洲文化优长的基础上,因自身政治、经济、文化的综合影响,其抽象思维水平呈跳跃、迅猛发展的态势②。然而包括其思维能力在内的文明整体发展却表现出后劲严重欠缺的遗憾。后劲严重欠缺导致其文明呈现出辉煌而早夭的特性。希腊古文明的这一特性能为我们理解中国古文明提供怎样的启示? 从思维的角度讲,外界对大脑刺激的强弱适度,思维才可能有效进行③,这类适度的刺激构成思维发展的根本前提。上古时期,诸多极具创新力和强力的文明,其中有不少是因为与异质文明相遇或冲突而过早地结束了正常的生命过程。例如希腊古文明,其曾一度无比辉煌却早夭。导致其早夭的重要原因之一是同室操戈④。由于同室操戈就难以在多种文明的冲突、碰撞中继续保持其强大,也就当然地步入由强至弱之历程,最终早

①　参见[德]恩斯特·卡西尔著、甘阳译:《人论》,上海译文出版社 2004 年版,第 64—65 页。

②　参见汪子嵩等著:《希腊哲学史》,第一卷,人民出版社 1997 年版,第 62—63 页。

③　参见安道玉:《思维的表达与表达的思维——对人类认识发展的历史考察》,《河南师范大学学报》(哲学社会科学版)1995 年第 6 期;王宝俊、陈亮:《思维的局限与发展》,《山西大学学报》(哲学社会科学版)1996 年第 2 期。

④　参见阮炜:《文明的表现——对 5000 年人类文明的评估》,第 149—151 页。

夭。从思维的角度讲,排除那些人力不可抗因素所致的消亡文明,凡早夭的文明应当存在着思维缺陷,即所遭遇的生存挑战太强,而致使思维活动的有效进行受阻,思维主体也就无法形成应对挑战的有效认知及其应对挑战的有效实践。与包括埃及、希腊在内的其他古文明相比,中国上古先民经历了独特的思维发展历程。中国古文明所蕴涵的思维水平虽然缺乏突飞猛进式的发展与提高,然而却以渐进、持续不断的方式体现自己的思维发展优长。而西周时期的思维水平,尤其是其伦理思维水平的发展优势,在很大程度上与上古中国的"一体化"趋势息息相关。上古时期的中国,自进入文明时代迄至西周,"一体化"趋势对中国先民思维发展的促进作用主要体现为降低思维刺激的复杂度和难度,使思维持续而有效地进行成为可能。自步入文明时代以来,夏、商、周面临的主要生存压力,一方面是大致相同的自然压力,另一方面是多元族群激烈竞争带来族际关系压力。所以仅就社会因素而言,社会人际关系、族际关系的整合成为影响三代生存与发展的最大、最迫切的思维问题。在当时的多元族群竞争格局中,能有效整合社会人际关系的族群势必脱颖而出,成为众多族群之中的核心族群。这一历史背景,制约三代先民之思维优先凝聚于多元族群竞争中的人际、族际关系整合,促成以人际整和为核心的伦理思维定势逐渐形成。伴随"一体化"趋势出现的关系社会人际关系整合的思维定势,引导思维主体始终紧绕人际整合的迫切需求,在分析、判断、处理不断涌现的人际整合问题时,既可凭借积淀的相关经验,又能选择性地借鉴、吸收多元族群文化中可资利用的丰富经验。中国先民面对多元族群激烈竞争中的社会人际关系整合的思维问题,无论是纵向历史经验的借鉴,抑或横向多元族群文化的吸收,皆在相关思维定势的导向下进行。因思维定势的导向性及其奠定的思维基础,由此使相关思维问题的复杂度、难度得以降低,思维的持续有效进行便成为可能,思维问题也就不断被解决。在思维问题持续涌现与思维问题不断被解决的过程中,思维水平遂得以发展、提高。思维定势虽然具有奠定思维基础、规约思维发展方向、促进快速而简洁处理类同思维问题的优长,但是思维定势也往往伴随着致使思维处于保守、僵化的弊端[①]。

---

① 参见刘怀惠:《思维定势在认识中的地位和作用》,《中州学刊》1989 年第 4 期;付俊英:《论思维定势与创造性思维》,《科学技术与辩证法》2000 年第 5 期。

可是,上古中国的具体情况,却卓有成效地避免了定势的弊端。中国三代的伦理思维定势是在多元族群竞争的环境中形成与发展,其核心内涵始终面临如何有效处理多元族群整合的有力挑战,也就是说现实需求使思维定势的核心处于不断的调整与完善之中,从而使思维不至于因定势而保守、僵化。上古时期,埃及社会的"一体化"趋势明显,但缺乏多元族群并存与多元族群的竞争,所以其文明受益于自身思维定势的同时,却无法避免与定势相伴的保守与僵化。这种思维的保守、僵化应当是制约其抽象思维能力发展与提高的重要消极因素。而位于西亚、地中海地区的诸古文明,虽然由于多元文化激烈碰撞、冲突、交合而催生的思维问题多,可资解决思维问题的横向经验也应当不少,但是由于诸文明缺乏伴随社会人际整合的迫切需要而形成的"一体化"趋势,其思维也就无法形成相应的定势,同时也难以形成思维的经验积淀。正是由于思维主体既缺乏可资利用的思维经验积淀,同时又缺乏思维定势的导向性影响,从而导致思维主体对量大而复杂的外界信息,尤其是不同文化、不同族群整合方面的信息无所适从,其思维势必难以持续有效地进行。就思维的意义而言,西亚、地中海地区那些强大、辉煌而早夭的古文明,其最具共性的早夭重要原因,就是"社会人际整合"思维及相应实践的重大欠缺。上古时期的中国,自文明开始形成,经历夏商时期的发展,其以"人际整合"为核心的伦理思维定势逐渐形成,这一思维定势作为一种核心文化基质,既为西周的相关思维奠定了坚实基础,又卓有成效地规约着西周相关思维的发展方向。西周时期,在多元族群更为激烈的竞长争雄之中,面对更艰巨的社会人际整合需求,在相关思维定势的深刻影响下,逐渐形成以宗教、伦理、政治有机互动为核心的伦理思维模式及相关的伦理思想。就历史实际而论,西周伦理思想体系所彰显的伦理思维水平的高度,是古埃及、古希腊及其他古文明无法企及的。

其二,"多元一体"族群格局对伦理模式的影响。前文已涉及,以伦理、宗教、政治互动为核心内涵的伦理模式所承载的对王权的强化保障与约束功能,西周与古王国的有明显差异,前者的强化、保障与约束适度,后者则强化、保障有余而约束功能非常欠缺。我们认为族群格局差异是这一功能差异的主要原因。对这一主要原因我们拟从王权产生与王权巩固的不同角度加以探索。

首先,两者族群格局的差异致使其王权产生的难易度与途径都大不一样,由此而影响其伦理模式王权的维护与约束功能。

古埃及的王权首先产生于上埃及涅迦达文化的Ⅱ期,其后,以此为起点的政治统一由南向北渐次推进,至迟在公元前 3100 年,上下埃及的统一王权已形成①。上古时期的中国,伴随中原地区的"一体化"趋势,在公元前三千纪后期的五六百年间统一王权逐步形成。中国的统一王权形成,经历了最高统治权由族邦联盟体所有到夏后氏独占的过程,约在公元前2000 年左右,有夏氏禹、启父子执政期,最高统治权力完成了由邦联体所有到夏后氏独占的转变,夏王朝由此建立。

与族群格局息息相关,古埃及的王权产生较为容易。在王权形成过程中,古埃及的族群比中国少很多,并且族群的同质性高。因此,其境内族群之间的交流、融合相对比较顺利,境内无论是局部或整体的政治统一都是基于各族群、各地区的文化、经济交汇与融合的自然进程之上,尤其是上下埃及的政治统一,武力征服只是政治统一的手段之一,往往是贸易和文化渗透遇到阻力时不得已的手段②。由此可见,因为文化、经济的自然交汇与融合为政治统一奠定了基础,所以古埃及的政治统一与王权产生的阻力并不大,相对较为容易。就古埃及王权产生的主要途径而言,所依赖的主要是物质力量及相应手段。古埃及局部的政治统一首先产生于上埃及。涅迦达文化Ⅱ时期,上埃及已形成涅迦达、阿拜多斯(阿比多斯)、希拉康坡里斯(希拉孔波利斯)几大文化中心③。为了强化权力和扩大领土,激烈的竞争与尖锐的冲突主要在这几大势力间发生。由于文化发展与生产力水平相当,其权力之争的厮杀往往诉诸武力。在血腥的实力比拼中,希拉康坡里斯统治势力主要凭借地利及自身的经济实力,以及对宗教的利用,最

①　参见刘文鹏:《古代埃及史》,第 77 页;金寿福:《内生与杂糅视野下的古埃及文明起源》,《中国社会科学》2012 年第 12 期;郭子林:《论古埃及早期王室墓葬与早期王权》,《西亚非洲》2010年第 9 期。

②　上埃及的统一权力中心产生于涅迦达文化Ⅱ时代末期(刘文鹏:《古代埃及史》,第 68页),然而在涅迦达文化Ⅰ时期,整个上埃及已达到了高度统一的文化发展阶段。上下埃及的统一王权产生于涅迦达文化Ⅲ时期,然而"在涅迦达文化Ⅱc 时期,尼罗河三角洲南部被纳入涅迦达文化势力范围之内。到了涅迦达文化Ⅱd 时期,整个尼罗河三角洲地区处于涅迦达文化控制之下"(金寿福:《古代埃及早期统一的国家形成过程》,《世界历史》2010 年第 3 期)。

③　参见刘文鹏:《古代埃及史》,第 73 页。

终脱颖而出,大约在涅迦达文化Ⅱ末期,实现了上埃及的政治统一①。其后,以希拉康坡里斯为中心的上埃及统治势力,"凭借其优越的地利位置和技术上的领先地位,把自己的观念和物品向外推销。此外,对外贸易的增加、文字的发明和行政部门的逐步发展都为统一国家的建立奠定了基础"②。希拉康坡里斯统治势力的扩张活动伴随这一基础的形成而逐渐向北方推进。约在前王朝晚期,上下埃及的政治统一实现,统一王权产生。

　　由此可见,古埃及境内,无论是局部,抑或整体的政治统一的实现,赖以支撑的力量主要是物质实力。其物质实力作用于王权产生的主要途径有二:其一,以陶器及制陶技术为核心的物质文化的输出,由此推动的不同族群与地区的交流与融合,往往成为政治统一的基础;其二,武力征服而强力推进政治统一③。尽管上埃及的政治统一中,诉诸武力的血腥争斗更多,上下埃及的统一中,物质文化融合的成分更重,两类差别也只不过是对不同物质手段的侧重而已。

　　与族群格局息息相关,上古中国王权产生既殊为不易,其途程与古埃及的也迥异。上古时期的中国境内族群既众多,并且其同质性远不如埃及高。新石器中晚期,中华境内逐渐形成具有不同文化面貌的若干区域④。生存于若干文化区域的众多族群,既有异质的,也有同异的,或者是同中有异的。正是族群的众多与复杂决定了族群之间的交流、融合之不易。王权形成以及形成后的相当长的时间内,多元族群并存、邦国林立是政治统一所面临的基本族群格局。多元族群长期激烈地竞长争雄,从而使政治统一的实现、王权的产生殊为不易。龙山时代,中原地区族际间争夺资源的冲突和暴力频繁出现,社会处于经常性的动荡不安之中。同时由于气候变迁、人口压力等原因,周边族群在这一时期不断涌入中原,致使中原族群关系更为复杂,各种矛盾空前尖锐,冲突和暴力随之升级,中原的社会动荡进一步加剧。族群之间激烈争斗导致的人际关系紧张及混乱,不仅表现在族际之间,同时也促使中原

---

　　①　参见金寿福:《文化传播在古代埃及早期国家形成过程中所起的作用》,《社会科学战线》2003年第6期;刘文鹏:《古代埃及史》,第78页。

　　②　金寿福:《古代埃及早期统一的国家形成过程》,《世界历史》2010年第3期。

　　③　参见金寿福:《古代埃及早期统一的国家形成过程》,《世界历史》2010年第3期;《内生与杂糅视野下的古埃及文明起源》,《中国社会科学》2012年第12期。

　　④　参见严文明:《中国史前文化的统一性与多样性》,《文物》1987年第3期。

族群聚落内部分化加剧,人际关系日趋复杂,人际矛盾日益激化①。在内外矛盾尖锐、冲突激烈的背景下,任何势力要从事政治统一而催生王权都势必异常艰难。欲在如此艰难的条件下谋求政治统一,推动王权产生,势必要求推动者权威足够强大。龙山时期的中原地区,也非常需要能调控社会秩序的权力。这一时期,中原地区族际间争夺资源的斗争不仅频繁,而且日趋激烈。与此同时,黄河下游经常性地遭遇洪水肆虐。战乱与水患使中原居民面临空前严重的生存危机。中原族群欲谋生存求发展,首先就必须尽可能消弭族际血腥争斗,并齐心协力解决水患。如此巨大的生存压力,无疑成为中原地区树立社会权威,以构建社会新秩序的强大内动力。然而能适应现实迫切需求的强势权力怎样产生? 在多元族群激烈竞长争雄的局面下,渴求社会权力的中原众多族群究竟选择与承认哪股势力作为凌驾于所有社会成员之上的权力拥有者,这应当是能脱颖而出的强势者的核心压力所在。从理论上讲,导致社会成员认可和服从的主要途径有强制服从与自愿服从②。而在冲突与暴力日益升级的情况下,强制服从的途径就主要体现为武力征服。但是,在中原地区王权形成过程中的相当长时段内,没有哪个族群在物质力量方面始终具有绝对优势,这就决定以物质条件为基础的武力征服无论如何也只能是辅助性的,欲主要凭借"威服"使自己不断趋于强盛则绝不可行。使社会成员自愿服从的主要手段有功利手段、价值手段、权威手段。功利手段主要指以物质利益诱使其服从。价值手段的核心部分是指权势者通过对社会秩序原则的倡导与灌输,促使社会成员内化秩序原则,以自觉服从权力和遵守社会秩序。权威手段指权势者使社会成员确信其权力是值得信赖和拥戴的,从而心悦诚服的手段。在当时的情况下,以上三种手段中,功利手段的作用非常有限,其原因在于,从权势者方面看,如上所涉,相当长的时期内,没有任何族群始终具有绝对的物质优势,由此决定以物质条件为基础的利诱手段缺乏一贯性的保障;另外从权力服从者的角度讲,如果对权力的服从主要基于利诱,

①　近年来,随考古资料的积累,学界对龙山时代中原地区的社会冲突投入较多的关注。学者将考古资料与文献记载的传说时代互证,不同程度地描述、剖析了这一文明躁动时代的社会状况。参见赵辉:《以中原为中心的历史趋势》,《文物》2000 年第 1 期;赵辉:《中国的史前基础——再论以中原为中心的历史趋势》,《文物》2006 年第 8 期;王和:《尧舜禹时代再认识——关于中国国家起源问题的几点思考》,《史学理论研究》2001 年第 3 期;钱耀鹏:《尧舜禅让的时代契机与历史真实——中国古代国家形成与发展的重要线索》,《社会科学战线》2000 年第 5 期。

②　参见沈亚平:《社会秩序及其转型研究》,河北大学出版社 2002 年版,第 229—231 页。

那么利益格局一旦有变,人们对权力的认同与服从也会随之变化。在多元激烈竞长争雄的背景下,各种势力相互反复折冲,中原地区的利益格局因此最为多变,这就决定了利诱所致的服从之变数太大。因此,以利诱作为主要手段使自己不断强大几无可能。既然功利手段不可能成为权势者争取社会成员认同与服从,从而使自己强大的主要手段,那么价值手段、权威手段的功用又如何?可依赖的程度有多高?我们认为价值手段与权威手段作为使社会成员自愿服从的手段是息息相关的。在本质上,人类心比天高,欲若汪洋,所以任何文明社会的秩序原则最本质的精神,就是对社会成员所具有的无限膨胀的私欲之控制。而这种控制的有效性,很大程度上取决于权势者对自身无限私欲的控制。从人性的角度讲,权势者也具有无限的私欲性,同时,权势一旦与无限的私欲结合,则私欲就会更具恶性膨胀的必然性。由此,如果秩序倡导者不能将自己的私欲控制在社会秩序所允许的范围内,那么,其对秩序原则的倡导与灌输将因此而苍白无力。所以,价值手段与权威手段有效性的一个共同关键点在于:权威者只有将社会成员的共同利益置于其私利之上,才能感召社会成员,促成其认同权力,自愿遵守权势者倡导的秩序。这应当是中原地区王权产生过程中那些染指王权者成功的必由之路。

　　综上所述,与古埃及相比,在王权产生过程中,中国染指王权者面临的核心挑战与压力,就是在多元族群激烈竞长争雄的局势下,面对中原居民对社会权力的需要,如何促成社会成员在众多选择中仅仅选择与承认自己的权力。应对这种挑战与压力的关键则在于权势者怎样控制自身无限膨胀的私欲。控制既成为中原王权产生的迫切需要,那么这一需要的实现又是否可能?对中原地区染指王权者而言,多元族群竞争一方面使其面临巨大的挑战与深重的压力,另一方面,多元族群激烈竞争,彼此消长所积累的丰富经验则完全可资借鉴。

　　中原族群基于现实的迫切需要,选择性地吸收、利用、完善他者的经验,最终将需求变为现实。上古时期,在世界范围内,宗教与社会生活密不可分。无论在什么区域内,在何种人类群体间,宗教总赋予社会秩序与相应的秩序权力以神秘色彩和神圣意义,以此树立秩序权力的威望,从而促成秩序的稳定。宗教对社会统治权力的积极功用,一方面表现为以神化权力为核心的权力强化与维护;另一方面则表现为神意对权力的约束,这一约束的核心是神责成权力拥有者践履秩序原则,从而使权力因神圣而具有天然合法性,因约束而具有现实正当性。上古时期，受不同主客观条件制约，宗教对社会权力的强化与约束，在不同人类群体那里，是有差异的。只有使宗教的维护与约束权力的功能保持适度，宗教稳定社会秩序的功效才可能最大化。然而，对没有任何经验可借鉴的族群而言，其对维护与约束之"度"的把握不可能一开始就是适当的，这总会经历反复试错的漫长探索。由考古记录看，在史前文明化进程中，中原地区的一个显著特点是缺少与宗教相关的考古记录，中原社会新的宏观秩序的建立与世俗权威的树立，很大程度上取决于以武力为主的实力比拼[①]。由此可见，中原地区的王权形成过程中，其世俗权威的树立曾经主要依赖武力比拼，而对宗教的依赖水平则非常低。既然对宗教功能的运用处于低水平阶段，更遑论对宗教维护与约束世俗权力的"度"的把握。然而，中国上古的历史实际证明，靠以武力为主的实力比拼树立世俗权威乃非长久之道，因此王权在中原地区的最终形成必定走上文所涉的以感召为主的道路。而宗教功能的有效利用，对上古先民的感召式权威树立，则有不可替代的重要作用。对王权正在形成中的中原地区而言，如此重要之物又偏偏欠缺，而周边族群在相关方面的经验是丰富的，教训也是深刻的，完全可资中原族群补充其"缺失"之鉴。在中原周边仰韶和龙山时代的诸考古文化中，最先走向衰亡的，先后是红山文化、良渚文化和屈家岭—石家河文化。这三支考古文化尽管基本内涵不同，但有一点是基本相同的，即宗教在其社会生活中都占有着极为突出的地位[②]。相继由盛转衰的几大考古文化的这一共同点意味着什么？我们认为，其"共同点"能表明：几大文化的成败与宗教功能的运用息息相关。其兴盛的原因固然有多种，而宗教维护其社会秩序的作用应当是重要原因；其衰亡的因素也自然有多种，然而其宗教功能运用失度则当为重要原因。试以良渚文化为例简要阐明此点。有学者认为，"峰值期的良渚社会是一个宗教色彩极其浓重的社会，整个社会的运作被笼罩在厚重而偏激的宗教气氛里，为此，社会投入了大量非生产性劳动，而这些付出对社会的

---

① 参见赵辉：《中国的史前基础——再论以中原为中心的历史趋势》，《文物》2006年第8期。
② 参见许宏：《"连续"中的"断裂"——关于中国文明与早期国家形成过程的思考》，《文物》2001年第2期。

长期发展显然不会有任何正面效应"①。其社会生活中宗教气氛的厚重与偏激,应当显示了其对宗教功能运用的失度。而这种失度往往与该族群曾经的发展速度与顺利度相关。良渚文化在其史前文明进程中,曾经历了相当顺利的发展②。

　　社会发展的快速、顺利,极其容易使主宰社会秩序而引领社会发展的权势者过份自信其拥有的权力。在所有社会成员都相信社会生活最终是由神灵主宰的时代,权势者对世俗权力的过分自信势必造就对神灵的过度崇拜,宗教信仰也就由顶礼膜拜走向狂热迷信。其社会生活也自然会笼罩在厚重与偏激的宗教气氛中。换角度讲,考古记录反映的良渚人对神灵的狂热崇拜,只不过是良渚人对世俗权力的极端自信在宗教层面的反映而已。既然对世俗权力的自信与自傲已至极端,那么就必然疏于对权力的约束。所以良渚文化中厚重与偏激的宗教信仰所彰显的当是神灵对世俗权力的极端性维护;淡薄甚至欠缺的则是神灵对世俗权力的约束。前文所涉的古埃及文明中,宗教对世俗王权的强化、保障有余而约束不足的原因与此当有极大的相似性。在宗教对社会生活的影响举足轻重的时代,宗教对世俗权力的维护与制约都非常重要。一旦宗教的社会功能向维护权力一端倾斜,那么其约束功能相应就会欠缺,倾斜越极端,其欠缺也越严重。而世俗权力一旦脱离了必不可少的约束,其运行就必然会出现失误与偏差。如果说,权力运行的巨大偏差和失误是导致良渚文化衰亡的重要原因,那么,其统治权力严重欠缺约束就应当是一种历史实际。包括良渚文化在内的几大文化的先行兴衰,其经验应当是丰富的,教训则应当是深刻的。对于具有务实、开放心态的中原族群而言,既然迫切需要"权力控制"的经验,那么,几大先行兴衰文化的任何可供选择的经验、教训都弥足珍贵,都应当

---

①　赵辉:《良渚文化的若干特殊性——论一处中国史前文明的衰落原因》,浙江省文物考古研究所主编:《良渚文化研究——纪念良渚文化发现六十周年国际学术研讨会文集》,科学出版社1999年版,第116页。经济学的理论认为,社会的经济制度不仅要确保足量的人力,而且还必须确保对其进行有效配置。如果不能把生产性人力导向最迫切需要的领域,社会将因此招致灾难。参见[美]罗伯特·L.海尔布罗纳、威廉·米尔博格著,李陈华、许敏兰译:《经济社会的起源》(第十二版),第5页。红山文化、良渚文化时代,农业是其社会的经济命脉,在当时的生产率水平下,一旦大量生产性人力投入非生产性领域,社会危机也就在所难免。

②　参见赵辉:《良渚文化的若干特殊性——论一处中国史前文明的衰落原因》,浙江省文物考古研究所主编:《良渚文化研究——纪念良渚文化发现六十周年国际学术研讨会文集》,第106—107页;袁行霈等主编:《中华文明史》第一卷,第61页。

是促成其将控制需求变为现实的宝贵财富。中原族群对周边文化的经验借鉴，在宗教方面，不仅借鉴琮、玉璧等物化形态，以此神化秩序权力和秩序原则以稳定社会秩序，与此同时，也应当针对衰亡者的缺失，将宗教约束权力的功能开掘出来，从而使宗教对世俗权力逐渐既有维护功能，也不乏约束作用。从宗教与社会生活关系的角度看，在王权形成的过程中，以夏王朝诞生为标志的中原宏观社会的秩序的最终建立，应当与宗教对权力的保障与约束机制开始健全息息相关。夏后氏在多元族群激烈竞争中，究竟怎样步履艰难地脱颖而出，最终催生了统一王权，由于资料阙如，我们对此无法言之凿凿，然而我们相信载籍常涉的夏禹在治理水患、御侮等社会共同事业中所彰显的人格感召力，应当非空穴来风之论，那些类同的传说性记载蕴含着中原地区王权产生过程中的史影。

综上所述，上古中国与埃及王权产生的难易度不同，实现政治统一的主要途径更大不一样。埃及的王权产生相对容易，主要通过物质文化输出与武力征服等物质实力支撑的途径实现政治统一，催生王权。由此，造就出权势拥有者及其他社会成员对权势及权势支撑物的过分自信。而过分自信的同时势必疏于对约束的重视。中国的王权产生则相对艰难，更关键的是，其政治统一的实现、王权的产生，主要不是靠物质实力的比拼，而主要凭借感召其社会成员的方式实现政治统一。在树立社会权威的感召之中，约束是感召的必然前提。两者王权产生过程中所逐渐形成的对权力强化与约束的差异，便作为一种文化基质，深刻地影响西周与古王国时期的伦理模式的形成。

从王权巩固的角度看，两者不同的族群格局对王权又具有什么重要影响？在王权巩固的过程中，夏、商、周三代王权始终面临邦国林立而多元族群激烈竞争的巨大挑战与深重压力，而古埃及的早王朝到古王国时期，都没有这样的挑战与压力，故而两者王权巩固的难易度与主要手段依然有很大不同，双方文化基质中的差异也就更趋深化，其差异反映在伦理思想上，终成前文所涉的两者具有不同保障与约束功能的伦理模式。在王权巩固过程中，与族群格局相关的伦理模式差异原因主要有以下两方面：

其一，族群格局与王权兴衰意识的差异。古埃及王权产生后的近千年间，经历了早王朝（包括第1—2王朝，约公元前3100—前2686年）、古王国（包括第3—6王朝，约公元前2686—前2181年）两大时段。早王朝时期，其王权得以逐步完善和巩固;古王国时期,其王权臻至极盛。在王权巩固的过程中,并非一帆风顺,尤其是在早王朝时期,也经历了纷争与冲突①。虽然如此,但是在近千年间,其王权的巩固没有经历夏、商、周那样的与多元族群竞争息息相关的改朝换代,也始终不存在多元族群激烈竞争的巨大外部压力。由于这两点不同,古王国时期就缺乏关于政权合法性的反思,以及伴随反思而成的关于王权兴衰与转移的忧患意识。

上古时期的中国,其多元族群激烈竞长争雄的局面并没有随王权的产生而结束,其竞争对王权巩固的影响仍然重大,自夏迄西周王朝建立的千余年间,由于族群竞争与王朝各种内部矛盾交织,王权在不同族群间几经转移。夏王朝建立后的近百年间,曾经历了伯益族邦、有扈氏、有穷氏、寒氏等族邦与夏统治者争夺最高统治权的斗争,王权先后易位于有穷氏、寒氏之手②,其后更经历了三代政权之更替。改朝换代的剧烈历史震动,致使商周时期关于王朝兴衰、王权更迭的忧患意识日趋浓郁。浓郁的忧患意识强有力地促成代兴之君王,将如何确保统治具有合法性、王权如何长盛不衰等问题提上反思日程。其伦理模式即是那种深邃反思的结晶。商周时人皆认为政权兴衰的终极主宰力量是至上神天帝,因此其忧患意识总是围绕"天命是否转移"这一核心问题展开。殷墟卜辞中,习见卜问上帝是否佑助商王,《墨子·非乐上》引《汤之官刑》谓"上帝弗常,九有以亡,上帝不顺,降之百殃",即殷商人已开始了天帝佑助之意志是否转移的反思。由殷商至西周,在近六百年的多元族群竞长争雄而此起彼伏的态势中,西周人不仅积淀了更多天下兴衰的历史记忆,而且周人以蕞尔小邦取代"大邑商"的历史强震,无疑使固有的忧患意识更加深刻化。西周时期,其忧患意识的深化,一方面表现为产生了"天命靡常"③"唯命不于常"④等高度概括"天命转移"忧虑的命题;另一方面则表现为浓郁的"居安思危"意识的形成。西周王朝立国之后,一方面通过不断强调"无疆唯休",以表达代兴者秉承

---

① 参见刘文鹏:《古代埃及史》,第104—114页;郭丹彤:《纳迈尔调色板和古代埃及统一》,《历史研究》2000年第5期。

② 关于夏王朝早期近百年的王权之争,详见沈长云、张渭莲:《中国古代国家起源与形成研究》,第249—250页;詹子庆:《夏史与夏代文明》,上海科学技术文献出版社2007年版,第96—110页。

③ 《诗经·大雅·文王》。

④ 《尚书·康诰》。

天命而掌权的自信,另一方面则反复强调"无疆惟恤",以彰显如何"永保天命"的愁思①。深重的忧患意识成为推动西周为政者反思与探索怎样长治久安,以及如何巩固王权的强大内动力。而君王的淫逸与奢侈总是成为三代反思王权合法性与正当性的焦点,此点与下文的论析相关。

其二,族群格局与王权巩固的差异。上古中国与古埃及王权巩固过程中,两者的族群格局、经济实力的差异甚大;这两大差异因素共同作用,又导致二者的政体差异。于是在族群格局、经济实力、政体的相互作用下,随着王权的巩固,两者文化基质中对王权约束的差异进一步深化。

主要由于社会财富的积累与社会财富耗费的差异,古埃及与中国三代时期的统治王朝的经济实力差异很大。从社会财富角度看,埃及早王朝、古王国时期与三代时期相比,前者的社会财富丰裕许多。双方社会财富多寡主要受劳动生产率制约。虽然当时双方的生产力水平相当,生产皆以木石工具为主,然而作为社会主要生产部门的农业所凭依的地理条件差异而导致劳动率水平不同。古埃及的劳作相对容易,劳动率高,从而导致社会财富丰裕;三代农业生产的发展比埃及艰难,劳动率低许多,从而导致其社会财富的积累不丰②。另一方面,在多元族群激烈竞争的背景下,三代王朝应对竞争的资源耗费一直非常沉重。三代王朝统治的上升期,既要凭借战争御侮,又必须通过武力开疆拓土,以确保自身更好地生存。而一旦王朝统治式微,虽然开拓已无能为力,但他族趁衰入侵加剧,王朝御侮的负担则由此更沉重,往往成为导致社会矛盾激化、王朝统治衰亡的极其重要的因素。三代社会财富并不丰裕,却还必须长期应付沉重的战争开支,那么其社会可供分配的资源就必然非常紧张。战争所耗虽然巨大而沉重,然而在邦国林立而多元族群激烈竞争的背景下,开疆拓土与御侮的战争往往不可避免,而且在一般情况下,此类战争耗费总与社会共同利益相关。相比

---

① 《诗经》《尚书》的相关篇章中,凡涉及周人的"天保""永命",皆蕴含对"天命靡常"的深重惕惧。《尚书·召诰》曰:"惟王受命,无疆惟休,亦无疆为恤。"《尚书·君奭》称:"我受命无疆为休,亦大惟艰。"《尚书·立政》谓:"休兹知恤,鲜哉!"《诗经·大雅·文王》则基于商周彼伏此兴的历史,不无忧虑地强调"天命靡常""骏命不易"!

② 古埃及的农业用地基本上是易于垦殖的尼罗河谷沃土,所以简单的生产工具,再配以相对简单的沟渠灌溉和田间管理,一般情况下,便可获好收成,参见王震中:《中国文明起源的比较研究》,第403—406页。三代疆域内,只有一定数量易于垦殖之地作为农业发展的基础,而不利于开发使用者则占多数,参见赵世超:《周代国野制度研究》,第156—166页。该书所涉虽然是西周的相关现象,然而由此可推知夏商时期生产力水平局限与地理条件的不利应比西周更突出。

之下,君王及其他为政者的淫逸、奢侈总是受私欲支配,而且是可以通过规约而避免的。所以三代以来,忧患意识支配下的王权反思,一直围绕如何避免君王以私欲支配王权这一核心而展开。

族群格局差异,对双方统治模式的影响甚大。上古埃及王权产生后的近千年间,早王朝时期,其王权逐渐趋于巩固,并为统一王权的强盛奠定了坚实基础。古王国时期,伴随统一王权的巩固与强大,其实行中央集权的政治体制。夏、商、周三代,由于地域辽阔,族群众多,邦国林立,其王权的统一具有相对性,从本质上讲,三代皆实行以族邦联盟为基础的共主政体①。不同政体下的王权运作差别甚大,而这一差别成为影响伦理模式的重要原因。

古王国时期中央集权下的权力运作,是一种很少约束王权的统治模式。其王权运作的有效性,主要有赖于强大的经济实力、中央集权制、以宗教信仰为核心的意识形态。其丰裕的社会财富,既能为民众提供安居乐业的基本物质保障,同时也能承担为政者的富有和君王穷奢极欲的物质需求;君主掌控全国经济、政治、军事、文化等大权的制度设计,在相当程度上保证了王权的至上性及其权力运作的有效性;同时,在社会制度相对不完善的上古社会,文化因素对王权的有效运作提供了极为强劲的支撑。如前文所涉,因为埃及王权形成的顺利,由此决定了时人对其世俗王权的过度自信以及相应的对王权的极端神化,这种自信与神化已成为其文化基质的重要内涵。在王权巩固的过程中,这一文化基质被王权有效运作带来的国家富强、社会稳定的现实所强化,于是古王国时期的社会成员对王权的认同达到绝对高度②。由此,在古王国时期,法老等于埃及,他是所有权威力量和财富的源泉也就成为一种普遍的信仰③。这一信仰成为推动其社会成员遵循现存秩序的强大的动力,它推动百官及民众皆认同:为国王服务是神灵要求的世俗职责,违背神灵的意愿最终难逃厄运。于是在王权有效运作与上涉信仰不断深化的互动过程中,社会秩序所需要的约束对象,仅仅是君王之外的百官及所有民众,国王之外的每个社会成员都是"为国王

---

①　参见沈长云、张渭莲:《中国古代国家起源与形成研究》,第125—126页。

②　参见刘文鹏:《古代埃及史》,第199—208页。

③　参见蒲慕州:《法老的国度——古埃及文化史》,第71页;[美]亨利·富兰克弗特著,郭子林、李凤伟译:《古埃及宗教》,第23页。

履行正义"。

综而论之,古王国时期,其文化基质原本就缺乏约束王权的成分,而王权巩固过程中的相当长的时期内,基本没有约束王权的制度规定,也没有约束王权的意识形态,王权仍然卓有成效地运作。也就是说,其文化基质与现实规定性从不同角度使王权基本脱离社会约束成为必然。这正是其伦理模式对王权保障有余而约束欠缺的根本原因。

三代的共主政体下,王朝统治区域分为直接统治与间接统治两部分。夏商王朝的直接统治区仅限于王朝及附近的地区;臣服于王朝的族邦、方国所在地则是王朝的间接统治区。西周王朝的直接统治区除王畿之外还包括东部中心的洛邑及附近地区,诸侯国所在则是王朝的间接统治区。王朝对直接与间接统治区域之统治成效对巩固王权而言,皆非常重要,然而在邦国林立的时代,实施有效统治却非常艰难。

夏商时期,王朝与间接统治区邦国的臣属关系的形成,主要是征服与感召的结果。由于王朝综合实力所限、双方文化差异等原因,王朝对臣属邦国尚不具备直接统治的可能性,各臣属邦国实行各行其是的自治,其主要以贡纳、服役等方式表示臣属。臣属邦国与王朝的关系虽然相当松散,但对王朝全面统治的成效与王权的巩固而言,其作用却举足轻重。在邦国立林的时代,为了自身更好的生存与发展,中原王朝总有不断扩大其统治版图的强烈冲动;四方族邦则具有挺进中原的强烈愿望。这一大势裹挟着竞长争雄的无数族邦此消彼长。由此可见,当时的族群格局,使夏商王朝始终面临不进则退的严峻挑战。于是,开疆拓土与抵御外侮便成为夏商王朝稳定统治、巩固王权的头等军国要事。王朝必须保持强大的进取之势,方能立于不败之地。而王朝与臣属邦国关系的稳定则是王朝统治势力强大的重要保障。在此起彼伏的竞争格局中,臣属族邦的叛服往往成为王朝或伏或起的砝码。从夏商王朝的衰亡看,其臣属族邦的众叛往往成为改朝换代的致命要素。那么,夏商王朝与其臣属邦国的关系究竟怎样才能有效地维持?维持双方关系的基本条件应当是双方的共同利益所在。双方共同利益最为核心的表达乃是秩序。从王朝的角度讲,需要臣属邦国以纳贡、服役、共同御侮等方式表示对王朝的认同与臣服;从邦国的角度讲,既需要王朝满足其基本的秩序要求,又要求王朝对邦国的人力、物力的征取必须恰当而有度。

夏商王朝与其臣属邦国的利益格局,极大地制约着王朝对直接统治区的治理。如上所涉，王朝的强大很大程度上依赖其间接统治区邦国的臣服，而能保证邦国臣服的必要前提则又有赖于王朝所在直接统治区的势力强大。唯有王朝自身强大才可能在激烈竞争中保障共同利益所在的秩序。王朝要保持自身强大，客观上要求其直接统治区内部具有高度凝聚力。由上文所涉的物质条件看，无论从社会财富的多寡的角度，抑或战争耗费的角度讲，夏商王朝的统治者皆不可能像古王国时期的埃及君王那样进行统治，既不限制、约束君王个人的奢侈，同时又能基本满足民众的物质生活需求。有限的社会资源条件，决定夏商王朝内部凝聚力的根本所在只能是为政者率先垂范所致的被统治者的心悦诚服。在多元族群激烈竞争中，夏王朝能保持近五百年的统治，殷商王的统治持续近六百年，倘若离开了以感召为主的统治方式，其长达数百年的王朝统治应当没有可能。夏商时期王权运作深刻地影响西周的统治思维定势与统治权力运作。

　　西周时期，王朝政治统一深化，这不仅表现为王朝统治区域扩大，更表现为作为王朝间接统治区域的诸侯国与王朝的关系更为紧密。诸侯国虽然在政治、军事、经济等方面具有独立性，而王朝则通过分封制确立受封诸侯与王朝的政治从属关系，并凭借宗法制、监国制、述职制、军事力量等条件确保诸侯国对王朝的从属。由于上述变化，西周王朝对地方的控制极大地被强化。西周王朝既然通过诸侯国设立的环节将所有征服地纳入王朝统治范围，那么在广大统治区域有效实现国家功能便成为空前紧迫的头等要事。对西周王朝而言，怎样确立对广大被征服地，尤其是对东部平原及其边缘地区的统治，是一个比在战场上击败商人更为严峻的挑战。因为对广大被征服地的居民通过诸侯国实施有效统治，在中国古史上尚属首次，没有现成可资借鉴的经验。因此，究竟以何种方式实施统治，就以前所未有的紧迫性、艰巨性被提上立国议事日程。在新形势下，以武力维护王朝及诸侯国的统治更绝无可能。面对被征服地的居民，周族本邦人并不具备人口与武力优势，更何况王朝及诸侯国的相当人力、物力必须用于开疆拓土与抵御外侮，所以可供王朝及诸侯国选择的主要统治方式仍然只能是使小民心悦诚服的感召式统治。夏商王朝统治的兴衰成败，无疑成为可资西周人借鉴的宝贵财富。由《尚书》的《盘庚》《微子》《洪范》《大诰》《康诰》《多士》《无逸》等载籍可见，夏商王朝的统治实践予以西周人最重要的统治经验有两点：其一，以安民为要务。民是否得安的关键则取决于为政者是否能抑制自身的贪欲、淫逸。其二,对为政者的约束必须始于君王[①]。总之,在王朝政治统治深化的新形势下,基于现实感召式统治的需要,并受思维定势、忧患意识、社会基本制度等因素的综合制约,逐渐形成以君王为首的统治者率先垂范的西周统治模式。于是夏商时期既有的权力约束意识随西周王朝统治实践的发展而深化,最终形成前文所涉的具有恰当保障与约束功能的伦理模式。

---

　　① 所引《尚书》诸篇,涉及西周统治者从不同角度总结夏商及其他邦国兴衰的经验教训,认为"明德""敬德"与否是决定其兴衰的关键。而为政者的"率先垂范"与"安民"则是明德、敬德的核心内涵。关于西周时人所谓的"明德""敬德"之具体内容,已在本书的其他章节详细论及。

# 参考文献

一、典籍部分

［魏］王弼、［魏］韩康伯注、［唐］孔颖达等正义:《周易正义》(《十三经注疏》本),中华书局,1980 年。

［汉］孔安国传、［唐］孔颖达等正义:《尚书正义》(《十三经注疏》本),中华书局,1980 年。

［清］皮锡瑞撰:《今文尚书考证》,盛冬铃、陈抗点校,中华书局,1989 年。

［清］孙星衍撰:《尚书今古文注疏》,陈抗、盛冬铃点校,中华书局,1986 年。

曾运乾:《尚书正读》,中华书局,1964 年。

［清］朱右曾撰:《逸周书集训校释》,商务印书馆,1937 年。

黄怀信等撰:《逸周书汇校集注》,上海古籍出版社,1995 年。

黄怀信:《逸周书校补注译》,西北大学出版社,1996 年。

［汉］毛公传、［汉］郑玄笺、［唐］孔颖达等正义:《毛诗正义》(《十三经注疏》本),中华书局,1980 年。

［清］陈奂撰:《毛诗传疏》(《清经解续编》本),上海书店出版社,1988 年。

［清］马瑞辰撰:《毛诗传笺通释》(《清经解续编》本),上海书店出版社,1988 年。

屈守元笺疏:《韩诗外传笺疏》,巴蜀书社,1996 年。

［汉］郑玄注、［唐］贾公彦疏:《周礼注疏》(《十三经注疏》本),中华书局,1980 年。

［清］孙诒让撰:《周礼正义》,王文锦、陈玉霞点校,中华书局,1987 年。

［汉］郑玄注、［唐］孔颖达等正义:《礼记正义》(《十三经注疏》本),中华书局,1980 年。

［清］孙希旦撰:《礼记集解》,沈啸寰、王星贤点校,中华书局,1989 年。

［宋］真德秀撰:《大学衍义》,文渊阁《四库全书》本。

［明］丘濬撰:《大学衍义补》,文渊阁《四库全书》本。

［清］王聘珍撰：《大戴礼记解诂》，王文锦点校，中华书局，1983 年。

［晋］杜预注、［唐］孔颖达等正义：《春秋左传正义》（《十三经注疏》本），中华书局，1980 年。

杨伯峻编著：《春秋左传注》，中华书局，1981 年。

［春秋］左丘明：《国语》，上海师范大学古籍整理研究所校点，上海古籍出版社，1988 年。

［魏］何晏等注、［宋］邢昺疏：《论语注疏》（《十三经注疏》本），中华书局，1980 年。

程树德撰：《论语集释》，程俊英、蒋见员点校，中华书局，1990 年。

［汉］赵岐注、［宋］孙奭疏：《孟子注疏》（《十三经注疏》本），中华书局，1980 年。

［清］焦循撰：《孟子正义》，沈文倬点校，中华书局，1987 年。

［清］王引之撰：《经义述闻》，江苏古籍出版社，1985 年。

［汉］司马迁撰、［日］泷川资言考证、［日］水泽利忠校补：《史记会注考证附校补》，上海古籍出版社，1986 年。

［清］王先谦撰：《汉书补注》，中华书局，1983 年。

［元］脱脱等撰：《宋史》，中华书局，1985 年。

［宋］司马光编著、［元］胡三省音注：《资治通鉴》，"标点资治通鉴小组"校点，中华书局，1956 年。

［宋］郑樵撰：《通志》，中华书局，1987 年。

汪荣宝撰：《法言义疏》，陈仲夫点校，中华书局，1987 年。

## 二、古文字学、史学专著与研究文集

巴新生：《西周伦理形态研究》，天津古籍出版社，1997 年。

晁福林：《夏商西周的社会变迁》，北京师范大学出版社，1996 年。

晁福林：《先秦社会思想研究》，商务印书馆，2007 年。

陈梦家：《殷虚卜辞综述》，科学出版社，1956 年。

陈絜：《商周姓氏制度研究》，商务印书馆，2007 年。

董作宾：《殷历谱》，四川李庄，1945 年。

段渝：《酋邦与国家起源：长江流域文明起源比较研究》，中华书局，2007 年。

傅斯年:《性命古训辨证》,商务印书馆,1940 年。

葛志毅:《周代分封制度研究》,黑龙江人民出版社,1992 年。

顾颉刚编著:《古史辨》,上海古籍出版社,1982 年。

广东炎黄文化研究会等编:《容庚先生百年诞辰纪念文集》(古文字研究专号),广东人民出版社,1998 年。

郭沫若:《卜辞通纂》,《郭沫若全集·考古编》第二卷,科学出版社,1982 年。

郭沫若:《甲骨文字研究》,《郭沫若全集·考古编》第一卷,科学出版社,1982 年。

郭沫若:《金文丛考》,人民出版社,1954 年。

郭沫若:《两周金文辞大系图录考释》,上海书店出版社,1999 年。

郭沫若:《殷周青铜器铭文研究》,科学出版社,1961 年。

郭沫若:《郭沫若全集·历史编》第一卷,人民出版社,1982 年。

吉林大学古文字研究室编:《于省吾教授百年诞辰纪念文集》,吉林大学出版社,1996 年。

吉林大学古文字研究室编:《中国古文字研究》第一辑,吉林大学出版社,1999 年。

姜亮夫:《楚辞通故》,齐鲁书社,1985 年。

蒋善国:《尚书综述》,上海古籍出版社,1988 年。

金寿福:《永恒的辉煌——古代埃及文明》,复旦大学出版社,2003 年。

李峰著、徐峰译:《西周的灭亡——中国早期国家的地理和政治危机》,上海古籍出版社,2007 年。

李孝定编述:《甲骨文字集释》,(台北)《中研院历史语言研究所专刊》之五十,1970 年再版。

李玄伯:《中国古代社会新研》,上海文艺出版社,1988 年。

李学勤:《失落的文明》,上海文艺出版社,1997 年。

李学勤:《新出青铜器研究》,文物出版社,1990 年。

李学勤:《缀古集》,上海古籍出版社,1998 年。

刘翔:《中国传统价值观诠释学》,上海三联书店,1996 年。

刘启钤:《古史续辨》,中国社会科学出版社,1991 年。

刘文鹏:《古代埃及史》,商务印书馆,2000 年。

刘泽华:《中国政治思想史》(先秦卷),浙江人民出版社,1996年。

刘志基:《汉字文化综论》,广西教育出版社,1996年。

蒲慕州:《法老的国度——古埃及文化史》,广西师范大学出版社,2003年。

钱杭:《周代宗法制度史研究》,学林出版社,1991年。

阮炜:《文明的表现——对5000年人类文明的评估》,北京大学出版社,
    2001年。

沈长云、张渭莲:《中国古代国家起源与形成研究》,人民出版社,2009年。

四川联合大学历史系主编:《徐中舒先生百年诞辰纪念文集》,巴蜀书社,
    1998年。

宋镇豪:《夏商社会生活史》,中国社会科学出版社,1994年。

孙作云:《诗经与周代社会研究》,中华书局,1966年。

童书业:《春秋左传研究》,上海人民出版社,1980年。

王德培:《西周封建制考实》,光明日报出版社,1998年。

王国维:《观堂集林》,中华书局,1959年。

王宇信:《西周甲骨探论》,中国社会科学出版社,1984年。

王震中:《中国文明起源的比较研究》,陕西人民出版社,1994年。

吴荣曾:《先秦两汉史研究》,中华书局,1995年。

谢维扬:《周代家庭形态》,中国社会科学出版社,1990年。

徐锡台编:《周原甲骨文综述》,三秦出版社,1987年。

徐中舒:《徐中舒历史论文选辑》,中华书局,1998年。

许倬云:《西周史》(增订本),三联书店,1994年。

杨宽:《古史新探》,中华书局,1965年。

杨宽:《西周史》,上海人民出版社,1999年。

杨树达:《积微居金文说》(增订本),中华书局,1997年。

杨树达:《积微居小学金石论丛》,中华书局,1983年。

杨向奎:《宗周社会与礼乐文明》(修订本),人民出版社,1997年。

游唤民:《尚书思想研究》,湖南教育出版社,2001年。

于省吾:《甲骨文字释林》,中华书局,1979年。

于省吾:《双剑誃尚书新证》,北平大业印刷局,1934年。

臧克和:《中国文字与儒学思想》,广西教育出版社,1996年。

张光直:《中国青铜时代》,三联书店,2013年。

赵伯雄:《周代国家形态研究》,湖南教育出版社,1990 年。

赵光贤:《周代社会辨析》,人民出版社,1982 年。

赵世超:《周代国野制度研究》,陕西人民出版社,1991 年。

周书灿:《中国早期四土经营与民族整合》,合肥工业大学出版社,2011 年。

朱凤瀚:《商周家族形态研究》(增订本),天津古籍出版社,2004 年。

[日]白川静:《金文通释》,(神户)白鹤美术馆,1962—1984 年。

### 三、出土文物资料集

郭沫若主编、胡厚宣总编辑:《甲骨文合集》,中华书局,1978—1982 年。

荆门市博物馆编:《郭店楚墓竹简》,文物出版社,1998 年。

罗振玉编:《三代吉金文存》,中华书局,1983 年。

徐中舒主编:《殷周金文集录》,四川辞书出版社,1986 年。

中国社会科学院考古研究所编:《殷周金文集成》,中华书局,2007 年。

### 四、参考工具书

戴家祥主编:《金文大字典》,学林出版社,1995 年。

丁福保编纂:《说文解字诂林》,中华书局,1988 年。

[清]段玉裁:《说文解字注》,清嘉庆二十年经韵楼刻本。

方述鑫等编著:《甲骨金文字典》,巴蜀书社,1993 年。

容庚编著,张振林、马国权摹补:《金文编》,中华书局,1985 年。

[清]阮元编:《经籍籑诂》,成都古籍书店,1982 年。

徐中舒主编:《甲骨文字典》,四川辞书出版社,1988 年。

姚孝遂主编、肖丁副主编:《殷墟甲骨刻辞类纂》,中华书局,1989 年。

姚孝遂主编、肖丁副主编:《殷墟甲骨刻辞摹释总集》,中华书局,1988 年。

于省吾主编:《甲骨文字诂林》,中华书局,1996 年。

周法高主编:《金文诂林》,香港中文大学,1974 年。

周法高编撰:《金文诂林补》,(台北)中研院历史语言研究所,1982 年。

周何总编,李旭昇、汪中文主编:《青铜器铭文检索》,(台北)文史哲出版社,
　　1995 年。

### 五、宗教学、伦理学、经济学、人类学等著作

晁天义:《先秦道德与道德环境研究》,博士学位论文,陕西师范大学,

2006 年。

陈来:《古代宗教与伦理——儒家思想的根源》,三联书店,1996 年。

陈庆德:《资源配置与制度变迁——人类学视野中的多民族经济共生形态》,云南大学出版社,2001 年。

陈少峰:《中国伦理学史》上册,北京大学出版社,1996 年。

高兆明:《社会失范论》,江苏人民出版社,2000 年。

何怀宏:《伦理学是什么》,北京大学出版社,2002 年。

何星亮:《中国自然神与自然崇拜》,上海三联书店,1992 年。

姜生:《宗教与人类自我控制——中国道教伦理研究》,巴蜀书社,1996 年。

吕大吉:《宗教学通论新编》,中国社会科学出版社,1998 年。

罗国杰等编著:《伦理学教程》,中国人民大学出版社,1985 年。

罗国杰主编:《马克思主义伦理学》,人民出版社,1982 年。

牟钟鉴、张践:《中国宗教通史》,社会科学文献出版社,2000 年。

任继愈主编:《中国哲学发展史》(先秦),人民出版社,1998 年。

任剑涛:《伦理政治研究——从早期儒学视角的理论透视》,吉林出版集团有限责任公司,2007 年。

王明珂:《华夏边缘——历史记忆与族群认同》,社会科学文献出版社,2006 年。

魏英敏主编:《新伦理学教程》,北京大学出版社,2012 年。

翁绍军:《神性与人性——上帝观的早期演进》,上海人民出版社,1999 年。

詹鄞鑫:《神灵与祭祀——中国传统宗教综论》,江苏古籍出版社,1992 年。

张哲敏主编:《民族伦理研究》,云南民族出版社,1990 年。

郑开:《德礼之间——前诸子时期的思想史》,三联书店,2009 年。

朱贻庭主编:《中国传统伦理思想史》,华东师范大学出版社,1989 年。

邹昌林:《中国古代国家宗教研究》,学习出版社,2004 年。

[德]恩斯特·卡西尔著、甘阳译:《人论》,上海译文出版社,2004 年。

[德]恩斯特·卡西尔著,黄龙保、周振选译:《神话思维》,中国社会科学出版社,1992 年。

[法]爱弥尔·涂尔干著,渠东、汲喆译:《宗教生活的基本形式》,上海人民出版社,1999 年。

[法]列维·布留尔著、丁由译:《原始思维》,商务印书馆,1981 年。

［美］P. K. 博克著、余兴安等译：《多元文化与社会进步》，辽宁人民出版社，1988 年。

［美］亨利·富兰克弗特著，郭子林、李凤伟译：《古代埃及宗教》，上海三联书店，2005 年。

［美］罗伯特·L. 海尔布罗纳、威廉·米尔博格著，李陈华、许敏兰译：《经济社会的起源》（第十二版），格致出版社、上海三联书店、上海人民出版社，2010 年。

［美］马歇尔·萨林斯著、张经纬等译：《石器时代经济学》，三联书店，2009 年。

［美］米尔恰·伊利亚德著、晏可佳等译：《宗教思想史》，上海社会科学院出版社，2004 年。

［美］杨庆堃著、范丽珠等译：《中国社会中的宗教——宗教的现代社会功能与其历史因素之研究》，上海人民出版社，2007 年。

# 后　记

　　本书无"书序"。尽管书序的意义各有轻重，然而有序言终归是好的。所以曾经也打算请自己所敬重的良师益友赐"序"，但深恐因此打扰他们，也就作罢。

　　治学应该与个人的性格有很大关系。我算不上"特立独行"者，却是一个"我行我素"的人。自己的率性影响了一辈子学习主攻方向的选择。三十多年前，由于"渴望上学"的内力推动，以及考场运气好，致使仅仅上过四年小学的自己通过一年多的突击性学习，于1979年考入四川大学历史系就读。应考性突击学习虽然将我成功地推入大学，然而与此相伴的负面后果是包括古文阅读能力在内的专业基础着实太差。虽然如此，却凭着对先秦史一些问题的探讨兴趣而不顾"基础甚差"的实际，率性地选择先秦思想文化作为自己的学习主攻方向。这样一路走来，几乎着手任何专业问题的探讨，都是加强基础与深入思考同时并进。这样的治学难免艰辛，然也乐在其中。率性所深刻影响的不仅仅是治学方向的选择，本书的进展与完成也同样刻上了率性的痕迹。本书是在博士学位论文的基础上扩充而成。2001年博士论文形成，因自己对论文不满意，便一直拖着未出版。2008年底，博士论文作为国家社科基金后期资助项目立项。书稿的第二章、第六章、第七章乃后期所扩充。在扩充的准备过程中，西周伦理思想对中国传统社会的根基性影响、其基本特质、其是否可以启迪当下等尤具魅力的几大问题是那么强烈地吸引着我，完全规约着我学术追寻的致思方向。但是对我而言，相关学术基础或欠缺，或并不扎实，再加上治学中基本不会利用现代性工具，完全"纯手工"操作，所以对这几大问题的深入探讨很费时日。进入"立项"后期扩充过程中，便一直有厘清西周伦理思想对中国传统社会根基性影响的情结。而这种根基性影响蕴涵在孔子对西周相关思想的继承与重构之中，贯穿于先秦以降的传统儒学对先秦儒学的继承、发展、演变之中，所以要厘清这种根基性影响，传统时代的相关思想，尤其是宋明理学的相关思想必须进入我们的关注视野。结项之时，对孔子的相关思想的探讨已形成,而其他相关探讨则为空白。于是根据责任编辑的改稿建议在完善书稿的过程中,自己情不自禁地擅自超出"改稿建议"范围而着力于孔孟相关学说对传统时代的影响,并以其对宋明理学的影响为思考重点。耗时一年余,形成一些相关认识。然而在最后一遍誊写时,总觉得问题不少,这些认识成果最终也无法作为书稿的组成部分交付出版。

治学中的"我行我素",一方面或许有点积极意义,这部率性而成的书,可能会因我的执着和兴趣而有一点能够成立的见解,另一方面,因为自己的固执,书中也难免有"贻笑大方"之处。可是对我而言,成败皆不那么重要了。

有一点点野心,总想从思想文化的角度思考中华文明何以能上下五千年,更想由此而追寻其中的"永恒",所以书稿虽然即将付印,但它所涉的问题却仍牵动着我的思绪。作为世界唯一绵延不断的中华文明,西周对其最为核心的根基性影响安在?西周时期所奠基的中华文明的核心价值观是否具有永恒性?为什么中国传统时期的历朝历代都不乏为天下苍生担当而追求超越与崇高的社会精英,其"根脉相传"的思想精髓,在现代化、全球化的趋势下是否仍然具有启迪意义?我无法预知,也一直在困扰以上问题是否是我能力所及?然而从个人的角度讲,无论思考的学术结果如何,它对个人的完善总是有意义。自进入大学求学以来,随着自身人文修养的积淀,尤其伴随自己对先秦儒家思想较深入的理解,便渐成敬畏秩序、敬仰崇高的情愫。食人间烟火的我固然难以达到崇高,然而那份敬畏与敬仰却成为我在任何境遇下坚守做人与为师底线的内在支撑。由此我设想,先秦儒家思想文化对我的成长滋养,是否亦可成为我们窥见儒学精髓永恒生命力之管?

对导师彭裕商先生一直心存深厚感激与由衷敬佩,但是一直不曾以文字方式表达过,因为我的博士学位论文没有后记。三年求学,彭先生给予我诸多影响,其中让我终身受益的是他面对学术研究的那种"不闻窗外事"的潜心静气。求学期间,师母肖键所予以的生活关怀,尤其是关于冬日御寒的关怀,已成为美好回忆而时常暖人心。西南大学图书馆的李弘毅、李燕老师,为我查阅、搜集资料提供了大量帮助,谢谢他们!

徐难于

2017 年初夏于重庆北碚寓所